MATEMÁTICAS

Edición basada en los estándares comunes

CCSS

AUTHORS
Carter • Cuevas • Day • Malloy
Kersaint • Reynosa • Silbey • Vielhaber

Bothell, WA • Chicago, IL • Columbus, OH • New York, NY

connectED.mcgraw-hill.com

STEM McGraw-Hill is committed to providing
instructional materials in Science, Technology,
Engineering, and Mathematics (STEM) that give all
students a solid foundation, one that prepares them for
college and careers in the 21st century.

Send all inquiries to:
McGraw-Hill Education
8787 Orion Place
Columbus, OH 43240

ISBN: 978-0-07-679012-8 (*Volumen 1*)
MHID: 0-07-679012-6

Printed in the United States of America.

1 2 3 4 5 6 7 8 9 RMN 20 19 18 17 16 15 14

RESUMEN DEL CONTENIDO

Todo lo que necesitas,

en cualquier momento, desde cualquier lugar

Con ConnectED, tendrás acceso inmediato a todo nuestro material de estudio, en cualquier momento y desde cualquier lugar. En ConnectED encontrarás el material en inglés: desde material para hacer la tarea hasta guías de estudio. Todo está en un solo lugar y solo tienes que hacer un clic. Con ConnectED, podrás ayudar a tus compañeros e incluso acceder desde tu celular para que estudiar sea más fácil.

Este recurso se hizo para ti, y está disponible las 24 horas del día, los 7 días de la semana.

- Tu libro en línea disponible donde estés

- Tutores personales y pruebas de autoevaluación para mejorar tu aprendizaje

- Un calendario en línea con todas las fechas de entrega

- Una aplicación de tarjetas en línea para facilitar el estudio

- Un centro de mensajes para estar conectado con los demás

¡Ahora en tu celular!

Visita mheonline.com/apps para divertirte y recibir instrucciones. Con ConnectED Mobile y demás aplicaciones disponibles para tu celular podrás seguir aprendiendo.

¡Conéctate!

connectED.mcgraw-hill.com

Nombre de usuario

Contraseña

Vocabulario

Aprenderás palabras de vocabulario nuevas.

Observa

Podrás ver animaciones y videos.

Tutor

Un maestro te explicará cómo resolver los problemas.

Herramientas

Podrás explorar interfaces en línea.

Sketchpad

Podrás descubrir conceptos usando Sketchpad® para Geometría.

Comprueba

Podrás comprobar tu progreso.

Ayuda en línea

Podrás recibir ayuda cuando hagas tarea desde casa.

Hoja de trabajo

Podrás acceder a hojas de trabajo.

Capítulo 1
Razones y razonamiento proporcional

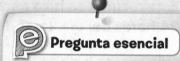

Pregunta esencial

¿CÓMO puedes mostrar que dos objetos son proporcionales?

El mundo real
pág. 45

Capítulo 2
Porcentajes

Pregunta esencial

¿CÓMO te ayudan los porcentajes a comprender situaciones en las que se usa dinero?

pág. 121

PROYECTO DE LA UNIDAD **183**

Sé un experto en viajes

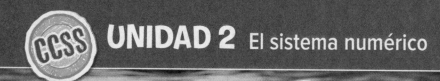

UNIDAD 2 El sistema numérico

VISTAZO AL PROYECTO
DE LA UNIDAD
página 186

Capítulo 3
Enteros

Pregunta esencial

¿QUÉ sucede cuando sumas, restas, multiplicas o divides enteros?

pág. 233

Capítulo 4
Números racionales

El mundo real
pág. 319

Pregunta esencial

¿QUÉ sucede cuando sumas, restas, multiplicas o divides fracciones?

Explorar las profundidades del océano

CCSS UNIDAD 3 Expresiones y ecuaciones

VISTAZO AL PROYECTO DE LA UNIDAD
página 344

Capítulo 5 Expresiones

Pregunta esencial

¿CÓMO puedes usar números y símbolos para representar ideas matemáticas?

pág. 387

x

Capítulo 6
Ecuaciones y desigualdades

El mundo real
pág. 437

ⓔ **Pregunta esencial**

¿QUÉ significa que dos cantidades son iguales?

PROYECTO DE LA UNIDAD 527

Levántate y cuenta

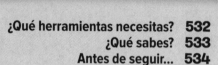

VISTAZO AL PROYECTO
DE LA UNIDAD
página 530

Capítulo 7
Figuras geométricas

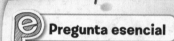 **Pregunta esencial**

¿CÓMO nos ayuda la geometría
a describir objetos del mundo
real?

El mundo real
pág. 535

Capítulo 8
Medir figuras

 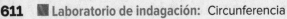
Pregunta esencial

¿CÓMO te ayudan las mediciones a describir objetos del mundo real?

El mundo real
pág. 623

PROYECTO DE LA UNIDAD 703

Da vuelta la hoja

Capítulo 9
Probabilidad

VISTAZO AL PROYECTO DE LA UNIDAD
página 706

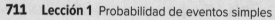
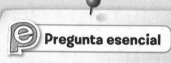

Pregunta esencial

¿CÓMO puedes predecir el resultado de eventos futuros?

El mundo real
pág. 733

Capítulo 10
Estadística

El mundo real
pág. 813

Pregunta esencial

¿CÓMO sabes qué tipo de gráfica usar para representar datos?

PROYECTO DE LA UNIDAD 853

Genes matemáticos

Estándares comunes estatales para MATEMÁTICAS, Grado 7

El Curso 2 de *Matemáticas Glencoe* se centra en cuatro áreas muy importantes: (1) desarrollar la comprensión y la aplicación de las relaciones proporcionales y (2) las operaciones con números racionales, y trabajar con expresiones y ecuaciones lineales; (3) resolver problemas con dibujos a escala, construcciones geométricas, área total y volumen; y (4) dibujar inferencias sobre poblaciones.

Contenido de los estándares

Rama 7.RP

Razones y relaciones proporcionales
- Analizar relaciones proporcionales y usarlas para resolver problemas del mundo real y matemáticos

Rama 7.NS

El sistema numérico
- Aplicar los conocimientos previos sobre las operaciones con fracciones y ampliarlos al trabajar con la suma, resta, multiplicación y división de números racionales

Rama 7.EE

Expresiones y ecuaciones
- Usar las propiedades de las operaciones para generar expresiones equivalentes
- Resolver problemas del mundo real y matemáticos usando expresiones numéricas y algebraicas, y ecuaciones

Rama 7.G

Geometría
- Dibujar, construir y describir figuras geométricas y su relación
- Resolver problemas del mundo real y matemáticos sobre medidas de ángulos, área, área total y volumen

Rama 7.SP

Estadística y probabilidad
- Usar muestras aleatorias para dibujar inferencias sobre la población
- Dibujar inferencias informales comparativas sobre dos poblaciones
- Investigar la probabilidad de los procesos y desarrollar, usar y evaluar modelos de probabilidad

Prácticas matemáticas

1 Entender los problemas y perseverar en la búsqueda de una solución
2 Razonar de manera abstracta y cuantitativa
3 Construir argumentos viables y hacer un análisis del razonamiento de los demás
4 Representar con matemática
5 Usar estratégicamente las herramientas apropiadas
6 Prestar atención a la precisión
7 Buscar una estructura y usarla
8 Buscar y expresar regularidad en el razonamiento repetido

Marca tu progreso en los estándares comunes

Estas páginas listan las ideas clave que deberás poder comprender al final de año. En estas tablas marcarás cuánto aprendiste sobre cada estándar. No te preocupes si no conoces el tema **antes** de trabajarlo. ¡Observa cómo se amplía tu conocimiento a medida que avanza el año!

 No lo sé.   ☺ Me suena.   ☺ Lo sé.

	Antes			Después		
7.RP Ratios and Proportional Relationships	☹	☺	☺	☹	☺	☺
Analyze proportional relationships and use them to solve real-world and mathematical problems.						
7.RP.1 Compute unit rates associated with ratios of fractions, including ratios of lengths, areas and other quantities measured in like or different units.						
7.RP.2 Recognize and represent proportional relationships between quantities. a. Decide whether two quantities are in a proportional relationship, e.g., by testing for equivalent ratios in a table or graphing on a coordinate plane and observing whether the graph is a straight line through the origin. b. Identify the constant of proportionality (unit rate) in tables, graphs, equations, diagrams, and verbal descriptions of proportional relationships. c. Represent proportional relationships by equations. d. Explain what a point (x, y) on the graph of a proportional relationship means in terms of the situation, with special attention to the points $(0, 0)$ and $(1, r)$ where r is the unit rate.						
7.RP.3 Use proportional relationships to solve multistep ratio and percent problems.						

	Antes			Después		
7.NS The Number System	☹	☺	☺	☹	☺	☺
Apply and extend previous understandings of operations with fractions to add, subtract, multiply, and divide rational numbers.						
7.NS.1 Apply and extend previous understandings of addition and subtraction to add and subtract rational numbers; represent addition and subtraction on a horizontal or vertical number line diagram. a. Describe situations in which opposite quantities combine to make 0. b. Understand $p + q$ as the number located a distance $|q|$ from p, in the positive or negative direction depending on whether q is positive or negative. Show that a number and its opposite have a sum of 0 (are additive inverses). Interpret sums of rational numbers by describing real-world contexts. c. Understand subtraction of rational numbers as adding the additive inverse, $p - q = p + (-q)$. Show that the distance between two rational numbers on the number line is the absolute value of their difference, and apply this principle in real-world contexts. d. Apply properties of operations as strategies to add and subtract rational numbers.						

	Antes			Después		
7.NS The Number System *continued*	☹	😐	🙂	☹	😐	🙂
7.NS.2 Apply and extend previous understandings of multiplication and division and of fractions to multiply and divide rational numbers.						
a. Understand that multiplication is extended from fractions to rational numbers by requiring that operations continue to satisfy the properties of operations, particularly the distributive property, leading to products such as $(-1)(-1) = 1$ and the rules for multiplying signed numbers. Interpret products of rational numbers by describing real-world contexts.						
b. Understand that integers can be divided, provided that the divisor is not zero, and every quotient of integers (with non-zero divisor) is a rational number. If p and q are integers, then $-(p/q) = (-p)/q = p/(-q)$. Interpret quotients of rational numbers by describing real-world contexts.						
c. Apply properties of operations as strategies to multiply and divide rational numbers.						
d. Convert a rational number to a decimal using long division; know that the decimal form of a rational number terminates in 0s or eventually repeats.						
7.NS.3 Solve real-world and mathematical problems involving the four operations with rational numbers.						

	Antes			Después		
7.EE Expressions and Equations	☹	😐	🙂	☹	😐	🙂
Use properties of operations to generate equivalent expressions.						
7.EE.1 Apply properties of operations as strategies to add, subtract, factor, and expand linear expressions with rational coefficients.						
7.EE.2 Understand that rewriting an expression in different forms in a problem context can shed light on the problem and how the quantities in it are related.						
Solve real-life and mathematical problems using numerical and algebraic expressions and equations.						
7.EE.3 Solve multi-step real-life and mathematical problems posed with positive and negative rational numbers in any form (whole numbers, fractions, and decimals), using tools strategically. Apply properties of operations to calculate with numbers in any form; convert between forms as appropriate; and assess the reasonableness of answers using mental computation and estimation strategies.						
7.EE.4 Use variables to represent quantities in a real-world or mathematical problem, and construct simple equations and inequalities to solve problems by reasoning about the quantities.						
a. Solve word problems leading to equations of the form $px + q = r$ and $p(x + q) = r$, where p, q, and r are specific rational numbers. Solve equations of these forms fluently. Compare an algebraic solution to an arithmetic solution, identifying the sequence of the operations used in each approach.						
b. Solve word problems leading to inequalities of the form $px + q > r$ or $px + q < r$, where p, q, and r are specific rational numbers. Graph the solution set of the inequality and interpret it in the context of the problem.						

	Antes			Después		
7.G Geometry	☹	😐	🙂	☹	😐	🙂
Draw, construct, and describe geometrical figures and describe the relationships between them.						
7.G.1 Solve problems involving scale drawings of geometric figures, including computing actual lengths and areas from a scale drawing and reproducing a scale drawing at a different scale.						
7.G.2 Draw (freehand, with ruler and protractor, and with technology) geometric shapes with given conditions. Focus on constructing triangles from three measures of angles or sides, noticing when the conditions determine a unique triangle, more than one triangle, or no triangle.						
7.G.3 Describe the two-dimensional figures that result from slicing three-dimensional figures, as in plane sections of right rectangular prisms and right rectangular pyramids.						
Solve real-life and mathematical problems involving angle measure, area, surface area, and volume.						
7.G.4 Know the formulas for the area and circumference of a circle and use them to solve problems; give an informal derivation of the relationship between the circumference and area of a circle.						
7.G.5 Use facts about supplementary, complementary, vertical, and adjacent angles in a multi-step problem to write and solve simple equations for an unknown angle in a figure.						
7.G.6 Solve real-world and mathematical problems involving area, volume and surface area of two- and three-dimensional objects composed of triangles, quadrilaterals, polygons, cubes, and right prisms.						

7.SP Statistics and Probability	☹	😐	🙂	☹	😐	🙂
Use random sampling to draw inferences about a population.						
7.SP.1 Understand that statistics can be used to gain information about a population by examining a sample of the population; generalizations about a population from a sample are valid only if the sample is representative of that population. Understand that random sampling tends to produce representative samples and support valid inferences.						
7.SP.2 Use data from a random sample to draw inferences about a population with an unknown characteristic of interest. Generate multiple samples (or simulated samples) of the same size to gauge the variation in estimates or predictions.						
Draw informal comparative inferences about two populations.						
7.SP.3 Informally assess the degree of visual overlap of two numerical data distributions with similar variabilities, measuring the difference between the centers by expressing it as a multiple of a measure of variability.						

	Antes			Después		
7.SP Statistics and Probability *continued*	☹	😐	🙂	☹	😐	🙂
7.SP.4 Use measures of center and measures of variability for numerical data from random samples to draw informal comparative inferences about two populations.						
Investigate chance processes and develop, use, and evaluate probability models.						
7.SP.5 Understand that the probability of a chance event is a number between 0 and 1 that expresses the likelihood of the event occurring. Larger numbers indicate greater likelihood. A probability near 0 indicates an unlikely event, a probability around 1/2 indicates an event that is neither unlikely nor likely, and a probability near 1 indicates a likely event.						
7.SP.6 Approximate the probability of a chance event by collecting data on the chance process that produces it and observing its long-run relative frequency, and predict the approximate relative frequency given the probability.						
7.SP.7 Develop a probability model and use it to find probabilities of events. Compare probabilities from a model to observed frequencies; if the agreement is not good, explain possible sources of the discrepancy. a. Develop a uniform probability model by assigning equal probability to all outcomes, and use the model to determine probabilities of events. b. Develop a probability model (which may not be uniform) by observing frequencies in data generated from a chance process.						
7.SP.8 Find probabilities of compound events using organized lists, tables, tree diagrams, and simulation. a. Understand that, just as with simple events, the probability of a compound event is the fraction of outcomes in the sample space for which the compound event occurs. b. Represent sample spaces for compound events using methods such as organized lists, tables and tree diagrams. For an event described in everyday language (e.g., "rolling double sixes"), identify the outcomes in the sample space which compose the event. c. Design and use a simulation to generate frequencies for compound events.						

Manual de prácticas matemáticas

Pregunta esencial

¿QUÉ prácticas me ayudan a explorar y explicar las matemáticas?

Prácticas matemáticas

Los estándares de prácticas matemáticas te ayudarán a resolver bien los problemas y te servirán para usar las matemáticas con eficacia en tu vida cotidiana.

¿Qué aprenderás?

PM **En este manual, aprenderás sobre cada una de estas prácticas matemáticas y cómo se trabajan en los capítulos y las lecciones de este libro.**

① **Concentrarse en las prácticas matemáticas**
Perseverar con los problemas

② **Concentrarse en las prácticas matemáticas**
Razonar de manera abstracta y cuantitativa

③ **Concentrarse en las prácticas matemáticas**
Construir un argumento

④ **Concentrarse en las prácticas matemáticas**
Representar con matemáticas

⑤ **Concentrarse en las prácticas matemáticas**
Usar las herramientas matemáticas

⑥ **Concentrarse en las prácticas matemáticas**
Prestar atención a la precisión

⑦ **Concentrarse en las prácticas matemáticas**
Usar una estructura

⑧ **Concentrarse en las prácticas matemáticas**
Usar el razonamiento repetido

Coloca una marca de comprobación debajo de la carita para expresar cuánto sabes sobre las prácticas matemáticas. Luego, explica con tus propias palabras lo que significa para ti.

☹ No lo sé.   😐 Me suena.   😊 ¡Lo sé!

Prácticas matemáticas				
Práctica matemática	☹	😐	😊	Qué significa para mí
①				
②				
③				
④				
⑤				
⑥				
⑦				
⑧				

¿Qué significa perseverar para resolver problemas?

> **ⓅⓂ Práctica matemática 1**
>
> Entender los problemas y perseverar en la búsqueda de una solución.

Busca la palabra "perseverar" en un diccionario. Quizá encuentres "ser persistente" o "continuar con algo hasta el final". Cuando perseveras para resolver problemas de matemáticas, no siempre te detienes en la primera respuesta que hallas. Compruebas si tu solución es correcta, si responde el problema ¡y si tiene sentido!

Jared quiere pintar su cuarto. Las dimensiones del cuarto son 12 pies por 15 pies, y las paredes miden 9 pies de altura. Hay dos ventanas que miden 6 pies por 5 pies cada una. Hay dos puertas, cuyas dimensiones son 30 pulgadas por 6 pies cada una. Si un galón de pintura cubre aproximadamente 350 pies cuadrados, ¿cuántos galones de pintura necesitará para dar dos capas de pintura a las paredes?

1. **Comprende** ¡Hay mucha información! Vuelve a leer el problema. Esta vez, encierra en un círculo la información dada y subraya lo que tienes que hallar.

2. **Planifica** Antes de hacer CUALQUIER cálculo, planifica cómo resolver el problema. Haz una lista de los pasos que debes seguir.

   _____

   _____

   _____

3. **Resuelve** Usa tu plan para resolver el problema.

   Jared necesitará [ ] galones de pintura.

4. **Comprueba** ¿Es correcta tu solución? ¿Tiene sentido? Explica tu respuesta.

   _____

   _____

5. ¿Sentiste deseos de abandonar el problema en algún punto mientras lo resolvías? Explica tu respuesta.

   _____

Resuelve los problemas usando el modelo de resolución de problemas de cuatro pasos.

6. En Nebraska hay aproximadamente 48,000 granjas, que ocupan unos 45 millones de acres de tierra. Esta tierra agrícola representa alrededor de $\frac{9}{10}$ del estado. Aproximadamente, ¿cuántos acres no están ocupados por tierras agrícolas?

   Comprende (Encierra en un círculo) la información que conoces y subraya lo que tienes que hallar. ¿Hay algún dato que no usarás?

   _____

   Planifica ¿Qué estrategia usarás para resolver este problema?

   _____

   Resuelve Resuelve el problema. ¿Cuál es la solución?

   _____

   _____

   Comprueba ¿Tiene sentido tu solución? ¿Puedes resolver el problema de otro modo para comprobar tu trabajo?

   _____

7. Tú y un amigo fueron al cine. Tú compraste una entrada para estudiantes y una bebida. Repartieron el costo de las palomitas de maíz y un dulce. Te quedan $4.75. ¿Cuánto dinero llevaste? Muestra los pasos abajo. Comprueba tu solución.

Estudiantes	$9	Palomitas de maíz
Adultos	$12	Dulces
Adultos mayores	$10	Bebidas

   _____

   _____

   _____

¡Encuéntralo en tu libro!

(PM) Perseverar con los problemas

Mira el Capítulo 1. Da un ejemplo en el que se use la Práctica matemática 1. Explica por qué se usa esta práctica en tu ejemplo.

_____

_____

_____

_____

azonar de manera abstracta y cuantitativa

Necesito duplicar esta receta. ¿Cuánta harina necesito?

PM **Práctica matemática 2**

Razonar de manera abstracta y cuantitativa.

Imagina que quieres duplicar los ingredientes de la receta de abajo. Si escribes una expresión o una ecuación para calcular lo que necesitas, estás razonando de manera cuantitativa. Cuando simplificas la expresión o resuelves la ecuación de manera algebraica, estás razonando de manera abstracta.

Panqueques de la abuela (4 porciones)

$\frac{3}{4}$ taza de harina $1\frac{1}{2}$ cdta de azúcar   2 cda de manteca,

$\frac{1}{4}$ cdta de sal $\frac{1}{8}$ tz de huevo artificial   derretida

$\frac{1}{2}$ tz y 2 cda de leche $1\frac{3}{4}$ cdta de polvo

1 cdta de esencia   para hornear

de vainilla

---

1. ¿Qué destrezas usarás para saber qué cantidad de cada ingrediente debes usar para duplicar la receta?

   _____

2. Invitaste a ocho personas a desayunar panqueques, pero te avisaron que vendrán 10. La receta es para 4 porciones. Define una variable y escribe una expresión para hallar la cantidad necesaria de cada ingrediente para preparar 10 porciones.

   _____

   _____

3. Usa la expresión del Ejercicio 2 para completar la ficha de la receta para que rinda 10 porciones. ¿Sería adecuado redondear algunos de los ingredientes? Explica tu respuesta.

   _____

Panqueques de la abuela (10 porciones)

☐ taza de harina		☐ cdta de polvo para hornear
☐ cdta de sal		☐ cdta de azúcar
☐ tz y ☐ cda de leche		☐ tz de huevo artificial
☐ cdta de esencia vainilla		☐ cda de manteca derretida

Razona de manera abstracta o cuantitativa para hallar una solución.

4. En la gráfica se muestra el porcentaje de personas de distintos grupos de edades que concurrieron recientemente a un parque de atracciones. Concurrieron 1.045 millones de personas en total. ¿Cuántas de esas personas eran menores de 25 años de edad?

_____

_____

5. La exploración de cuevas, o espeleología, es una actividad muy popular. Tu familia se anota para hacer unas excursiones en un parque estatal. En una de las excursiones, hacen descender a tu hermano 160 pies por debajo de la superficie con una cuerda. Luego, él continúa descendiendo otros 70 pies por debajo de la superficie hasta llegar a una cámara. Tú haces una excursión de aventura en la que te tiras con sogas de los árboles, a una altitud de 60 pies sobre el nivel del suelo. ¿Cuál es la diferencia entre las altitudes?

_____

_____

6. Tú y tu familia viajan a un partido de fútbol americano. Tu mamá y tú parten a las 8:00 A.M. Tu papá tiene que esperar a que tu hermana regrese de la práctica de danza, por lo cual sale a las 9:30 A.M. Si tu mamá viaja a una tasa promedio de 50 millas por hora y tu papá conduce a una tasa promedio de 65 millas por hora, ¿cuándo la pasará? Imagina que el partido es a 205 millas de distancia. ¿Quién llegará primero?

_____

_____

¡Encuéntralo en tu libro!

PM Razonar de manera abstracta

Mira el Capítulo 1. Da un ejemplo en el que se use la Práctica matemática 2. Explica por qué se usa esta práctica en tu ejemplo.

_____

_____

_____

_____

Construir un argumento

¿Alguna vez cuestionaste algo que dijo otra persona?

Si tu amigo te dijera que su perro puede correr 45 millas por hora, ¿le creerías? ¿Qué debería hacer tu amigo para justificar su comentario? Tal vez quieras ver correr al perro y usar un cronómetro para tomarle el tiempo. En matemáticas, también solemos tener que justificar nuestras conclusiones. Podemos usar el razonamiento *inductivo* o *deductivo*.

> **PM Práctica matemática 3**
>
> Construir argumentos viables y hacer un análisis del razonamiento de los demás.

1. Usa Internet u otra fuente para buscar los significados de los términos *razonamiento inductivo* y *razonamiento deductivo*. Escribe los significados con tus propias palabras.

   _____

   _____

2. Rotula estos ejemplos como razonamiento inductivo o razonamiento deductivo.

   Razonamiento _____

   Todos los perros que conoció Elijah tenían pulgas, por lo tanto, él cree que todos los perros tienen pulgas.

   Razonamiento _____

   Los triángulos equiláteros tienen 3 lados congruentes. Elena tiene un triángulo con 3 lados congruentes, por lo tanto, ella tiene un triángulo equilátero.

En este libro, es posible que se te pida que evalúes un argumento que construyó otra persona. Si determinas que el argumento es falso, es posible que se te pida que des un contraejemplo. Un *contraejemplo* es un solo ejemplo que demuestra que un enunciado no es verdadero.

3. Determina si el siguiente enunciado es verdadero. Si no es verdadero, da un contraejemplo.

   Todos los números primos son impares.

   _____

Completa los pasos en la solución que se muestra. Usa las propiedades de la igualdad (en la suma, en la resta, en la multiplicación o en la división).

4. $a - 15 = 36$ Escribe la ecuación.

$$\frac{+\,15 = +\,15}{a = 51}$$

Simplifica.

5. $5p = 35$ Escribe la ecuación.

$$\frac{5p}{5} = \frac{35}{5}$$

$p = 7$ Simplifica.

Determina si cada enunciado es verdadero o falso. Si es falso, da un contraejemplo.

6. Todos los muebles que tienen cuatro patas son mesas.

_____

7. Todos los rectángulos tienen 4 ángulos rectos.

_____

8. La población de Pennsylvania es aproximadamente el 4% del total de la población de los Estados Unidos. Daniel afirma que, como la población de los Estados Unidos es aproximadamente 312 millones, la población de Pennsylvania debe estar cerca de 17.5 millones. ¿Es razonable su afirmación? Explica tu respuesta.

_____

_____

_____

¡Encuéntralo en tu libro!

PM **Construir un argumento**

Mira el Capítulo 1. Da un ejemplo en el que se use la Práctica matemática 3. Explica por qué se usa esta práctica en tu ejemplo.

Representar con matemáticas

¿Eres una persona visual o prefieres usar palabras?

Quizá prefieras usar diagramas o dibujos para explicar tus ideas. O quizás prefieras usar palabras. En matemáticas, también usamos distintas maneras de representar la misma idea. Podemos usar palabras, gráficas, tablas, números, símbolos o diagramas.

(PM) **Práctica matemática 4**

Representar con matemáticas.

1. Imagina que estás vendiendo camisetas para recaudar dinero para el Club Key. El club obtiene una ganancia de $6.30 por cada camiseta vendida. Completa los modelos que se muestran.

Palabras	Números	
_____ por camiseta	**Ganancia ($)**	**Cantidad de camisetas**
	6.30	1
	12.60	
	18.90	

Símbolos	Gráfica
Sea g = ganancia c = cantidad de camisetas vendidas $g = \boxed{}\, c$	(gráfica con eje y de 5 a 30 y eje x de 1 a 6)

En estos ejemplos se representa la misma relación entre la ganancia y la cantidad de camisetas vendidas, solo que de distintas maneras.

Se venden camisetas

2. ¿Qué relación preferirías usar para hallar la ganancia si se vendieron 100 camisetas? Explica tu respuesta.

_____

_____

_____

Usa los modelos que se muestran para resolver los problemas.

3. Un parque acuático usa cíclicamente unos 24,000 galones por minuto del río local.

a. Tablas Completa la tabla para mostrar la cantidad de galones que se usan en 1, 2, 3, 4 y 5 minutos.

Tiempo, x (minutos)	Galones, y (miles de galones)

b. Gráficas Marca los pares ordenados en el plano de coordenadas.

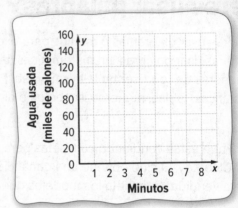

c. Símbolos Escribe una ecuación para mostrar la cantidad de galones de agua y que se usan en x minutos.

_____

4. Kitra está haciendo una búsqueda del tesoro para la feria de la escuela. La escala en el mapa es 0.5 pulgada = 0.25 milla.

Longitud en el mapa m (pulg)	Distancia d (mi)

a. Tablas Completa la tabla para hallar la distancia real para 0.5, 1, 1.5, 2 y 2.5 pulgadas en el mapa.

b. Símbolos Escribe una ecuación para hallar la distancia real d para m pulgadas en el mapa. _____

¡Encuéntralo en tu libro!

PM **Representar con matemáticas**

Mira el Capítulo 6. Da un ejemplo en el que se use la Práctica matemática 4. Explica por qué se usa esta práctica en tu ejemplo.

_____

_____

_____

_____

Usar las herramientas matemáticas

¿Qué herramientas usarías para terminar esta obra de arte?

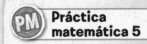

PM Práctica matemática 5

Usar estratégicamente las herramientas apropiadas.

Quizá necesites pinturas, un pincel o tal vez carboncillo o lápices de colores. ¡También es posible que necesites un poco de entrenamiento en arte! Por lo tanto, investiguemos cómo elegir y usar las herramientas y estrategias apropiadas para resolver problemas de matemáticas.

1. Las herramientas matemáticas son objetos, como lápiz y papel, calculadoras, fichas de álgebra y reglas. Enumera otras tres herramientas matemáticas que sean útiles para resolver problemas.

> Herramientas matemáticas
> _____
> _____

2. Algunas estrategias matemáticas son: la estimación, dibujar un diagrama y calcular mentalmente. Enumera otras tres estrategias matemáticas que sean útiles para resolver problemas.

> Estrategias matemáticas
> _____
> _____

3. Describe una situación en la que usarías un transportador.

_____

_____

Enumera las herramientas o estrategias que usarías para resolver los problemas.
Luego, resuélvelos.

4. Necesitas hacer un modelo a escala de tu cuarto para tu clase de Arte. La escala es $\frac{3}{4}$ pulgada por 1 pie. ¿Cuáles son las dimensiones de tu modelo?

_____

_____

5. Tu familia quiere ir a un partido de fútbol americano de los Green Bay Packers. Aproximadamente, ¿cuánto le costaría a una familia con cuatro miembros asistir a un partido, estacionar, comprar 2 programas, y comer un perro caliente y tomar un refresco cada uno?

Fútbol Americano Green Bay Packers	
Precio promedio de la entrada	$78.84
Estacionamiento	$40.00
Refresco	$4.25
Perro caliente	$5.50
Programa	$6

_____

_____

6. Tu grupo de danzas gastó $679.35 en utilería, alquiler de un teatro y programas para un recital. Los precios de las entradas para el recital se muestran en la tabla. Si vendieron un total de 46 entradas para adultos y 59 entradas para estudiantes, ¿cuánto ganó el grupo después de pagar todos los gastos?

Entradas para el recital	
Adultos	$15.00
Estudiantes	$8.00

_____

_____

¡Encuéntralo en tu libro!

PM **Usar las herramientas matemáticas**

Mira el Capítulo 1. Da un ejemplo en el que se use la Práctica matemática 5. Explica por qué se usa esta práctica en tu ejemplo.

_____

_____

_____

_____

Prestar atención a la precisión

¿Qué significa comunicar con precisión?

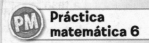

Comunicar con precisión no es solo dar la respuesta correcta. Incluye también usar los términos, las unidades, los símbolos, las ideas y los procedimientos de manera adecuada cuando se comentan o se resuelven problemas.

Todos los días, Marlon va a la práctica de fútbol en motocicleta. Cada semana, su motocicleta usa un cuarto de tanque de gasolina. El lugar donde se hacen las prácticas está a 3 millas de su casa y el tanque de gasolina tiene capacidad para 2.4 galones. Él quiere hallar la tasa unitaria por galón de gasolina. Trabaja con un compañero o compañera para comentar y responder estos ejercicios..

1. Con tus propias palabras, escribe las definiciones de *razón*, *razón equivalente*, *diagrama de barras* y *tasa unitaria*.

   _____

   _____

   _____

2. ¿Cómo se relacionan las palabras del Ejercicio 1 con el problema?

   _____

   _____

   _____

3. Comenta con tu compañero los pasos que usarán para resolver este problema. Resuman los comentarios y luego resuelvan el problema.

   _____

   _____

   _____

4. ¿Qué unidades de medida describirán la tasa unitaria por galón de gasolina?

   _____

5. ¿Cuál es la tasa unitaria por galón de la motocicleta de Marlon?

   _____

Resuelve los problemas.

El estado de Colorado tiene forma de rectángulo, como se muestra en el mapa. La tasa $\frac{1\ cm}{100\ km}$ se puede usar para hallar distancias reales.

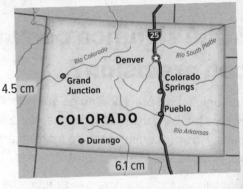

6. Usa tasas equivalentes para hallar la distancia real x.

   a. $\dfrac{4.5\ cm}{x}$ b. $\dfrac{6.1\ cm}{x}$

   _____   _____

7. ¿Cuál es el perímetro del estado en el mapa? ¿Y el perímetro real?

   _____

   _____

8. Claire está organizando el pícnic de séptimo grado y necesita pedir la comida para los 90 estudiantes que asistirán. Ella encuesta a 18 estudiantes. Diez estudiantes eligieron hamburguesas, 7 eligieron perros calientes y 1 eligió una hamburguesa de vegetales.

   a. Haz una conjetura sobre cuántos estudiantes que irán al pícnic elegirán cada tipo de comida.

   _____

   _____

   b. Comenta con un compañero si estos números son exactos o son estimaciones. Luego, determinen qué problemas podría tener Claire si usa esos números.

   _____

   _____

¡Encuéntralo en tu libro!

PM Responder con precisión

Mira el Capítulo 1. Da un ejemplo en el que se use la Práctica matemática 6. Explica por qué se usa esta práctica en tu ejemplo.

_____

_____

_____

_____

¿Qué es una estructura en matemáticas?

Buscar una estructura y usarla es importante para resolver problemas. Hay una estructura cuando escribimos y resolvemos una ecuación o cuando hallamos un patrón. Confiamos en poder identificar y usar una estructura para hallar maneras más fáciles de resolver problemas.

(PM) **Práctica matemática 7**

Buscar una estructura y usarla.

En el Centro de Entretenimientos Atlas, puedes elegir un combo de almuerzo de su nuevo menú. Primero, elige el tipo de sándwich. Luego, elige una guarnición y una galleta de la lista.

Sándwich	Guarniciones	Galleta
Pollo	Ensalada	Chispas de chocolate
Vegetales	Papas fritas	Avena
Albóndiga	Aros de cebolla	Pasas
	Sopa	

1. Crea un diagrama de árbol o lista organizada para mostrar todas las posibles combinaciones con un sándwich de verduras.

2. ¿Cuántos resultados posibles hay con un sándwich de verduras?

   _____

3. ¿Cuántos posibilidades hay en total con los tres tipos de sándwiches?

   _____

4. ¿Se te ocurre otra manera de hallar la cantidad total de resultados?

   _____

   _____

5. Busca un compañero que haya usado un método diferente del tuyo y comenten las ventajas y desventajas de cada método. Resuman lo que comentaron.

   _____

Describe el método que usarías para resolver los siguientes problemas.
Luego resuélvelos.

6. Las calificaciones de Haney en sus pruebas de Ciencias fueron 76%, 93%, 87%, 91% y 83%. Haney quiere cerrar el trimestre con un promedio de 90%. Si todas las pruebas tienen la misma importancia, ¿es posible que él obtenga un promedio de 90% en sus pruebas si solo queda una prueba más? Explica tu respuesta.

_____

_____

_____

7. Necesitas hacer un modelo de tu cuarto para tu clase de arte. La escala es $\frac{3}{4}$ pulgada = 1 pie. ¿Cuáles son las dimensiones de tu modelo?

_____

_____

_____

8. Un rectángulo tiene una longitud de 4 centímetros y un ancho de 3 centímetros. Se multiplican la longitud y el ancho por un factor de 3. ¿Es la razón $\frac{\text{área del rectángulo nuevo}}{\text{área del rectángulo original}}$ equivalente a la razón $\frac{\text{longitud de lado del rectángulo nuevo}}{\text{longitud de lado del rectángulo original}}$? Si no lo es, explica cómo es la relación entre ellas.

_____

_____

_____

¡Encuéntralo en tu libro!

PM **Usar una estructura**

Mira el Capítulo 1. Da un ejemplo en el que se use la Práctica matemática 7. Explica por qué se usa esta práctica en tu ejemplo.

_____

_____

_____

Usar el razonamiento repetido

¿Cómo puede el razonamiento repetido ayudarme en matemáticas?

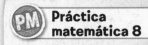

PM **Práctica matemática 8**

Buscar y expresar regularidad en el razonamiento repetido.

A veces, si hallas un razonamiento repetido, o un patrón, en matemáticas, puedes crear verdaderos atajos que te ayudan a hacer los cálculos.

1. Completa la tabla eligiendo un grupo de tres números consecutivos. Luego compara el producto de los dos números de los extremos con el número del medio al cuadrado. El primero ya está empezado y te servirá de ejemplo.

Números consecutivos	Producto de los dos números extremos	Número del medio al cuadrado
4, 5, 6	$4 \times 6 =$	$5 \times 5 =$

2. ¿Cuál es la relación entre el producto de los dos números de los extremos y el número del medio al cuadrado?

_____

_____

$49 \times 51 = ...$

3. Imagina que quieres hallar 22×24. Escribe una expresión en la que uses el número del medio que pueda ayudarte a hallar el producto.

_____

_____

4. ¡Usa este razonamiento para sorprender a tu familia y amigos calculando mentalmente 49×51!

_____

5. ¿Piensas que este proceso funciona con números de tres dígitos? ¿Cómo puedes poner a prueba tu conjetura?

_____

_____

_____

Resuelve.

Longitud en el mapa (pulg) m	Distancia (mi) d

6. Valerie está haciendo una búsqueda del tesoro para la feria de la escuela. La escala en el mapa es 0.5 pulgadas = 0.25 millas.

   a. **Tabla** Completa la tabla para hallar la distancia real para 0.5 pulgada, 1 pulgada, 1.5 pulgadas, 2 pulgadas y 2.5 pulgadas en el mapa.

   b. **Símbolos** Escribe una ecuación para hallar la distancia real d para m pulgadas en el mapa.

_____

Un patrón numérico famoso es el triángulo de Pascal, que se muestra abajo.
Usa el triángulo de Pascal para completar los Ejercicios 7 y 8.

7. Completa el triángulo de abajo. ¿Qué relación existe entre los números de cada fila en comparación con los números de la fila anterior?

_____

_____

8. Halla la suma de todos los números de cada fila. Analiza la relación entre la suma de los números de cada fila y la suma de los números de la fila anterior.

_____

_____

_____

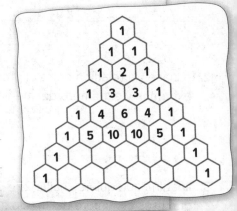

¡Encuéntralo en tu libro!

PM Identificar el razonamiento repetido

Mira el Capítulo 5. Da un ejemplo en el que se use la Práctica matemática 8. Explica por qué se usa esta práctica en tu ejemplo.

_____

_____

_____

_____

Usar las prácticas matemáticas

Resuelve.

El patio de la escuela media Eastmoor tiene forma de rectángulo y mide 40.3 pies de largo. El ancho del patio es 14.6 pies menos que su longitud.

a. Dibuja y rotula un diagrama del patio de la escuela. ¿Cuál es el

perímetro del patio? _____

b. El consejo estudiantil quiere plantar 14 árboles de modo que estén ubicados a la misma distancia uno de otro alrededor del patio. Dibuja un diagrama para mostrar dónde deberían plantarse los árboles.

Aproximadamente, ¿qué distancia hay entre los árboles? _____

Determina qué prácticas matemáticas usaste para hallar la solución. Sombrea lo que corresponda.

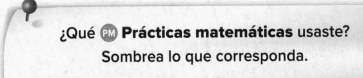

¿Qué (PM) **Prácticas matemáticas** usaste?
Sombrea lo que corresponda.

① Perseverar con los problemas   ⑤ Usar las herramientas matemáticas
② Razonar de manera abstracta   ⑥ Prestar atención a la precisión
③ Construir un argumento   ⑦ Usar una estructura
④ Representar con matemáticas   ⑧ Usar el razonamiento repetido

Reflexionar

Usa lo que aprendiste sobre las prácticas matemáticas para completar el organizador gráfico. Escribe dos prácticas diferentes que usas para cada categoría. Luego, describe cómo te ayuda cada práctica a explorar y explicar las matemáticas.

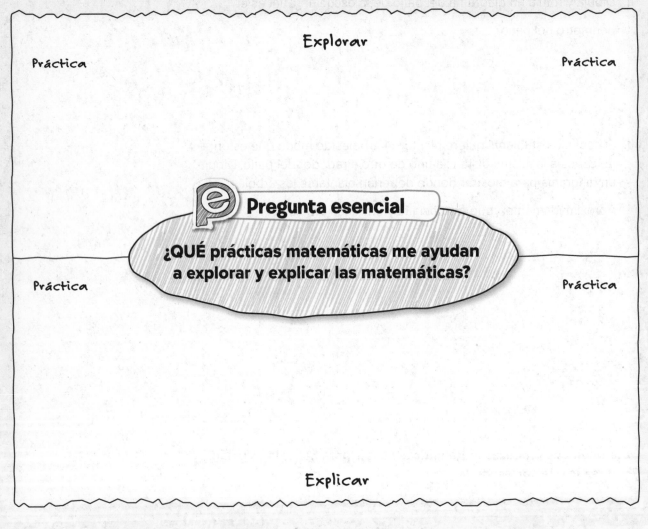

Explorar

Práctica   Práctica

Pregunta esencial

¿QUÉ prácticas matemáticas me ayudan
a explorar y explicar las matemáticas?

Práctica   Práctica

Explicar

 Responder la pregunta esencial ¿QUÉ prácticas matemáticas me ayudan a explorar y explicar las matemáticas?

_____

_____

_____

_____

Unidad 1

Razones y relaciones proporcionales

Pregunta esencial

¿CÓMO puedes usar las matemáticas para describir cambios y representar situaciones del mundo real?

Capítulo 1
Razones y razonamiento proporcional

Las relaciones proporcionales pueden usarse para resolver problemas del mundo real. En este capítulo, determinarás si la relación entre dos cantidades es proporcional o no. Luego, usarás las proporciones para resolver problemas de varios pasos.

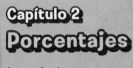

Capítulo 2
Porcentajes

Las relaciones proporcionales pueden usarse para resolver problemas con porcentajes. En este capítulo, hallarás porcentajes de aumento y disminución, y usarás porcentajes para resolver problemas relacionados con impuesto sobre la venta, propinas, márgenes de ganancia y descuentos, e interés simple.

Observa

Sé un experto en viajes Viajar a un lugar nuevo puede ser muy emocionante. Ya sea que viajes a unos pocos estados de distancia o al extranjero, seguramente tendrás nuevas experiencias y aprenderás cosas nuevas.

Cuando planeas un viaje, algo que sin dudas debes tener en cuenta es la cantidad de dinero que gastarás. Planear cuidadosamente el presupuesto de un viaje te garantizará tener el dinero suficiente, e incluso te ayudará a ahorrar un poco. Al final del Capítulo 2, completarás un proyecto acerca de los costos relacionados con los viajes.

Elige una ciudad de Estados Unidos. Estima los costos de unas vacaciones de una semana para una familia en la ciudad elegida y completa la tabla.

Mi viaje a _____	
Gastos	Costo ($)
Boleto de avión de ida y vuelta	
Hotel	
Alquiler de carro	
Comidas	
Excursiones	

Capítulo 1
Razones y razonamiento proporcional

Pregunta esencial

¿CÓMO puedes mostrar que dos objetos son proporcionales?

Common Core State Standards

Content Standards
7.RP.1, 7.RP.2, 7.RP.2a, 7.RP.2b, 7.RP.2c, 7.RP.2d, 7.RP.3, 7.NS.3

PM Prácticas matemáticas
1, 2, 3, 4, 5, 6

Matemáticas en el mundo real

Los aviones usados en vuelos comerciales se desplazan a una velocidad de aproximadamente 550 millas por hora.

Imagina que un avión recorre 265 millas en media hora. Dibuja una flecha en este velocímetro para representar la velocidad del avión en millas por hora.

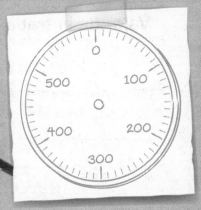

Ayudas de estudio

 Recorta el modelo de papel de la página FL3 de este libro.

 Pega tu modelo de papel en la página 92.

 Usa el modelo de papel en todo este capítulo como ayuda para aprender sobre el razonamiento proporcional.

Vocabulario

análisis dimensional	fracción compleja	proporcional
constante de proporcionalidad	no proporcional	razones equivalentes
constante de variación	origen	razón unitaria
coordenada x	par ordenado	tasa
coordenada y	pendiente	tasa de cambio
cuadrantes	plano de coordenadas	tasa de cambio constante
eje x	productos cruzados	tasa unitaria
eje y	proporción	variación directa

Repaso del vocabulario

Funciones Una función es una relación en la que se asigna exactamente un valor de salida a cada valor de entrada. La regla de función es la operación que se realiza a partir del valor de entrada. Realiza las operaciones indicadas con el valor de entrada 10. Luego, escribe los valores de salida en el organizador.

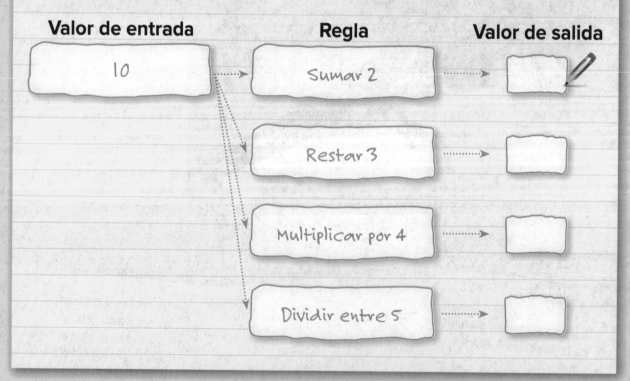

Valor de entrada	Regla	Valor de salida
10	Sumar 2	
	Restar 3	
	Multiplicar por 4	
	Dividir entre 5	

Lee las oraciones. Indica si estás de acuerdo (A) o en desacuerdo (D). Haz una marca en la columna correcta y, luego, justifica tu razonamiento.

Razones y razonamiento proporcional			
Oraciones	A	D	¿Por qué?
Una tasa es una razón que compara dos cantidades con unidades diferentes.			
Una relación entre dos cantidades es proporcional.			
Los productos cruzados de la proporción $\frac{a}{b} = \frac{c}{d}$ son ac y bd.			
Una relación lineal tiene una tasa de cambio constante.			
La pendiente puede expresarse como $\frac{distancia\ vertical}{distancia\ horizontal}$.			
La gráfica de una variación directa siempre pasa por el origen.			

¿Cuándo usarás esto?

Estos son algunos ejemplos de cómo se usan las tasas en el mundo real.

Actividad 1 Los conductores de carrera profesionales corren carreras de clasificación para obtener una buena posición de salida. ¿Crees que pueden predecir cuánto tiempo tardarán en completar la carrera, a partir de los tiempos de la clasificación? Explica tu razonamiento.

_____

Actividad 2 Conéctate a **connectED.mcgraw-hill.com** para leer la historieta *Carrera de carritos*. ¿Cuánto tardó Seth en completar 12 vueltas? ¿Cuánto mide cada vuelta?

_____

Seth y Hannah en

Carrera de carritos

No hay problema. Podemos estimar los tiempos restantes a partir de lo que tardaste hasta ahora.

Resuelve los ejercicios de la sección Comprobación rápida o conéctate para hacer la prueba de preparación.

Comprueba

Repaso de los estándares comunes 6.RP.1, 6.RP.3

Ejemplo 1

Escribe la razón de victorias a derrotas como una fracción en su mínima expresión.

Victorias ·······> $\dfrac{10}{12} = \dfrac{5}{6}$
Derrotas ·······>

Los rebeldes de Madison	
Estadísticas del equipo	
Victorias	10
Derrotas	12
Empates	8

La razón de victorias a derrotas es $\dfrac{5}{6}$.

Ejemplo 2

Determina si las razones 250 millas en 4 horas y 500 millas en 8 horas son equivalentes.

Compara las razones escribiéndolas en su mínima expresión.

$$250 \text{ millas : 4 horas} = \dfrac{250}{4}, \text{ o } \dfrac{125}{2}$$

$$500 \text{ millas : 8 horas} = \dfrac{500}{8}, \text{ o } \dfrac{125}{2}$$

Las razones son equivalentes porque se simplifican a la misma fracción.

Comprobación rápida

Razones Escribe las razones como fracciones en su mínima expresión.

Excursión de séptimo grado	
Estudiantes	180
Adultos	24
Autobuses	4

1. adultos : estudiantes _____

2. estudiantes : autobuses _____

3. autobuses : personas _____

Razones equivalentes Determina si las razones son equivalentes. Explica tu respuesta.

4. 20 clavos por cada 5 placas
12 clavos por cada 3 placas

_____

_____

5. 12 de cada 20 médicos están de acuerdo
15 de cada 30 médicos están de acuerdo

_____

_____

¿Cómo te fue?

Sombrea los números de los ejercicios de la sección Comprobación rápida que resolviste correctamente.

(1) (2) (3) (4) (5)

Laboratorio de indagación

Tasas unitarias

 Indagación ¿CÓMO puedes usar un diagrama de barra para resolver un problema del mundo real que involucra razones?

 Content Standards
Preparation for 7.RP.1, 7.RP.2, and 7.RP.2b

PM Prácticas matemáticas
1, 3, 4

Cuando Jeremy recibe su mesada, decide ahorrar una parte. Sus ahorros y sus gastos siguen la razón 7:5. Si recibe $3 por día, halla cuánto dinero ahorra por día.

Manos a la obra

Puedes usar un diagrama de barra para representar la razón 7:5.

Paso 1 Completa el diagrama de barra con *ahorros*, *gastos* y *$3* en las casillas correspondientes.

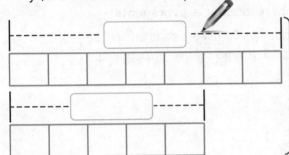

Cantidad total = ☐
(Dinero por día)

Paso 2 Sea x cada sección de la barra. Escribe y resuelve una ecuación para hallar la cantidad de dinero que representa cada barra.

$7x + \boxed{}x = 3$ — Escribe la ecuación.

$12x = 3$ — Hay 12 partes en total.

$\dfrac{12x}{12} = \dfrac{3}{12}$ — Propiedad de igualdad en la división

$x = \dfrac{\boxed{}}{\boxed{}}$, o 0.25 — Simplifica.

Paso 3 Calcula la cantidad que ahorra Jeremy por día. Como cada sección de la barra representa $0.25, los ahorros de Jeremy están representados por $7 \times \$\boxed{}$, o $1.75.

Por lo tanto, Jeremy ahorra $\boxed{}$ por día.

Trabaja con un compañero o una compañera para responder esta pregunta.

1. La razón del número de niños al número de niñas en el equipo de natación es 4:2. Si hay 24 atletas en el equipo de natación, ¿cuántos más niños que niñas forman parte del equipo? Usa un diagrama de barra para resolver. _____

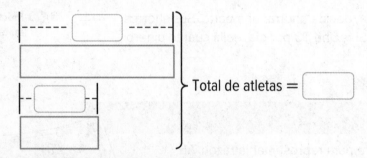

Total de atletas = ☐

Analizar y pensar
Colabora

Trabaja con un compañero o una compañera para responder esta pregunta.

2. **PM Razonar de manera inductiva** Imagina que hay 24 atletas en el equipo de natación, pero que la razón de niños a niñas es 3:5. ¿Cómo cambia el diagrama de barra? _____

_____

Crear
Por tu cuenta

3. **PM Representar con matemáticas** Escribe un problema del mundo real que pueda representarse con este diagrama de barra. Luego, resuelve el problema.

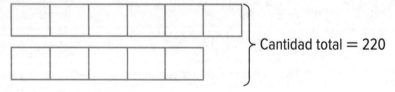

Cantidad total = 220

_____

_____

_____

4. **Indagación** ¿CÓMO puedes usar un diagrama de barra para resolver un problema del mundo real que involucra razones?

_____

_____

Tasas

Conexión con el mundo real

Observa

Pulso Puedes tomarle el pulso a una persona colocando los dedos índice y medio en la parte interna de la muñeca. Elige un compañero y tómale el pulso durante dos minutos.

1. Anota los resultados en este diagrama.

$$\frac{\text{latidos}}{\text{minutos}}$$

2. Usa los resultados del Ejercicio 1 para completar el diagrama de barra y hallar la cantidad de latidos por minuto del pulso de tu compañero.

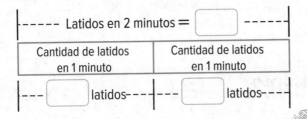

Latidos en 2 minutos = ☐

Cantidad de latidos en 1 minuto	Cantidad de latidos en 1 minuto
☐ latidos	☐ latidos

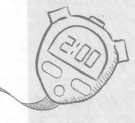

Por lo tanto el corazón de tu compañero late ☐ veces por minuto.

3. Usa los resultados del Ejercicio 1 para hallar la cantidad de latidos del corazón de tu compañero en $\frac{1}{2}$ minuto.

¿Qué Prácticas matemáticas PM usaste?
Sombrea lo que corresponda.

① Perseverar con los problemas   ⑤ Usar las herramientas matemáticas

② Razonar de manera abstracta   ⑥ Prestar atención a la precisión

③ Construir un argumento   ⑦ Usar una estructura

④ Representar con matemáticas   ⑧ Usar el razonamiento repetido

Hallar una tasa unitaria

Una razón que compara dos cantidades con unidades diferentes se llama **tasa**. Cuando mediste el pulso de tu compañero, en realidad hallaste su frecuencia cardíaca, es decir, la *tasa* de latidos del corazón por tiempo.

$$\frac{160 \text{ latidos}}{2 \text{ minutos}}$$

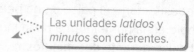 Las unidades *latidos* y *minutos* son diferentes.

Cuando una tasa está simplificada de manera que tiene un denominador igual a 1 unidad, se la llama **tasa unitaria**.

$$\frac{80 \text{ latidos}}{1 \text{ minuto}}$$

El denominador es 1 unidad.

Esta tabla muestra algunas tasas unitarias comunes.

Tasa	Tasa unitaria	Abreviatura	Nombre
$\dfrac{\text{cantidad de millas}}{1 \text{ hora}}$	millas por hora	mi/h	velocidad promedio
$\dfrac{\text{cantidad de millas}}{1 \text{ galón}}$	millas por galón	mi/gal	consumo por milla
$\dfrac{\text{cantidad de dólares}}{1 \text{ libra}}$	precio por libra	$/lb	precio unitario

 ## Ejemplo Tutor

1. **Adrienne recorrió en bicicleta 24 millas en 4 horas. Si anduvo a una velocidad constante, ¿cuántas millas recorrió en una hora?**

24 millas en 4 horas $= \dfrac{24 \text{ mi}}{4 \text{ h}}$ Escribe la tasa como una fracción.

$\qquad\qquad\qquad\quad = \dfrac{24 \text{ mi} \div 4}{4 \text{ h} \div 4}$ Divide el numerador y el denominador entre 4.

$\qquad\qquad\qquad\quad = \dfrac{6 \text{ mi}}{1 \text{ h}}$ Simplifica.

Adrienne recorrió 6 millas en una hora.

¿Entendiste? **Resuelve estos problemas para comprobarlo.**

Halla las tasas unitarias. Si es necesario, redondea a la centésima más cercana.

    a. $300 por 6 horas

    b. 220 millas con 8 galones

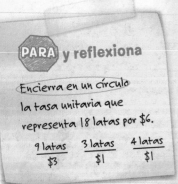

PARA y reflexiona

Encierra en un círculo la tasa unitaria que representa 18 latas por $6.

$\dfrac{9 \text{ latas}}{\$3}$ $\dfrac{3 \text{ latas}}{\$1}$ $\dfrac{4 \text{ latas}}{\$1}$

 Muestra tu trabajo.

a. _____

b. _____

Ejemplo

Tutor

2. Halla el precio por unidad, si ocho cajas de jugo cuestan $2.

$2 por ocho cajas $= \dfrac{\$2}{8 \text{ cajas}}$ Escribe la tasa como una fracción.

$= \dfrac{\$2 \div 8}{8 \text{ cajas} \div 8}$ Divide el numerador y el denominador entre 8.

$= \dfrac{\$0.25}{1 \text{ caja}}$ Simplifica.

El precio por unidad es $0.25 por caja de jugo.

¿Entendiste? Resuelve este problema para comprobarlo.

c. Halla el precio por unidad, si 4 paquetes de mezcla de frutos secos cuestan $2.12.

Muestra tu trabajo.

c. _____

Ejemplo

Tutor

3. La tabla muestra los precios de 3 bolsas diferentes de alimento para perros. ¿Cuál de las bolsas tiene el menor precio por libra, redondeado al centavo más cercano?

Precios de alimento para perros	
Tamaño de la bolsa (lb)	Precio ($)
40	49.00
20	23.44
8	9.88

- bolsa de 40 libras
  $49.00 ÷ 40 libras ≈ $1.23 por libra
- bolsa de 20 libras
  $23.44 ÷ 20 libras ≈ $1.17 por libra
- bolsa de 8 libras
  $9.88 ÷ 8 libras ≈ $1.24 por libra

El precio más bajo por libra corresponde a la bolsa de 20 libras.

Método alternativo

Una bolsa de 40 lb es equivalente a 2 bolsas de 20 lb o a cinco bolsas de 8 lb. El costo de una bolsa de 40 lb es $49, el costo de dos bolsas de 20 lb es aproximadamente 2 × $23, o $46, y el costo de cinco bolsas de 8 lb es aproximadamente 5 × $10, o $50. Por lo tanto, el precio más bajo por libra corresponde a la bolsa de 20 lb.

¿Entendiste? Resuelve este problema para comprobarlo.

d. Tito quiere comprar mantequilla de cacahuate para donar al banco de alimentos local. Quiere comprar la mayor cantidad posible de mantequilla de cacahuate. ¿Qué marca debe comprar?

Mantequilla de cacahuate	
Marca	Precio de venta
Loquilla	12 onzas por $2.19
De la Abuela	18 onzas por $2.79
Abejitas	28 onzas por $4.69
Más Ahorro	40 onzas por $6.60

d. _____

 El mundo real

Ejemplo

4. Lexi maquilló 2 caras en 8 minutos en la feria de artesanías. A esta tasa, ¿cuántas caras puede maquillar en 40 minutos?

Método 1 Dibuja un diagrama de barra.

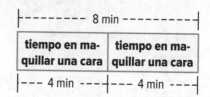

Tarda 4 minutos en maquillar una cara. En 40 minutos, Lexi puede maquillar $40 \div 4$, o 10 caras.

Método 2 Halla una tasa unitaria.

$$2 \text{ caras en } 8 \text{ minutos} = \frac{2 \text{ caras} \div 8}{8 \text{ min} \div 8} = \frac{0.25 \text{ de cara}}{1 \text{ min}}$$ Halla la tasa unitaria.

Multiplica la tasa unitaria por 40 minutos.

$$\frac{0.25 \text{ de cara}}{1 \text{ min}} \cdot 40 \text{ min} = 10 \text{ caras}$$ Divide para cancelar las unidades en común.

Con cualquiera de los métodos, Lexi puede maquillar 10 caras en 40 minutos.

Práctica guiada

 Comprueba

1. En la tienda CD al Instante ofrecen 4 CD por $60. En la tienda El Lugar de la Música ofrecen 6 CD por $75. ¿Cuál de las tiendas tiene la mejor oferta? (Ejemplos 1 a 3)

_____

 Muestra tu trabajo.

2. Pasadas 3.5 horas, Pasha había recorrido 217 millas. Si viaja a una velocidad constante, ¿qué distancia habrá recorrido en 4 horas? (Ejemplo 4) _____

3. Escribe 5 libras por $2.49 como una tasa unitaria. Redondea a la centésima más cercana. (Ejemplo 2)

_____

4. ⓔ **Desarrollar la pregunta esencial** Usa un ejemplo para describir por qué una *tasa* es una medida de una cantidad por una unidad de otra cantidad.

_____

_____

¡Califícate!

¿Estás listo para seguir? Sombrea lo que corresponda.

SÍ   ?   NO

Para obtener más ayuda, conéctate y accede a un tutor personal. Tutor

Práctica independiente

Halla las tasas unitarias. Si es necesario, redondea a la centésima más cercana. (Ejemplos 1 y 2)

 uestra tu trabajo.

1. 360 millas en 6 horas: _____

2. 6,840 clientes en 45 días: _____

3. 45.5 metros en 13 segundos: _____

4. $7.40 por 5 libras: _____

5. Estima la tasa unitaria, si 12 pares de calcetines cuestan $5.79. (Ejemplos 1 y 2)

_____

6. **PM** **Justificar las conclusiones** La tabla muestra los resultados de un torneo de natación. ¿Quién nadó más rápido? Explica tu razonamiento. (Ejemplo 3)

_____

Nombre	Carrera	Tiempo (s)
Tawni	50 m estilo libre	40.8
Pepita	100 m mariposa	60.2
Susana	200 m combinado	112.4

7. Ben puede teclear 153 palabras en 3 minutos. A esa tasa, ¿cuántas palabras puede teclear en 10 minutos? (Ejemplo 4)

_____

8. Kenji compra 3 yardas de tela por $7.47. Más tarde se da cuenta de que necesita 2 yardas más. ¿Cuánto le costará la tela adicional? (Ejemplo 4)

_____

9. El récord de la Maratón de Boston, división sillas de ruedas, es 1 hora, 18 minutos y 27 segundos.

a. El circuito de la Maratón de Boston mide 26.2 millas. ¿Cuál fue la velocidad promedio del ganador que obtuvo el récord de la división sillas de ruedas? Redondea a la centésima

más cercana. _____

b. A esa tasa, ¿cuánto tardará el competidor en completar

una carrera de 30 millas? _____

10. En la tienda Almacén de Llantas, un par de llantas nuevas cuesta $216. La oferta especial publicita las mismas llantas a una tasa de $380 por 4 llantas.

¿Cuánto se ahorra por llanta si se compra la oferta especial? _____

Problemas S.O.S. Soluciones de orden superior

11. (PM) **Usar las herramientas matemáticas** Busca ejemplos de precios de productos de almacén en un periódico, la televisión o Internet. Compara los precios por unidad de dos marcas diferentes del mismo producto. Explica cuál de los productos es la mejor compra.

_____

_____

12. (PM) **Hallar el error** Seth intenta hallar el precio por unidad de un paquete de discos compactos para grabar que se venden de a 10 por $5.49. Halla su error y corrígelo.

_____

_____

_____

$10 \div \$5.49$
$\$1.82$ cada uno

(PM) **Perseverar con los problemas** Determina si cada enunciado es verdadero *siempre, a veces* o *nunca*. Da un ejemplo o un contraejemplo.

13. Una razón es una tasa.

_____

_____

_____

14. Una tasa es una razón.

_____

_____

_____

15. (PM) **Justificar las conclusiones** Un envase con 96 onzas de jugo de naranja cuesta $4.80. ¿A qué precio debería venderse un envase de 128 onzas para que los precios por unidad de los dos envases sean iguales? Explica tu razonamiento.

_____

_____

_____

Más práctica

Halla las tasas unitarias. Si es necesario, redondea a la centésima más cercana.

16. 150 personas en 5 salones de clase

30 personas por clase

$\dfrac{150 \text{ personas} \div 5}{5 \text{ salones} \div 5} = \dfrac{30 \text{ personas}}{1 \text{ salón}}$

30 personas por clase

17. 815 calorías en 4 porciones

203.75 calorías por porción

$\dfrac{815 \text{ calorías} \div 4}{4 \text{ porciones} \div 4} = \dfrac{203.75 \text{ calorías}}{1 \text{ porción}}$

203.75 calorías por porción

18. $1.12 por 8.2 onzas

_____

19. 144 millas con 4.5 galones

_____

20. (PM) **Justificar las conclusiones** En una tienda venden 6 botellas de agua mineral por $3.79, 9 botellas por $4.50 y 12 botellas por $6.89. ¿Qué cantidad de botellas conviene comprar? Explica tu razonamiento.

21. (PM) **Justificar las conclusiones** Dalila ganó $108.75 por 15 horas de trabajo envolviendo regalos para las fiestas en una tienda. A esa tasa, ¿cuánto dinero ganará si trabaja 18 horas la semana próxima? Explica tu respuesta.

_____

_____

22. (PM) **Usar las herramientas matemáticas** Usa la gráfica que muestra la cantidad promedio de veces que late el corazón de un oso activo y un oso hibernando.

a. ¿Qué representa el punto (2, 120) de la gráfica?

_____

_____

b. ¿Qué representa la razón de la coordenada *y* a la coordenada *x* para cada par de puntos de la gráfica?

_____

_____

c. Usa la gráfica para hallar la frecuencia cardíaca promedio del oso cuando está activo y cuando está hibernando.

_____

_____

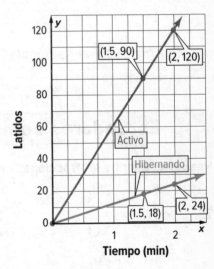

23. La tabla muestra la cantidad de horas que dedicaron unos amigos a diferentes trabajos, y las cantidades de dinero que ganaron. Selecciona las tarifas por hora correctas para completar la tabla. Luego, haz una marca en la fila de la persona que cobra la mayor tarifa por hora.

$6.25	$7.90
$6.75	$8.00
$7.25	$8.70

	Horas trabajadas	Cantidad ganada ($)	Tarifa por hora ($)	¿Mayor tarifa por hora?
Caleb	5	36.25		
Jeremy	7.5	65.25		
María	4.25	34.00		
Rosa	8	54.00		

24. La Sra. Ross quiere comprar detergente. Hay envases de cuatro tamaños diferentes. Ordena las marcas de menor a mayor precio por unidad. Redondea los precios por unidad a la milésima más cercana.

Precios de detergentes	
Marca	**Precio**
Pura Espuma	$0.98 por 8 onzas
Lavado Brillante	$1.29 por 12 onzas
Jabón Impecable	$3.14 por 30 onzas
Brillo Cítrico	$3.50 por 32 onzas

	Marca	Precio unitario (por onza)
Menor		
Mayor		

¿Qué marca conviene comprar? [ ]

Estándares comunes: Repaso en espiral

Resuelve. Escribe las fracciones en su mínima expresión. 5.NF.4

25. $\dfrac{1}{2} \times \dfrac{4}{7} = \dfrac{\Box}{\Box}$

26. $\dfrac{2}{3} \times \dfrac{1}{6} = \dfrac{\Box}{\Box}$

27. $\dfrac{1}{4} \div \dfrac{3}{8} = \dfrac{\Box}{\Box}$

Fracciones complejas y tasas unitarias

 ## Conexión con el mundo real

Patinaje de velocidad Dana patina dando vueltas en una pista como entrenamiento para una carrera de patinaje. Tarda 40 segundos en dar 1 vuelta.

1. Escribe una razón en su mínima expresión para comparar los tiempos de Dana y las vueltas que da a la pista.

Tiempo de Dana (s) ·······▸ ⬚

Cantidad de vueltas ·······▸ ⬚

2. Imagina que Dana patina durante 20 segundos. ¿Cuántas vueltas dará?

_____

3. Escribe la razón del tiempo de Dana en el Ejercicio 2 a la cantidad de vueltas.

Tiempo de Dana (s) ·······▸ ⬚

Cantidad de vueltas ·······▸ ⬚

4. ¿Cómo puedes simplificar la razón que escribiste en el Ejercicio 3?

_____

 ### Pregunta esencial

¿CÓMO puedes mostrar que dos objetos son proporcionales?

 ### Vocabulario

fracción compleja

 ### Common Core State Standards

Content Standards
7.RP.1, 7.NS.3

PM **Prácticas matemáticas**
1, 3, 4, 6

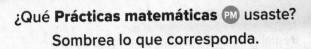

¿Qué **Prácticas matemáticas** PM usaste?
Sombrea lo que corresponda.

① Perseverar con los problemas   ⑤ Usar las herramientas matemáticas

② Razonar de manera abstracta   ⑥ Prestar atención a la precisión

③ Construir un argumento   ⑦ Usar una estructura

④ Representar con matemáticas   ⑧ Usar el razonamiento repetido

Simplificar una fracción compleja

Las fracciones como $\dfrac{20}{\frac{1}{2}}$ se llaman fracciones complejas.

Las **fracciones complejas** son fracciones en las que el numerador el denominador, o ambos son también fracciones. Las fracciones complejas quedan simplificadas cuando tanto su numerador como su denominador son números enteros.

 ## Ejemplos

Tutor

Dividir fracciones

Para dividir entre un número entero, primero escríbelo como una fracción con denominador 1. Luego, multiplica por el recíproco.

Entonces, $\dfrac{\frac{1}{4}}{2}$ puede escribirse como $\dfrac{1}{4} \div \dfrac{2}{1}$.

---

1. **Simplifica** $\dfrac{\frac{1}{4}}{2}$.

Recuerda que una fracción también puede escribirse como un problema de división.

$\dfrac{\frac{1}{4}}{2} = \dfrac{1}{4} \div 2$ \qquad Escribe la fracción compleja como un problema de división.

$= \dfrac{1}{4} \times \dfrac{1}{2}$ \qquad Multiplica por el recíproco de 2, que es $\dfrac{1}{2}$.

$= \dfrac{1}{8}$ \qquad Simplifica.

Por lo tanto, $\dfrac{\frac{1}{4}}{2}$ es igual a $\dfrac{1}{8}$.

---

2. **Simplifica** $\dfrac{1}{\frac{1}{2}}$.

Escribe la fracción como un problema de división.

$\dfrac{1}{\frac{1}{2}} = 1 \div \dfrac{1}{2}$ \qquad Escribe la fracción compleja como un problema de división.

$= \dfrac{1}{1} \times \dfrac{2}{1}$ \qquad Multiplica por el recíproco de $\dfrac{1}{2}$, que es $\dfrac{2}{1}$.

$= \dfrac{2}{1}$, o 2 \qquad Simplifica.

Por lo tanto, $\dfrac{1}{\frac{1}{2}}$ es igual a 2.

¿Entendiste? **Resuelve estos problemas para comprobarlo.**

a. $\dfrac{2}{\frac{2}{3}}$ \hspace{3cm} b. $\dfrac{6}{\frac{1}{3}}$

c. $\dfrac{\frac{2}{3}}{7}$ \hspace{3cm} d. $\dfrac{\frac{2}{4}}{2}$

Muestra tu trabajo.

a. _____

b. _____

c. _____

d. _____

Hallar tasas unitarias

Cuando las fracciones de una fracción compleja representan unidades diferentes, puedes hallar la tasa unitaria.

Ejemplos

Tutor

3. Josiah puede trotar $1\frac{1}{3}$ millas en $\frac{1}{4}$ hora. Halla su velocidad promedio en millas por hora.

Escribe una tasa para comparar la cantidad de millas con las horas.

$$\frac{1\frac{1}{3}\text{ mi}}{\frac{1}{4}\text{ h}} = 1\frac{1}{3} \div \frac{1}{4}$$ Escribe la fracción compleja como un problema de división.

$$= \frac{4}{3} \div \frac{1}{4}$$ Escribe el número mixto como una fracción impropia.

$$= \frac{4}{3} \times \frac{4}{1}$$ Multiplica por el recíproco de $\frac{1}{4}$, que es $\frac{4}{1}$.

$$= \frac{16}{3}, \text{ o } 5\frac{1}{3}$$ Simplifica.

Por lo tanto, Josiah trota a una velocidad promedio de $5\frac{1}{3}$ millas por hora.

4. Tamara está pintando su casa. Pinta $34\frac{1}{2}$ pies cuadrados en $\frac{3}{4}$ hora. A esta tasa, ¿cuántos pies cuadrados puede pintar por hora?

Escribe una razón que compare la cantidad de pies cuadrados con las horas.

$$\frac{34\frac{1}{2}\text{ pies}^2}{\frac{3}{4}\text{ h}} = 34\frac{1}{2} \div \frac{3}{4}$$ Escribe la fracción compleja como un problema de división.

$$= \frac{69}{2} \div \frac{3}{4}$$ Escribe el número mixto como una fracción impropia.

$$= \frac{69}{2} \times \frac{4}{3}$$ Multiplica por el recíproco de $\frac{3}{4}$, que es $\frac{4}{3}$.

$$= \frac{276}{6}, \text{ o } 46$$ Simplifica.

Por lo tanto, Tamara puede pintar 46 pies cuadrados por hora.

Muestra tu trabajo.

¿Entendiste? Resuelve estos problemas para comprobarlo.

e. El Sr. Ibáñez está esparciendo abono en su jardín. Esparce $4\frac{2}{3}$ yardas cuadradas en 2 horas. ¿En cuántas yardas cuadradas puede esparcir abono en una hora?

f. Aubrey puede caminar $4\frac{1}{2}$ millas en $1\frac{1}{2}$ horas. Halla su velocidad promedio en millas por hora.

e. _____

f. _____

 El mundo real

 Tutor

Ejemplo

5. En el equipo de fútbol de Javier, aproximadamente $33\frac{1}{3}\%$ de los jugadores han marcado un gol. Escribe $33\frac{1}{3}\%$ como una fracción en su mínima expresión.

$$33\frac{1}{3}\% = \frac{33\frac{1}{3}}{100}$$ Definición de porcentaje

$$= 33\frac{1}{3} \div 100$$ Escribe la fracción compleja como un problema de división.

$$= \frac{100}{3} \div 100$$ Escribe $33\frac{1}{3}$ como una fracción impropia.

$$= \frac{\overset{1}{\cancel{100}}}{3} \times \frac{1}{\underset{1}{\cancel{100}}}$$ Multiplica por el recíproco de 100, que es $\frac{1}{100}$.

$$= \frac{1}{3}$$ Simplifica.

Por lo tanto, aproximadamente $\frac{1}{3}$ de jugadores del equipo han marcado un gol.

Práctica guiada

 Comprueba

Simplifica. (Ejemplos 1 y 2)

 Muestra tu trabajo.

1. $\dfrac{18}{\frac{3}{4}} = $ _____

2. $\dfrac{\frac{3}{6}}{4} = $ _____

3. $\dfrac{\frac{1}{3}}{\frac{1}{4}} = $ _____

4. Las integrantes del club de animadoras de la escuela preparan distintivos. Hacer 490 distintivos les lleva $3\frac{1}{2}$ horas. Halla la cantidad de distintivos que preparan por hora. (Ejemplos 3 y 4) _____

5. En un condado, el impuesto sobre las ventas es $6\frac{2}{3}\%$. Escribe el porcentaje como una fracción en su mínima expresión. (Ejemplo 5) _____

6 Ⓟ **Desarrollar la pregunta esencial** ¿Qué es una fracción compleja? _____

_____

_____

¡Califícate!

¿Entendiste cómo simplificar fracciones complejas? Marca lo que corresponda.

Para obtener más ayuda, conéctate y accede a un tutor personal.

 Tutor

Práctica independiente

Conéctate para obtener las soluciones de varios pasos.

Ayuda
en línea

Simplifica. (Ejemplos 1 y 2)

1. $\dfrac{\frac{1}{2}}{3} =$ _____

2. $\dfrac{\frac{2}{3}}{11} =$ _____

3 $\dfrac{\frac{8}{9}}{6} =$ _____

4. $\dfrac{\frac{2}{5}}{9} =$ _____

5. $\dfrac{\frac{4}{5}}{10} =$ _____

6. $\dfrac{\frac{1}{4}}{\frac{7}{10}} =$ _____

7 Mary cose almohadas. Compró $2\frac{1}{2}$ yardas de tela. El costo total fue $15. ¿Cuál es el costo por yarda? (Ejemplos 3 y 4)

_____

8. Doug se inscribió en una carrera de canoas. Remó $3\frac{1}{2}$ millas en $\frac{1}{2}$ hora. ¿Cuál fue su velocidad promedio en millas por hora? (Ejemplos 3 y 4)

_____

9. Mónica leyó $7\frac{1}{2}$ páginas de un libro de suspenso en 9 minutos. ¿Cuál es su velocidad de lectura promedio, medida en páginas por minuto? (Ejemplos 3 y 4) _____

Escribe los porcentajes como fracciones en su mínima expresión. (Ejemplo 5)

10. $56\frac{1}{4}\% =$ _____

11. $15\frac{3}{5}\% =$ _____

12. $13\frac{1}{3}\% =$ _____

13. Un banco ofrece préstamos hipotecarios con una tasa de interés de $5\frac{1}{2}\%$.

Escribe el porcentaje como una fracción en su mínima expresión. (Ejemplo 5) _____

14. **⊙ Responder con precisión** Karl midió la envergadura de una mariposa y una polilla como las que se muestran. ¿Cuántas veces más grande que la mariposa es la polilla?

$3\frac{1}{4}$ pulg

Mariposa cometa negra

$3\frac{1}{2}$ pulg

Polilla esfinge colibrí

Problemas S.O.S. Soluciones de orden superior

15. **⊙ Construir un argumento** Explica por qué las fracciones complejas pueden usarse para resolver problemas que incluyen razones. _____

_____

16. **⊙ Razonar de manera inductiva** Escribe tres fracciones complejas diferentes que puedan simplificarse a $\frac{1}{4}$.

_____

17. **⊙ Perseverar con los problemas** Usa el cálculo mental para hallar el valor de $\frac{15}{124} \cdot \frac{230}{30} \div \frac{230}{124}$.

_____

18. **⊙ Justificar las conclusiones** El valor de un fondo de inversión aumentó $3\frac{1}{8}$%. Escribe $3\frac{1}{8}$% como una fracción en su mínima expresión. Justifica tu respuesta.

_____

_____

19. **⊙ Perseverar con los problemas** La circunferencia de una llanta de motocicleta mide 21.98 pulgadas. La llanta completa una revolución cada $\frac{1}{10}$ segundo. Halla la velocidad de la motocicleta en millas por hora. (*Pista*: La velocidad de un objeto que gira en círculos es igual a la medida de la circunferencia dividida entre el tiempo que tarda en completar una revolución).

_____

Más práctica

Simplifica.

20. $\dfrac{1}{\frac{1}{4}} =$ 4

$\dfrac{1}{\frac{1}{4}} = 1 \div \dfrac{1}{4}$

$= \dfrac{1}{1} \times \dfrac{4}{1}$

$= \dfrac{4}{1}, \text{ o } 4$

Ayuda para la tarea →

21. $\dfrac{12}{\frac{3}{5}} =$ _____

22. $\dfrac{\frac{9}{10}}{9} =$ _____

23. $\dfrac{\frac{1}{2}}{\frac{1}{4}} =$ _____

24. $\dfrac{\frac{1}{12}}{\frac{5}{6}} =$ _____

25. $\dfrac{\frac{5}{6}}{\frac{5}{9}} =$ _____

26. La Sra. Frasier cose disfraces para una obra de teatro escolar. Para cada disfraz necesita 0.75 yardas de tela. Compró 6 yardas de tela. ¿Cuántos disfraces puede coser la Sra. Frasier?

_____

27. Una empresa de jardinería y paisajismo asegura poder esparcir semillas de césped en 7,500 pies cuadrados en $2\frac{1}{2}$ horas. Halla la cantidad de pies cuadrados en la que pueden esparcir semillas de césped por hora.

_____

Escribe los porcentajes como fracciones en su mínima expresión.

28. $2\frac{2}{5}\% =$ _____

29. $7\frac{3}{4}\% =$ _____

30. $8\frac{1}{3}\% =$ _____

31. (PM) **Justificar las conclusiones** El valor de unas acciones aumentó $1\frac{1}{4}\%$.

Explica cómo escribir $1\frac{1}{4}\%$ como una fracción en su mínima expresión.

_____

_____

32. Debra compró $3\frac{1}{4}$ yardas de tela en una venta de saldos por $13. Determina si cada una de estas ofertas de la venta de saldos tiene el mismo precio por unidad que la compra de Debra. Sombrea "Sí" o "No".

a. $4\frac{2}{3}$ yardas por $16 ☐ Sí ☐ No

b. $2\frac{3}{4}$ yardas por $11 ☐ Sí ☐ No

c. $6\frac{1}{2}$ yardas por $26 ☐ Sí ☐ No

33. La tabla muestra las distancias que recorrieron 4 ciclistas. Ordena las velocidades de los ciclistas de la más lenta a la más rápida en millas por hora.

	Ciclista	Velocidad (mi/h)
Más lenta		
Más rápida		

Recorridos en bicicleta		
Ciclista	Distancia	Tiempo
Elena	$20\frac{1}{2}$ mi	$2\frac{1}{4}$ h
Julio	$12\frac{1}{4}$ mi	$1\frac{1}{2}$ h
Kevin	$20\frac{2}{3}$ mi	$1\frac{2}{3}$ h
Lorena	$33\frac{1}{4}$ mi	$2\frac{1}{3}$ h

¿Qué ciclista tuvo la tasa de velocidad más alta? ☐

CCSS **Estándares comunes: Repaso en espiral**

Completa las casillas con las medidas equivalentes del sistema usual. 5.MD.1

34. 2 pies = ☐ pulgadas

35. 5 toneladas = ☐ libras

36. 8 galones = ☐ cuartos

Completa las casillas con las medidas equivalentes del sistema métrico. 5.MD.1

37. 1 metro = ☐ centímetros

38. 1 litro = ☐ mililitros

39. 1 kilogramo = ☐ gramos

Convertir tasas unitarias

 ## Conexión con el mundo real

Animales Las ardillas, las ardillas listadas y los conejos pueden correr a gran velocidad. La tabla muestra las velocidades máximas a las que corren estos animales.

Animal	Velocidad (mi/h)
Ardilla	10
Ardilla listada	15
Conejo	30

1. ¿Cuántos pies hay en 1 milla? ¿Y en 10 millas?

   1 milla = _____ pies

   10 millas = _____ pies

2. ¿Cuántos segundos hay en 1 minuto? ¿Y en 1 hora?

   1 minuto = _____ segundos

   1 hora = _____ segundos

3. ¿Cómo puedes determinar la cantidad de pies por segundo que puede correr una ardilla?

   _____

   _____

4. Completa el enunciado. Redondea a la décima más cercana.

   10 millas por hora ≈ ⬜ pies por segundo

 ### Pregunta esencial

¿CÓMO puedes mostrar que dos objetos son proporcionales?

 ### Vocabulario

análisis dimensional
razón unitaria

Common Core State Standards

Content Standards
7.RP.2, 7.RP.3

PM Prácticas matemáticas
1, 3, 4, 5

¿Qué Prácticas matemáticas PM usaste?
Sombrea lo que corresponda.

① Perseverar con los problemas   ⑤ Usar las herramientas matemáticas

② Razonar de manera abstracta   ⑥ Prestar atención a la precisión

③ Construir un argumento   ⑦ Usar una estructura

④ Representar con matemáticas   ⑧ Usar el razonamiento repetido

Convertir tasas

Las tablas muestran las relaciones entre algunas de las unidades de medida más usadas del sistema usual y del sistema métrico.

Unidades de medida del sistema usual	
Menor	**Mayor**
12 pulgadas	1 pie
16 onzas	1 libra
8 pintas	1 galón
3 pies	1 yarda
5,280 pies	1 milla

Unidades de medida del sistema métrico	
Menor	**Mayor**
100 centímetros	1 metro
1,000 gramos	1 kilogramo
1,000 mililitros	1 litro
10 milímetros	1 centímetro
1,000 miligramos	1 gramo

Cada una de las relaciones de las tablas puede escribirse como una **razón unitaria**. Al igual que una tasa unitaria, una razón unitaria es aquella en la que el denominador es 1 unidad. A continuación, tienes tres ejemplos de razones unitarias.

$$\frac{\textbf{12 pulgadas}}{\textbf{1 pie}} \qquad \frac{\textbf{16 onzas}}{\textbf{1 libra}} \qquad \frac{\textbf{100 centímetros}}{\textbf{1 metro}}$$

El numerador y el denominador de cada una de las razones unitarias son iguales. Por lo tanto, el valor de cada razón es 1.

Puedes convertir de una razón a otra razón equivalente si multiplicas por una razón unitaria o por su recíproca. Cuando conviertes entre tasas, debes incluir las unidades en tu cálculo.

El proceso de incluir unidades de medida como factores al calcular se llama **análisis dimensional**.

$$\frac{10 \text{ pies}}{1 \text{ s}} = \frac{10 \text{ p\cancel{ies}}}{1 \text{ s}} \cdot \frac{12 \text{ pulg}}{1 \text{ p\cancel{ie}}} = \frac{10 \cdot 12 \text{ pulg}}{1 \text{ s} \cdot 1} = \frac{120 \text{ pulg}}{1 \text{ s}}$$

Ejemplo

1. **Un carro a control remoto se desplaza a una velocidad de 10 pies por segundo. ¿A cuántas pulgadas por segundo se desplaza?**

$\dfrac{10 \text{ pies}}{1 \text{ s}} = \dfrac{10 \text{ pies}}{1 \text{ s}} \cdot \dfrac{12 \text{ pulg}}{1 \text{ pie}}$ Usa 1 pie = 12 pulgadas. Multiplica por $\dfrac{12 \text{ pulg}}{1 \text{ pie}}$.

$= \dfrac{10 \text{ p\cancel{ies}}}{1 \text{ s}} \cdot \dfrac{12 \text{ pulg}}{1 \text{ p\cancel{ie}}}$ Divide para cancelar las unidades comunes.

$= 10 \cdot \dfrac{12 \text{ pulg}}{1 \text{ s} \cdot 1}$ Simplifica.

$= \dfrac{120 \text{ pulg}}{1 \text{ s}}$ Simplifica.

Por lo tanto, 10 pies por segundos equivalen a 120 pulgadas por segundo.

Ejemplos

Tutor

2. Un pez espada puede nadar a una tasa de **60 millas por hora.**
¿Cuántos pies por hora son?

Puedes usar 1 milla = 5,280 pies para convertir las tasas.

$$\frac{60 \text{ mi}}{1 \text{ h}} = \frac{60 \text{ mi}}{1 \text{ h}} \cdot \frac{5,280 \text{ pies}}{1 \text{ mi}}$$ Multiplica por $\frac{5,280 \text{ pies}}{1 \text{ mi}}$.

$$= \frac{60 \text{ mi}}{1 \text{ h}} \cdot \frac{5,280 \text{ pies}}{1 \text{ mi}}$$ Divide para cancelar las unidades comunes.

$$= 60 \cdot \frac{5,280 \text{ pies}}{1 \cdot 1 \text{ h}}$$ Simplifica.

$$= \frac{316,800 \text{ pies}}{1 \text{ h}}$$ Simplifica.

Un pez espada puede nadar a una tasa de 316,800 pies por hora.

3. Marvin camina a una velocidad de **7 pies por segundo.** ¿Cuántos pies por hora son?

Puedes usar 60 segundos = 1 minuto y 60 minutos = 1 hora para convertir las tasas.

$$\frac{7 \text{ pies}}{1 \text{ s}} = \frac{7 \text{ pies}}{1 \text{ s}} \cdot \frac{60 \text{ s}}{1 \text{ min}} \cdot \frac{60 \text{ min}}{1 \text{ h}}$$ Multiplica por $\frac{60 \text{ s}}{1 \text{ min}}$ y por $\frac{60 \text{ min}}{1 \text{ h}}$.

$$= \frac{7 \text{ pies}}{1 \text{ s}} \cdot \frac{60 \text{ s}}{1 \text{ min}} \cdot \frac{60 \text{ min}}{1 \text{ h}}$$ Divide para cancelar las unidades comunes.

$$= \frac{7 \cdot 60 \cdot 60 \text{ pies}}{1 \cdot 1 \cdot 1 \text{ h}}$$ Simplifica.

$$= \frac{25,200 \text{ pies}}{1 \text{ h}}$$ Simplifica.

Marvin camina 25,200 pies en 1 hora.

¿Entendiste? **Resuelve estos problemas para comprobarlo.**

a. Una gaviota puede volar a una velocidad de 22 millas por hora.
¿Aproximadamente cuántos pies por hora puede volar la gaviota?

b. Un tren AMTRAK se desplaza a 125 millas por hora. Convierte la
velocidad a millas por minuto. Redondea a la décima más cercana.

PARA y reflexiona

Para convertir metros por hora a kilómetros por hora, encierra en un círculo la relación que necesitas.

100 cm = 1 m

60 s = 1 min

1,000 m = 1 km

Muestra tu trabajo.

a. _____

b. _____

 Ejemplo

4. La velocidad promedio de un equipo en una carrera de relevos es aproximadamente 10 millas por hora. ¿Cuánto es esta velocidad en pies por segundo?

Podemos usar 1 milla = 5,280 pies, 1 hora = 60 minutos y 1 minuto = 60 segundos para convertir las tasas.

$$\frac{10 \text{ mi}}{1 \text{ h}} = \frac{10 \text{ mi}}{1 \text{ h}} \cdot \frac{5,280 \text{ pies}}{1 \text{ mi}} \cdot \frac{1 \text{ h}}{60 \text{ min}} \cdot \frac{1 \text{ min}}{60 \text{ s}}$$

Multiplica por las razones unitarias de distancia y tiempo.

$$= \frac{10 \text{ mi}}{1 \text{ h}} \cdot \frac{5,280 \text{ pies}}{1 \text{ mi}} \cdot \frac{1 \text{ h}}{60 \text{ min}} \cdot \frac{1 \text{ min}}{60 \text{ s}}$$

Divide para cancelar las unidades comunes.

$$= 10 \cdot \frac{5,280 \cdot 1 \cdot 1 \text{ pie}}{1 \cdot 1 \cdot 60 \cdot 60 \text{ s}}$$

Simplifica.

$$= \frac{52,800 \text{ pies}}{3,600 \text{ s}}$$

Simplifica.

$$\approx \frac{14.7 \text{ pies}}{1 \text{ s}}$$

Simplifica.

El equipo de relevo corre a una velocidad promedio de aproximadamente 14.7 pies por segundo.

Práctica guiada

 Comprueba

1. El agua pesa aproximadamente 8.34 libras por galón. ¿Aproximadamente cuántas onzas por galón pesa el agua? (Ejemplos 1 y 2)

2. Un paracaidista cae a aproximadamente 176 pies por segundo. ¿A cuántos pies por minuto está cayendo? (Ejemplo 3)

3. Lorenzo anda en bicicleta a una tasa de 5 yardas por segundo. ¿Aproximadamente a cuántas millas por hora puede andar Lorenzo en bicicleta? (**Pista**: 1 milla = 1,760 yardas) (Ejemplo 4)

¡Califícate!

☐ Entiendo cómo convertir entre tasas unitarias.

▶▶ ¡Muy bien! ¡Estás listo para seguir!

☐ Todavía tengo dudas sobre cómo convertir entre tasas unitarias.

▯▯ ¡No hay problema! Conéctate y accede a un tutor personal.

Tutor

4. ℮ **Desarrollar la pregunta esencial** Explica por qué la razón $\frac{3 \text{ pies}}{1 \text{ yarda}}$ tiene un valor de uno.

Práctica independiente

Conéctate para obtener las soluciones de varios pasos.

Ayuda
en línea

1 La velocidad máxima de un carrito es 607,200 pies por hora. ¿Cuál es su velocidad en millas por hora? (Ejemplos 1 y 2)

_____

_____

2. La velocidad máxima alcanzada por una persona corriendo es 27 millas por hora. ¿Cuántas millas por minuto corrió esa persona? (Ejemplo 3)

_____

3 Un halcón peregrino puede volar a 322 kilómetros por hora. ¿A cuántos metros por hora puede volar el halcón? (Ejemplo 3)

_____

4. Un caño tiene una pérdida por la que se filtran 1.5 tazas por día. ¿Aproximadamente cuántos galones por semana se filtran por la pérdida? (*Pista*: 1 galón = 16 tazas) (Ejemplo 4)

_____

5. Charlie corre a una velocidad de 3 yardas por segundo. ¿Aproximadamente cuántas millas por hora corre Charlie? (Ejemplo 4)

_____

6. **PM** **Representar con matemáticas** Consulta la siguiente historieta.
Seth recorrió 1 milla en 57.1 segundos. ¿Aproximadamente a qué velocidad se desplaza Seth, medida en millas por hora?

_____

No lo puedo creer... ¡qué rápido iba!

BRRRUMMM!

7. La velocidad a la que una determinada computadora accede a Internet es 2 *megabytes* por segundo. ¿Cuál es la velocidad, en *megabytes* por hora?

8. (PM) **Usar las herramientas matemáticas** Se dan las medidas métricas de longitud aproximadas correspondientes a las unidades de longitud del sistema usual estadounidense. Usa tus destrezas de estimación para completar el organizador gráfico. Completa con *pie, yarda, pulgada* o *milla*.

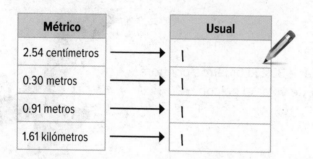

Métrico		Usual
2.54 centímetros	→	
0.30 metros	→	
0.91 metros	→	
1.61 kilómetros	→	

Problemas S.O.S. Soluciones de orden superior

9. (PM) **¿Cuál no pertenece?** Encierra en un círculo la tasa que no pertenece al mismo grupo que las otras tres. Explica tu razonamiento.

60 mi/h	88 pies/s	500 pies/min	1,440 mi/día

10. (PM) **Razonar de manera inductiva** Cuando conviertes 100 pies por segundo a pulgadas por segundo, ¿obtienes más o menos que 100 pulgadas? Explica tu respuesta.

11. (PM) **Perseverar con los problemas** Usa la información del Ejercicio 8 para convertir 7 metros por minuto a yardas por hora. Redondea a la décima más cercana.

12. (PM) **Representar con matemáticas** Escribe y resuelve un problema del mundo real en el que se convierta una tasa.

Más práctica

13. 20 mi/h = ⌐1,760⌐ pies/min

$$\frac{20 \text{ mi}}{1 \text{ h}} \cdot \frac{5{,}280 \text{ pies}}{1 \text{ mi}} \cdot \frac{1 \text{ h}}{60 \text{ min}} =$$

da para tarea →

$$\frac{105{,}600 \text{ pies}}{60 \text{ min}} = 1{,}760 \text{ pies/min}$$

14. 16 cm/min = ⌐9.6⌐ m/h

$$\frac{16 \text{ cm}}{1 \text{ min}} \cdot \frac{1 \text{ m}}{100 \text{ cm}} \cdot \frac{60 \text{ min}}{1 \text{ h}} =$$

$$\frac{960 \text{ m}}{100 \text{ h}} = 9.6 \text{ m/h}$$

15. 45 mi/h = ⌐ ⌐ pies/s

16. 26 cm/s = ⌐ ⌐ m/min

17. 24 mi/h = ⌐ ⌐ pies/s

18. 105.6 L/h = ⌐ ⌐ L/min

19. La tabla muestra la velocidad y la cantidad de aleteos por segundo de algunos insectos voladores.

   a. ¿Cuál es la velocidad de la mosca en pies por segundo? Redondea a la centésima más cercana.

   _____

   b. ¿Cuántas veces aletea una libélula por minuto?

   _____

   c. ¿Aproximadamente cuántas millas puede recorrer un abejorro en un minuto?

   _____

   d. ¿Cuántas veces puede aletear una abeja en una hora?

   _____

Insectos voladores		
Insecto	Velocidad (millas por hora)	Aleteos por segundo
Mosca	4.4	190
Abeja	5.7	250
Libélula	15.6	38
Avispón	12.8	100
Abejorro	6.4	130

20. Un aeroplano a escala voló una distancia de 330 pies en 15 segundos. Selecciona todas las tasas unitarias equivalentes a la velocidad del aeroplano.

- ☐ 15 millas por hora
- ☐ 12 millas por hora
- ☐ 1,320 pies por minuto
- ☐ 1,056 pies por minuto

21. La tabla muestra las distancias que pueden correr los animales más rápidos del mundo a su máxima velocidad en determinados períodos de tiempo.

Selecciona las velocidades máximas correctas para completar la tabla.

Animal	Velocidad máxima (mi/h)
Guepardo	
Alce	
León	
Caballo cuarto de milla	

45	60
50	65
55	70

Animales terrestres más rápidos	
Animal	Distancia y tiempo
Guepardo	3,080 pies en 30 segundos
Alce	2,970 pies en 45 segundos
León	4,400 pies en 60 segundos
Caballo cuarto de milla	6,050 pies en 75 segundos

¿Cuál de los animales tuvo la tasa de velocidad más alta? ☐

Estándares comunes: Repaso en espiral

Determina si los pares de tasas son equivalentes. Explica tu razonamiento.
6.RP.3b

22. $36 por 4 gorras de béisbol; $56 por 7 gorras de béisbol

23. 12 carteles para 36 estudiantes; 21 carteles para 63 estudiantes

24. Un empleador paga $22 por 2 horas de trabajo. Usa la tabla de razones para hallar cuánto paga por 5 horas. 6.RP.3a

Paga	$22		
Horas	2		5

Relaciones proporcionales y no proporcionales

 ## Conexión con el mundo real

Fiesta y pizza La Srta. Cochran está planeando una fiesta de fin de curso para los estudiantes de su clase. La pizzería Los Ases ofrece entrega a domicilio sin cargo y cobra $8 cada pizza mediana.

1. Completa la tabla para hallar el costo de diferentes cantidades de pizzas pedidas.

Costo ($)	8				
Pizza	1	2	3	4	5

2. Para cada cantidad de pizzas, completa las casillas para escribir la relación entre costo y número de pizzas en forma de razón en su mínima expresión.

$$\frac{16}{2} = \frac{\square}{1} \qquad \frac{24}{3} = \frac{\square}{\square}$$

$$\frac{32}{\square} = \frac{\square}{\square} \qquad \frac{\square}{5} = \frac{\square}{\square}$$

3. ¿Qué observas acerca de las razones simplificadas?

_____

_____

 Pregunta esencial

¿CÓMO puedes mostrar que dos objetos son proporcionales?

 Vocabulario

no proporcional
proporcional
razones equivalentes

CCSS Common Core State Standards

Content Standards
7.RP.2, 7.RP.2a, 7.RP.2b

PM Prácticas matemáticas
1, 3, 4

¿Qué **Prácticas matemáticas** PM usaste?
Sombrea lo que corresponda.

① Perseverar con los problemas
② Razonar de manera abstracta
③ Construir un argumento
④ Representar con matemáticas
⑤ Usar las herramientas matemáticas
⑥ Prestar atención a la precisión
⑦ Usar una estructura
⑧ Usar el razonamiento repetido

Identificar relaciones proporcionales

Dos cantidades son **proporcionales** si tienen una razón o una tasa unitaria constante. En las relaciones en las que esta razón no es constante, las dos cantidades son **no proporcionales**.

En el ejemplo de las pizzas de la página anterior, el costo de un pedido es *proporcional* a la cantidad de pizzas pedidas.

$$\frac{\text{costo del pedido}}{\text{pizzas pedidas}} = \frac{8}{1} = \frac{16}{2} = \frac{24}{3} = \frac{32}{4} = \frac{40}{5}, \text{ u \$8 por pizza}$$

Todas las razones anteriores son **razones equivalentes** porque todas tienen el mismo valor.

Ejemplo

1. **Andrew gana \$18 por hora cortando el césped. ¿La cantidad de dinero que gana es proporcional a la cantidad de horas que corta el césped? Explica tu respuesta.**

Halla la cantidad de dinero que gana por trabajar distintas cantidades de horas. Haz una tabla para mostrar las cantidades.

Gana (\$)	18	36	54	72
Tiempo (h)	1	2	3	4

Por cada cantidad de horas trabajadas, escribe la relación entre la cantidad de dinero que gana y las horas en forma de razón en su mínima expresión.

$$\frac{\text{Dinero ganado}}{\text{Cantidad de horas}} \longrightarrow \frac{18}{1}, \text{ o } 18 \quad \frac{36}{2}, \text{ o } 18 \quad \frac{54}{3}, \text{ o } 18 \quad \frac{72}{4}, \text{ o } 18$$

Todas las razones entre las dos cantidades pueden simplificarse a 18.

La cantidad de dinero que gana es proporcional a la cantidad de horas que pasa cortando el césped.

Muestra tu trabajo.

¿Entendiste? **Resuelve este problema para comprobarlo.**

a. En la escuela media Lakeview, 2 profesores son designados tutores de curso por cada 48 estudiantes. ¿La cantidad de estudiantes de la escuela es proporcional a la cantidad de profesores? Explica tu razonamiento.

a. _____

Ejemplos

2. La empresa Tus Boletos cobra $7 por cada boleto para un juego de béisbol, más una comisión de $3 por procesar cada compra. ¿Es el costo de comprar boletos proporcional a la cantidad de boletos comprados? Explica tu respuesta.

Costo ($)	10	17	24	31
Boletos comprados	1	2	3	4

Por cada cantidad de boletos, escribe la relación entre el costo y la cantidad de boletos como una razón en su mínima expresión.

$$\frac{\text{Costo de compra}}{\text{Boletos comprados}} \rightarrow \quad \frac{10}{1}, \text{o } 10 \quad \frac{17}{2}, \text{o } 8.5 \quad \frac{24}{3}, \text{o } 8 \quad \frac{31}{4}, \text{o } 7.75$$

Como las razones de las dos cantidades no son iguales, el costo de compra *no* es proporcional a la cantidad de boletos comprados.

- -

3. Puedes usar la receta que se muestra para preparar ponche de frutas. ¿La cantidad de azúcar es proporcional a la cantidad de sobres de mezcla para preparar jugo que se usa? Explica.

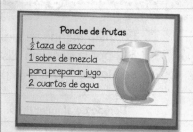

Ponche de frutas
$\frac{1}{2}$ taza de azúcar
1 sobre de mezcla
para preparar jugo
2 cuartos de agua

Halla las cantidades de azúcar y sobres de mezcla para preparar jugo que se necesitan para preparar diferentes cantidades de tandas. Haz una tabla como ayuda para resolver.

Tazas de azúcar	$\frac{1}{2}$	1	$1\frac{1}{2}$	2
Sobres de mezcla	1	2	3	4

Por cada cantidad de tazas de azúcar, escribe la relación entre las tazas y la cantidad de sobres de mezcla en forma de una razón en su mínima expresión.

$$\frac{\text{Tazas de azúcar}}{\text{Sobre de mezcla}} \rightarrow \quad \frac{\frac{1}{2}}{1} \text{ o } 0.5 \quad \frac{1}{2} \text{ o } 0.5 \quad \frac{1\frac{1}{2}}{3} \text{ o } 0.5 \quad \frac{2}{4} \text{ o } 0.5$$

Todas las razones entre las dos cantidades pueden simplificarse a 0.5. La cantidad de sobres de mezcla a usar es proporcional a la cantidad de azúcar.

Muestra tu trabajo.

> **¿Entendiste?** Resuelve este problema para comprobarlo.

b. A principio de año, Isabel tenía $120 en el banco. Cada semana, deposita $20. ¿El saldo de su cuenta bancaria es proporcional a la cantidad de semanas en las que depositó dinero? Usa la tabla. Explica tu razonamiento.

b. _____

Tiempo (semanas)	1	2	3
Saldo ($)			

Ejemplo

4. Estas tablas representan cuántas páginas leyeron Martín y Gabriel en ciertos períodos de tiempo. ¿Qué situación representa una relación proporcional entre el tiempo que pasaron leyendo y la cantidad de páginas leídas? Explica tu respuesta.

Páginas que leyó Martín	2	4	6
Tiempo (min)	5	10	15

Páginas que leyó Gabriel	3	4	7
Tiempo (min)	5	10	15

Escribe las razones de cada período de tiempo en su mínima expresión.

$\dfrac{\text{Páginas}}{\text{Minutos}} \longrightarrow$ $\dfrac{2}{5}, \dfrac{4}{10}$ o $\dfrac{2}{5}, \dfrac{6}{15}$ o $\dfrac{2}{5}$ $\qquad$ $\dfrac{3}{5}, \dfrac{4}{10}$ o $\dfrac{2}{5}, \dfrac{7}{15}$

La razón en las cantidades de Martín siempre es $\dfrac{2}{5}$. Por lo tanto, su velocidad de lectura representa una relación proporcional.

Práctica guiada

1. En Vista Marina se alquilan botes a $25 por hora. Además del alquiler, cobran $12 por la gasolina. Usa la tabla para determinar si la cantidad de horas que se alquila un bote es proporcional al costo total. (Ejemplos 1 a 3)

Tiempo de alquiler (h)			
Costo ($)			

_____

_____

2. ¿Qué situación representa una relación proporcional entre las horas trabajadas y el dinero que ganaron Matt y Jane? Explica tu respuesta. (Ejemplo 4)

Ganancia de Matt ($)	12	20	31
Tiempo (h)	1	2	3

Ganancia de Jane ($)	12	24	36
Tiempo (h)	1	2	3

_____

_____

_____

3. **Desarrollar la pregunta esencial** Explica qué hace que dos cantidades sean proporcionales.

_____

_____

¡Califícate!

¿Entendiste cómo determinar relaciones proporcionales? Sombrea el círculo en el blanco.

Di en el blanco.

Necesito ayuda.

Para obtener más ayuda, conéctate y accede a un tutor personal.

FOLDABLES ¡Es hora de que actualices tu modelo de papel!

Práctica independiente

Conéctate para obtener las soluciones de varios pasos.

Usa las tablas para resolver los Ejercicios 1 y 2. Luego, explica tu razonamiento. (Ejemplos 1 y 2)

1 Un elefante adulto bebe aproximadamente 225 litros de agua por día. ¿La cantidad de días que dura una cantidad determinada de agua suministrada es proporcional a la cantidad de litros de agua que bebe el elefante?

Tiempo (días)	1	2	3	4
Agua (L)				

_____

2. Un ascensor *asciende*, es decir, sube, a una tasa de 750 pies por minuto. ¿La altura a la que sube el ascensor es proporcional a la cantidad de minutos que tarda en llegar a esa altura? (Ejemplos 1 a 3)

Tiempo (min)	1	2	3	4
Altura (pies)				

_____

3. ¿Cuál de las situaciones representa una relación proporcional entre la cantidad de vueltas que corre un estudiante y el tiempo que tarda? (Ejemplo 4)

Tiempo de Desmond (s)	146	292	584
Vueltas	2	4	8

Tiempo de María (s)	150	320	580
Vueltas	2	4	6

_____

_____

Copia y resuelve **Usa una tabla como ayuda para resolver. Luego, explica tu razonamiento. Muestra tu trabajo en una hoja aparte.**

4. La planta A mide 18 pulgadas de altura tras una semana, 36 pulgadas tras dos semanas y 56 pulgadas tras tres semanas. La planta B mide 18 pulgadas tras una semana, 36 pulgadas tras dos semanas y 54 pulgadas tras tres semanas. ¿Cuál de las situaciones representa una relación proporcional entre la altura de la planta y la cantidad de semanas? (Ejemplo 4) _____

_____

5 Determina si las medidas de la figura que se muestra son proporcionales.

a. la longitud de un lado y el perímetro _____

b. la longitud de un lado y el área _____

6. **Ⓟ Justificar las conclusiones** La tienda Mega Mercado recauda un impuesto sobre las ventas igual a $\frac{1}{16}$ del precio minorista de cada compra. El impuesto se envía al gobierno del estado.

a. ¿El impuesto recaudado es proporcional al costo de un artículo antes de sumarle el impuesto? Explica tu respuesta.

Precio minorista ($)	16	32	48	64
Impuesto recaudado ($)				

b. ¿El impuesto recaudado es proporcional al costo de un artículo una vez sumado el impuesto? Explica tu respuesta.

Precio minorista ($)	16	32	48	
Impuesto recaudado ($)				
Costo con impuesto incluido ($)				

Problemas S.O.S. Soluciones de orden superior

7. **Ⓟ Hallar el error** Blake corre en el gimnasio. La tabla muestra los tiempos que tarda en correr cada vuelta. Blake intenta determinar si la cantidad de vueltas es proporcional al tiempo. Halla su error y corrígelo.

Tiempo (min)	1	2	3	4
Vueltas	4	6	8	10

Es proporcional porque la cantidad de vueltas siempre aumenta de 2 en 2.

8. **Ⓟ Perseverar con los problemas** Determina si el costo de comprar múltiples artículos con envío a domicilio es proporcional *siempre, a veces* o *nunca*. Explica tu razonamiento.

9. **Ⓟ Representar con matemáticas** Da un ejemplo de una situación del mundo real con una relación proporcional y otra con una relación no proporcional.

Más práctica

Usa las tablas para resolver los Ejercicios 10 a 12. Luego, explica tu razonamiento.

10. Una planta de vid crece 7.5 pies cada 5 días. ¿La longitud de la vid el último día es proporcional a la cantidad de días que creció?

Sí, las razones de longitud a tiempo

son todas iguales a 1.5 pies por día.

Tiempo (días)	5	10	15	20
Longitud (pies)	7.5	15	22.5	30

11. **STEM** Para convertir una temperatura de grados Celsius a grados Fahrenheit, multiplica la temperatura Celsius por $\frac{9}{5}$ y, luego, suma 32°. ¿Una temperatura en grados Celsius es siempre proporcional a su temperatura equivalente en grados Fahrenheit?

_____

_____

Grados Celsius	0	10	20	30
Grados Fahrenheit				

12. El sábado, Claudia regaló 416 cupones canjeables por un bocadillo gratis en un restaurante local. Al día siguiente, regaló aproximadamente 52 cupones por hora.

a. ¿La cantidad de cupones que regaló Claudia el domingo es proporcional a la cantidad de horas que trabajó ese día?

_____

_____

Horas trabajadas el domingo	1	2	3	4
Cupones regalados el domingo				

b. ¿La cantidad de cupones que regaló Claudia el sábado y el domingo es proporcional a la cantidad de horas que trabajó el domingo?

_____

_____

Horas trabajadas el domingo	1	2	3	4
Cupones regalados el fin de semana				

13. **PM** **Justificar las conclusiones** La tabla muestra el costo de comprar boletos para las atracciones en un parque de atracciones

Boletos	5	10	15	20
Costo de compra ($)	5	9.50	13.50	16

a. ¿El costo de compra de los boletos es proporcional a la cantidad de boletos? Explica tu razonamiento.

_____

b. ¿Puedes determinar el costo de compra de 30 boletos? Explica tu respuesta.

_____

_____

_____

14. El Sr. Martínez compara los precios de las naranjas en diferentes mercados. Determina si en cada uno de los mercados se usan relaciones proporcionales o no proporcionales para establecer los precios. Haz una marca en la columna que muestra la relación correcta.

Cantidad de naranjas	5	10	15	20
Costo total ($)	3.50	6.50	9.00	10.25

Cantidad de naranjas	5	10	15	20
Costo total ($)	3.25	6.50	9.75	13.00

Cantidad de naranjas	5	10	15	20
Costo total ($)	3.75	7.50	11.25	15.00

Cantidad de naranjas	5	10	15	20
Costo total ($)	3.65	7.30	10.80	14.30

Proporcional   No proporcional

☐ ☐

☐ ☐

☐ ☐

☐ ☐

15. En una tienda se vende una bolsa de 2.5 libras de mezcla de frutos secos por $9.25. Los precios de los frutos secos son proporcionales. Determina si cada una de las siguientes bolsas de mezcla de frutos secos se vende en la tienda. Sombrea "Sí" o "No".

a. 4.4 libras por $16.28   ☐ Sí   ☐ No

b. 3.2 libras por $12   ☐ Sí   ☐ No

c. 2.8 libras por $10.50   ☐ Sí   ☐ No

Halla el valor de las expresiones si $x = 12$. 6.EE.2

16. $3x$ _____

17. $2x - 4$ _____

18. $5x + 30$ _____

19. $3x - 2x$ _____

20. $x - 12$ _____

21. $\frac{x}{4}$ _____

Haz una tabla para resolver la situación. 6.RP.3a

22. Brianna descarga 9 canciones para su reproductor de MP3 cada mes. Muestra el total de canciones descargadas después de 1, 2, 3 y 4 meses.

Mes				
Cantidad de canciones				

Investigación para la resolución de problemas
Plan de cuatro pasos

Content Standards
7.RP.2

PM **Prácticas matemáticas**
1, 3, 4

Caso #1 Vueltas y más vueltas

La familia Forte visitó el centro comercial Mall of America, en Mineápolis. La rueda gigante del parque de atracciones de ese centro comercial mide aproximadamente 22.5 metros de altura.

¿Cuál es la altura aproximada de la rueda gigante del centro comercial en pies, si un pie es aproximadamente 0.3 metros?

En matemáticas, hay un *plan de resolución de problemas de cuatro pasos* que puedes usar para resolver cualquier problema. Los cuatro pasos son *Comprende*, *Planifica*, *Resuelve* y *Comprueba*.

Comprende *¿Qué sabes?*

- La rueda gigante del centro comercial mide aproximadamente 22.5 metros de altura.

- Debes hallar la altura de la rueda gigante en pies.

Planifica *¿Cuál es tu estrategia para resolver este problema?*

Para resolver el problema, escribe una expresión para convertir metros a pies. Luego, divide para cancelar las unidades en común.

Resuelve *¿Cómo puedes aplicar la estrategia?*

Un pie equivale a aproximadamente 0.3 metros. Convierte 22.5 metros a pies.

$$22.5 \text{ metros} \cdot \frac{1 \text{ pie}}{0.3 \text{ metro}} \approx \frac{22.5}{0.3}, \text{ o } \boxed{} \text{ pies}$$

Por lo tanto, la rueda gigante mide aproximadamente 75 pies de altura.

Comprueba *¿Tiene sentido tu respuesta?*

Hay un poco menos de 3 pies en un metro.

Como 3 · 22.5 es 67.5 y 75 pies es un poco más que 67.5 pies, la respuesta es razonable.

Analizar la estrategia Tutor

PM **Razonar de manera inductiva** Explica con tus propias palabras cómo te ayuda el plan de cuatro pasos a resolver problemas del mundo real.

Caso #2 Congelado y delicioso

La clase del Sr. Martino aprendió que el estadounidense promedio consume aproximadamente 23 cuartos de helado por año y que en las zonas norte y central de Estados Unidos se consumen aproximadamente 19 cuartos más.

¿Cuánto helado consume por año en galones el estadounidense promedio que vive en las zonas norte y central de Estados Unidos?

Comprende

Lee el problema. ¿Qué debes hallar?

Debo hallar _____

_____ .

Completa las casillas con la información que conoces.

El estadounidense promedio consume aproximadamente ☐ cuartos

de helado. El estadounidense promedio que vive en las zonas norte y

central de Estados Unidos consume aproximadamente ☐ cuartos más.

Planifica

Elige dos operaciones para resolver el problema.

Voy a _____ .

Resuelve

¿Cómo usarás las operaciones?

Voy a _____ .

Halla el total de cuartos.   Convierte a galones.

☐ + ☐ = ☐   ☐ cuartos $\cdot \dfrac{1\ \text{galón}}{\boxed{}\ \text{cuartos}}$ = _____ galones

El estadounidense promedio que vive en las zonas norte y central de

Estados Unidos consume aproximadamente ☐ galones de helado por

año.

Comprueba

Usa la información del problema para comprobar tu respuesta.

_____ .

Trabaja con un pequeño grupo para resolver los siguientes casos.
Muestra tu trabajo en una hoja aparte.

Caso #3 Conocimiento sobre finanzas

Terry abrió una cuenta de ahorros en diciembre con $150, y depositó
$30 por mes a partir de enero.

¿Cuánto dinero tendrá Terry en su cuenta a fines de julio?

Caso #4 STEM

¿Aproximadamente cuántos centímetros más largo que la tibia promedio es el fémur promedio? (Pista: 1 pulgada ≈ 2.54 centímetros)

Huesos de la pierna	
Hueso	Longitud (pulg)
Fémur (muslo)	19.88
Tibia (cara interna de la pierna)	16.94
Peroné (cara externa de la pierna)	15.94

Caso #5 Patrones

Los números que pueden representarse con puntos dispuestos en forma de triángulo se llaman *números triangulares*. Se muestran los primeros cuatro números triangulares.

Describe el patrón de los primeros cuatro números. Luego, haz una lista de los siguientes tres números triangulares.

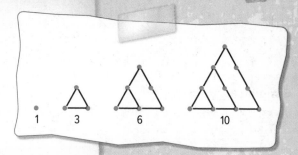

¡Usa una estrategia!

Caso #6 Transporte

El Sr. Norman aceptó llevar en su carro a 4 estudiantes a la práctica de gimnasia.

Si un estudiante viaja en el asiento delantero y tres viajan en el asiento trasero, ¿de cuántas maneras diferentes pueden acomodarse los cuatro estudiantes en el carro?

Repaso de medio capítulo

Comprobación del vocabulario

1. **PM Responder con precisión** Define *fracción compleja*. Da dos ejemplos de fracciones complejas. (Lección 2)

_____

_____

2. Completa la oración con el término correcto. (Lección 1)

Cuando una tasa se simplifica de manera que su denominador sea 1 unidad,

se la llama tasa _____ .

Comprobación y resolución de problemas: Destrezas

Halla las tasas unitarias. Si es necesario, redondea a la centésima más cercana. (Lección 1)

3. 750 yardas en 25 minutos: _____

4. $420 por 15 boletos: _____

Simplifica. (Lección 2)

5. $\dfrac{9}{\frac{1}{3}}$ = _____

6. $\dfrac{\frac{1}{2}}{4}$ = _____

7. $\dfrac{\frac{1}{6}}{1\frac{3}{8}}$ = _____

8. En un centro de información para turistas cobran $10 por hora de alquiler de una bicicleta. ¿El costo del alquiler es proporcional a la cantidad de horas que se alquilan las bicicletas? Justifica tu respuesta. (Lección 4)

_____

9. **PM Perseverar con los problemas** Un crucero navega a una velocidad de 20 nudos. Un nudo equivale aproximadamente a 1.151 millas por hora. ¿Cuál es la velocidad aproximada del buque, en yardas por segundo? Redondea a la décima más cercana. (Lección 3) _____

Graficar relaciones proporcionales

Vocabulario inicial

Los mapas tienen cuadrículas para ubicar las ciudades. Un **plano de coordenadas** es un tipo de cuadrícula que se forma cuando dos rectas numéricas se intersecan en sus puntos cero. Las rectas numéricas dividen el plano de coordenadas en cuatro regiones llamadas **cuadrantes**.

Un **par ordenado** es un par de números, como (1, 2), que se usa para ubicar o graficar puntos en el plano de coordenadas.

> La **coordenada x** corresponde al número en el eje x. ➔ **(1, 2)** ◄─ La **coordenada y** corresponde al número en el eje y.

Rotula el plano de coordenadas con los términos *par ordenado, coordenada x* **y** *coordenada y.*

Eje y

Origen

Eje x

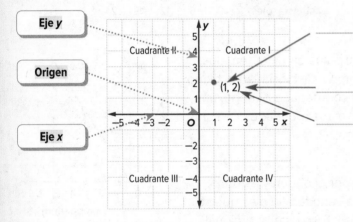

Marca los puntos (2, 3) y (−3, −2) en el plano de coordenadas anterior. Conecta los tres puntos del plano de coordenadas. Describe la gráfica.

Vocabulario

coordenada x
coordenada y
cuadrantes
eje x
eje y
origen
par ordenado
plano de coordenadas

Common Core State Standards

Content Standards
7.RP.2, 7.RP.2a
(PM) Prácticas matemáticas
1, 2, 3, 4

Identificar relaciones proporcionales

Otra manera de determinar si dos cantidades son proporcionales es graficar las cantidades en el plano de coordenadas. Si la gráfica de las dos cantidades es una línea recta que cruza el origen, entonces las cantidades son proporcionales.

Ejemplo

Tutor

Relaciones lineales

Las relaciones cuyas gráficas son líneas rectas se llaman relaciones lineales.

1. **El mamífero más lento de la Tierra es el oso perezoso. Se mueve a una velocidad de 6 pies por minuto. Grafica en el plano de coordenadas para determinar si la cantidad de pies que se mueve el perezoso es proporcional a la cantidad de minutos que se mueve. Explica tu razonamiento.**

Paso 1 Haz una tabla para hallar la cantidad de pies que se mueve el perezoso en 0, 1, 2, 3 y 4 minutos.

Tiempo (min)	0	1	2	3	4
Distancia (pies)	0	6	12	18	24

Paso 2 Marca los pares ordenados (tiempo, distancia) en el plano de coordenadas. Luego, une los pares ordenados con una línea.

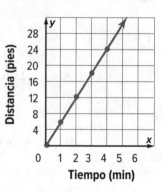

La línea pasa por el origen y es recta. Por lo tanto, la cantidad de pies que se desplaza el perezoso es proporcional a la cantidad de minutos.

Muestra tu trabajo.

¿Entendiste? **Resuelve este problema para comprobarlo.**

a. James gana $15 por hora cuidando niños. Grafica en el plano de coordenadas para determinar si la cantidad de dinero que gana es proporcional a la cantidad de horas que cuida niños. Explica tu razonamiento en el Área de trabajo.

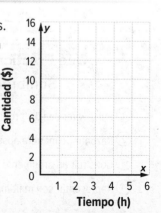

a. _____

Ejemplo

Tutor

2. El costo de alquilar videojuegos en la tienda Todos los Juegos se muestra en la tabla. Grafica en el plano de coordenadas para determinar si el costo es proporcional a la cantidad de juegos alquilados. Explica tu razonamiento.

Tarifas de alquiler de videojuegos	
Cantidad de juegos	Costo ($)
1	3
2	5
3	7
4	9

Paso 1 Escribe las dos cantidades en forma de par ordenado (número de juegos, costo).

Los pares ordenados son (1, 3), (2, 5), (3, 7) y (4, 9).

Paso 2 Marca los pares ordenados en el plano de coordenadas. Luego, únelos con una línea y extiende esa línea hacia el eje y.

La línea no pasa por el origen. Por lo tanto, el costo de alquiler de los videojuegos no es proporcional a la cantidad de juegos alquilados.

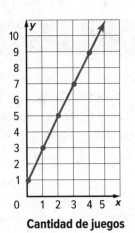

Cantidad de juegos

Comprueba Las razones no son constantes. $\frac{1}{3} \neq \frac{2}{5}$ ✔

Repaso rápido

Recuerda que la variable independiente es el valor de entrada, y la variable dependiente es el valor de salida. Cuando dibujes una gráfica, incluye los rótulos de los ejes.

¿Entendiste? Resuelve este problema para comprobarlo.

b. La tabla muestra la cantidad de calorías que quema un atleta por cada minuto de actividad física. Grafica en el plano de coordenadas para determinar si la cantidad de calorías quemadas es proporcional al número de minutos de actividad física. Explica tu razonamiento en el Área de trabajo.

Calorías quemadas	
Cantidad de minutos	Cantidad de calorías
0	0
1	4
2	8
3	13

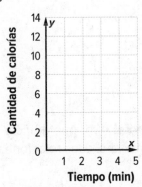

Tiempo (min)

Muestra tu trabajo.

b. _____

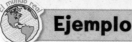

Ejemplo

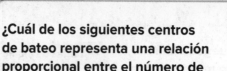

Tutor

3. ¿Cuál de los siguientes centros de bateo representa una relación proporcional entre el número de pelotas lanzadas y el costo? Explica tu respuesta.

La gráfica correspondiente a Más Sóftbol es una línea recta, pero que no pasa por el origen. Por lo tanto, la relación es no proporcional.

La gráfica correspondiente a Centro de Diversión es una línea recta que pasa por el origen. Por lo tanto, la relación entre las pelotas lanzadas y el costo es proporcional.

Práctica guiada

Comprueba

1. El costo de los boletos para el cine en 3D es $12 por 1 boleto, $24 por 2 boletos y $36 por 3 boletos. Grafica en el plano de coordenadas para determinar si el costo es proporcional a la cantidad de boletos. Explica tu razonamiento. (Ejemplos 1 y 2)

_____

_____

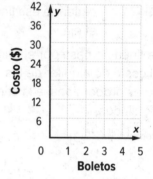

2. Las cantidades de libros vendidos en dos librerías después de 1, 2 y 3 días se muestra a continuación. ¿Cuál de las librerías representa una relación proporcional entre tiempo y libros vendidos? Explica tu respuesta. (Ejemplo 3)

_____

_____

¡Califícate!

¿Entendiste cómo identificar las relaciones proporcionales por sus gráficas? Sombrea lo que corresponda.

3. **Desarrollar la pregunta esencial** ¿Por qué graficar relaciones puede ayudarte a determinar si esas relaciones son proporcionales o no? _____

_____

Para obtener más ayuda, conéctate y accede a un tutor personal.

FOLDABLES ¡Es hora de que actualices tu modelo de papel!

Práctica independiente

Conéctate para obtener las soluciones de varios pasos.

PM Representar con matemáticas Grafica en el plano de coordenadas para determinar si la relación entre las dos cantidades que se ven en cada tabla es proporcional. **Explica tu razonamiento.** (Ejemplos 1 y 2)

1

Cuenta de ahorros	
Semana	Saldo de la cuenta ($)
1	125
2	150
3	175

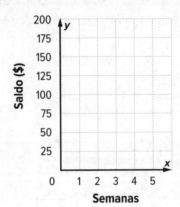

_____

_____

2.

Calorías de la ensalada de frutas	
Porciones	Calorías
1	70
3	210
5	350

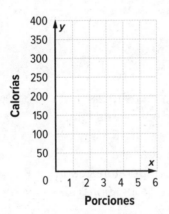

_____

_____

3 Se registró la altura de dos plantas después de 1, 2 y 3 semanas, tal como se muestra en la gráfica de la derecha. ¿El crecimiento de cuál de las plantas representa una relación proporcional entre tiempo y altura? Explica tu respuesta. (Ejemplo 3)

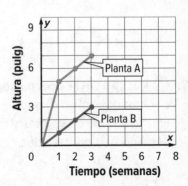

_____

_____

4. El perímetro de un cuadrado es 4 veces la medida de longitud de cualquiera de sus lados. Determina si el perímetro de un cuadrado es proporcional a la longitud del lado. Explica tu respuesta.

_____

5. En un gimnasio cobran $35 mensuales en concepto de cuota social. Determina si el costo de la cuota social es proporcional a la cantidad de meses que se pagan. Explica tu razonamiento.

_____

_____

Problemas S.O.S. Soluciones de orden superior

6. 🅿🅜 **Razonar de manera abstracta** Describe algunos datos que, representados gráficamente, muestren una relación proporcional. Explica tu razonamiento.

_____

_____

_____

7. 🅿🅜 **Perseverar con los problemas** La tabla muestra las temperaturas de determinados momentos en un invernadero. En el invernadero, la temperatura se mantiene entre 65 °F y 85 °F. Imagina que la temperatura aumenta a una tasa constante. Crea una gráfica del tiempo y las temperaturas cada hora, desde la 1:00 P.M. hasta las 8:00 P.M. ¿Es proporcional la relación? Explica tu respuesta.

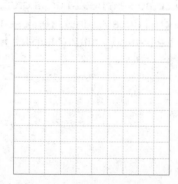

Hora	Temperatura (°F)
1:00 P.M.	66
6:00 P.M.	78.5
8:00 P.M.	83.5

8. 🅿🅜 **Representar con matemáticas** Escribe un problema del mundo real en el que se describa una relación proporcional. Haz una tabla de valores y marca los pares ordenados en el plano de coordenadas.

Más práctica

Grafica en el plano de coordenadas para determinar si la relación entre las dos cantidades que se ven en cada tabla es proporcional. Explica tu razonamiento.

9.

Agua enfriándose	
Tiempo (min)	Temperatura (°F)
5	95
10	90
15	85

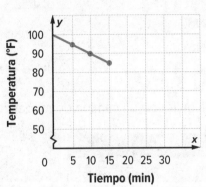

uda para
a tarea

No proporcional; la gráfica no pasa por el origen.

10.

Receta de pizza	
Cantidad de pizzas	Queso (oz)
1	8
4	32
7	56

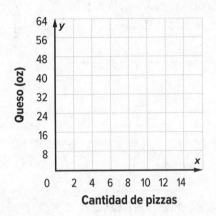

Copia y resuelve Determina si cada una de estas situaciones representa una relación proporcional. Grafica en una hoja aparte. Escribe una explicación para cada situación.

11. (PM) **Justificar las conclusiones** Un avión vuela a una altitud de 4,000 pies y desciende a una tasa de 200 pies por minuto. Determina si la altitud es proporcional al número de minutos. Explica tu razonamiento.

12. Frank y Allie compraron planes de telefonía celular a proveedores diferentes. Se muestran sus costos por distintos minutos de llamada. Grafica los planes para determinar en cuál el costo es proporcional a la cantidad de minutos de uso del teléfono. Explica tu razonamiento.

Planes de telefonía celular		
Tiempo (min)	Costo para Frank	Costo para Allie
0	0	4.00
3	1.50	4.50
6	3.00	5.00

13. La relación entre la cantidad de latidos y el tiempo que se muestra en la gráfica es proporcional. Determina si los pares ordenados representan puntos de esa relación. Sombrea "Sí" o "No".

a. (5, 10) ☐ Sí ☐ No

b. (14, 7) ☐ Sí ☐ No

c. (8, 16) ☐ Sí ☐ No

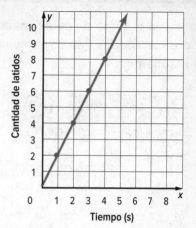

14. La tabla muestra el costo de alquiler de un camión de mudanzas.

Costo de alquiler				
Millas recorridas	50	100	150	200
Costo total ($)	40	60	80	100

Grafica los datos en el plano de coordenadas y explica si la relación entre la cantidad de millas y el costo total es proporcional o no proporcional.

Escribe las razones como fracciones en su mínima expresión. 6.RP.1

15. En una clase hay 10 niños y 15 niñas. ¿Cuál es la razón de niños a niñas? _____

16. En una concesionaria de carros hay 55 carros y 11 camionetas. ¿Cuál es la razón de carros a camionetas? _____

17. En un cajón hay 4 camisas rojas y 8 camisas verdes. ¿Cuál es la relación de camisas rojas a total de camisas? _____

18. En una tienda se vendieron 13 tazas de café y 65 tazas de chocolate caliente. ¿Cuál es la razón de tazas de café a tazas de chocolate caliente? _____

Laboratorio de indagación
Relaciones proporcionales y no proporcionales

 ¿EN QUÉ se parecen las relaciones proporcionales y no proporcionales? ¿EN QUÉ se diferencian?

 Content Standards 7.RP.2, 7.RP.2a

PM Prácticas matemáticas 1, 3, 4

Albert y Bianca se unieron a un grupo de debate en línea. Cada estudiante publicó cuatro comentarios. La tabla muestra la cantidad de respuestas a cada uno de los comentarios. Determina si cada uno de los conjuntos de datos representa o no una relación proporcional.

Manos a la obra

Paso 1 Ordena los cubos de 1 centímetro para representar la cantidad de respuestas por comentario, tal como se muestra en el diagrama.

Estudiante	Albert				Bianca			
Comentario número	1	2	3	4	1	2	3	4
Cantidad de respuestas								

Paso 2 Completa las tablas. Luego, grafica los datos en el plano de coordenadas. Puedes usar un color diferente para cada conjunto de datos.

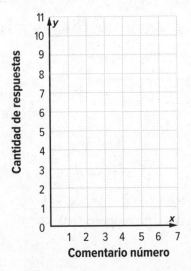

Cantidad de respuestas

Comentario número

Comentarios de Albert	
Comentario número (x)	Cantidad de respuestas (y)
1	2
2	4
3	
4	

Comentarios de Bianca	
Comentario número (x)	Cantidad de respuestas (y)
1	1
2	4
3	
4	

Analizar y pensar

Trabaja con un compañero para responder los siguientes ejercicios.

1. Describe cualquier patrón que observes en los datos.

_____

_____

2. Conecta los pares ordenados de cada gráfica con líneas rectas. Luego, describe las gráficas.

_____

_____

3. Predice los tres puntos siguientes de la gráfica de cada conjunto de datos.

_____

_____

_____

4. Compara y contrasta la relación que muestra cada una de las gráficas. ¿Qué observas?

_____

_____

Crear

Por tu cuenta

5. **(PM) Representar con matemáticas** Usa una tabla y una gráfica para describir una situación del mundo real que represente una relación proporcional. Luego, explica qué cambiarías en la situación para que represente una relación no proporcional.

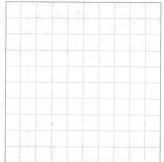

_____

_____

6. **Indagación** ¿EN QUÉ se parecen las relaciones proporcionales y no proporcionales? ¿EN QUÉ se diferencian?

_____

_____

Resolver relaciones proporcionales

 ## Conexión con el mundo real

Batidos de fruta Katie y algunos amigos quieren comprar batidos de fruta. Van a una tienda de alimentos saludables que tiene una oferta de 2 batidos de fruta por $5.

1. Completa las casillas para escribir la razón del costo a la cantidad de batidos de fruta.

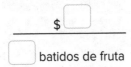

2. Imagina que Katie y sus amigos compran 6 batidos de fruta. Completa la razón del costo a la cantidad de batidos de fruta.

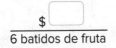

3. ¿Es el costo proporcional a la cantidad de batidos de fruta, para dos y seis batidos? Explica tu respuesta.

_____

_____

_____

 Pregunta esencial

¿CÓMO puedes mostrar que dos objetos son proporcionales?

 Vocabulario

producto cruzado
proporción

 Common Core State Standards

Content Standards
7.RP.2, 7.RP.2b, 7.RP.2c, 7.RP.3
PM Prácticas matemáticas
1, 2, 3, 4

 ## ¿Qué **Prácticas matemáticas** PM usaste?
Sombrea lo que corresponda.

① Perseverar con los problemas
② Razonar de manera abstracta
③ Construir un argumento
④ Representar con matemáticas
⑤ Usar las herramientas matemáticas
⑥ Prestar atención a la precisión
⑦ Usar una estructura
⑧ Usar el razonamiento repetido

Escribir y resolver proporciones

Área de trabajo

Dato Una **proporción** es una ecuación que indica que dos razones o tasas son equivalentes.

Números	Álgebra
$\frac{6}{8} = \frac{3}{4}$	$\frac{a}{b} = \frac{c}{d}, b \neq 0, d \neq 0$

Observa la siguiente proporción.

$$\frac{a}{b} = \frac{c}{d}$$

$$\frac{a}{\cancel{b}} \cdot \cancel{b}d = \frac{c}{\cancel{d}} \cdot b\cancel{d}$$ Multiplica cada lado por bd y divide para eliminar los factores comunes.

$$ad = bc$$ Simplifica.

Los productos ad y bc son los **productos cruzados** de esta proporción. Los productos cruzados de cualquier proporción son iguales.

$$\frac{6}{8} = \frac{3}{4} \longrightarrow \frac{8 \cdot 3}{6 \cdot 4} \stackrel{?}{=} \frac{24}{24}$$

El mundo real

Ejemplo

Tutor

1. **Después de 2 horas, la temperatura aumentó 7 °F. Escribe y resuelve una proporción para hallar la cantidad de tiempo necesario para que, a esa tasa, la temperatura aumente 13 °F más.**

Escribe una proporción. Sea t el tiempo en horas.

Temperatura $\longrightarrow$ $\frac{7}{2} = \frac{13}{t}$ $\longleftarrow$ Temperatura
Tiempo $\longrightarrow$ $\qquad\quad$ $\longleftarrow$ Tiempo

$$7 \cdot t = 2 \cdot 13$$ Halla los productos cruzados.

$$7t = 26$$ Multiplica.

$$\frac{7t}{7} = \frac{26}{7}$$ Divide cada lado entre 7.

$$t \approx 3.7$$ Simplifica.

Tomará aproximadamente 3.7 horas que la temperatura aumente 13 °F más.

Muestra tu trabajo.

a. _____

b. _____

c. _____

¿Entendiste? **Resuelve estos problemas para comprobarlo.**

Resuelve las proporciones.

a. $\frac{x}{4} = \frac{9}{10}$ $\qquad$ **b.** $\frac{2}{34} = \frac{5}{y}$ $\qquad$ **c.** $\frac{7}{3} = \frac{n}{21}$

Ejemplo

Tutor

2. Si la razón de donantes de sangre grupo 0 a donantes de sangre no grupo 0 en una campaña de donación de sangre es 37:43, ¿cuántos donantes de sangre grupo 0 hubo, si se presentaron 300 donantes?

Donantes de grupo 0 ⟶ $\frac{37}{37+43}$, o $\frac{37}{80}$
Total de donantes ⟶

Escribe una proporción. Sea g el número de donantes de sangre del grupo 0.

Donantes de grupo 0 ⟶ $\frac{37}{80} = \frac{g}{300}$ ← Donantes de grupo 0
Total de donantes ⟶ ← Total de donantes

$37 \cdot 300 = 80g$ Halla los productos cruzados.

$11{,}100 = 80g$ Multiplica.

$\frac{11{,}100}{80} = \frac{80g}{80}$ Divide cada lado entre 80.

$138.75 = g$ Simplifica.

Habría aproximadamente 139 donantes de sangre del grupo 0.

Muestra tu trabajo.

¿Entendiste? Resuelve este problema para comprobarlo.

d. La razón de estudiantes de 7.° grado a estudiantes de 8.° grado en una liga de fútbol es 17:23. Si hay 200 estudiantes en total, ¿cuántos de ellos son de 7.° grado?

d. _____

Usar la tasa unitaria

También puedes usar la tasa unitaria para escribir una ecuación que exprese la relación entre dos cantidades proporcionales.

Ejemplos

Tutor

3. **Olivia compró 6 envases de yogur por $7.68. Escribe una ecuación para relacionar el costo c con la cantidad de yogures y. ¿Cuánto pagará Olivia por 10 yogures, a esta misma tasa?**

Halla la tasa unitaria entre el costo y los envases de yogur.

$\frac{\text{costo en dólares}}{\text{envases de yogur}} = \frac{7.68}{6}$, o $1.28 por envase

El costo es $1.28 multiplicado por la cantidad de envases de yogur.

$c = 1.28y$ Sea c el costo. Sea y la cantidad de envases de yogur.

$= 1.28(10)$ Reemplaza y por 10.

$= 12.80$ Multiplica.

El costo de 10 envases de yogur es $12.80.

4. Jaycee compró 8 galones de gasolina por $31.12. Escribe una ecuación para relacionar el costo *c* con la cantidad de galones *g* de gasolina. ¿Cuánto pagará Jaycee por 11 galones, a esa misma tasa?

Halla la tasa unitaria entre el costo y los galones.

$$\frac{\text{Costo en dólares}}{\text{Galones de gasolina}} = \frac{31.12}{8}, \text{ o } \$3.89 \text{ por galón}$$

El costo es $3.89 multiplicado por la cantidad de galones.

$$c = 3.89g \qquad \text{Sea } c \text{ el costo. Sea } g \text{ la cantidad de galones.}$$

$$= 3.89(11) \qquad \text{Reemplaza } g \text{ por 11.}$$

$$= 42.79 \qquad \text{Multiplica.}$$

El costo de 11 galones de gasolina es $42.79.

Muestra tu trabajo.

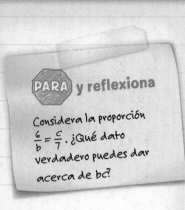

PARA y reflexiona

Considera la proporción $\frac{6}{b} = \frac{c}{7}$. ¿Qué dato verdadero puedes dar acerca de *bc*?

¿Entendiste? **Resuelve este problema para comprobarlo.**

e. Olivia escribió en la computadora 2 páginas en 15 minutos. Escribe una ecuación para relacionar la cantidad de minutos *m* con la cantidad de páginas *p* escritas. ¿Cuánto tardará en escribir 10 páginas, a esa misma tasa?

e. _____

Práctica guiada

Tutor

Resuelve las proporciones. (Ejemplos 1 y 2)

1. $\frac{k}{7} = \frac{32}{56}$ $k =$ _____

2. $\frac{3.2}{9} = \frac{n}{36}$ $n =$ _____

3. $\frac{41}{x} = \frac{5}{2}$ $x =$ _____

4. Teresa gana $28.50 por dar 3 horas de clases. Escribe una ecuación para relacionar lo que gana, *d*, con la cantidad de horas *h* de clase que da. Suponiendo que la situación es proporcional, ¿cuánto ganará Teresa si da 2 horas de clase? ¿Y si da 4.5 horas? (Ejemplos 3 y 4)

_____

5. ℮ **Desarrollar la pregunta esencial** ¿Cómo se resuelve una proporción?

_____

_____

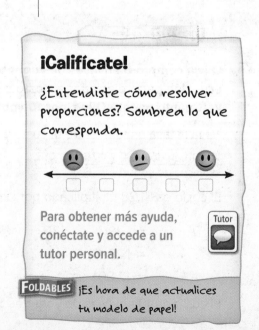

¡Califícate!

¿Entendiste cómo resolver proporciones? Sombrea lo que corresponda.

Para obtener más ayuda, conéctate y accede a un tutor personal.

Tutor

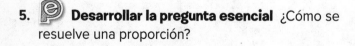

FOLDABLES ¡Es hora de que actualices tu modelo de papel!

Práctica independiente

Conéctate para obtener las soluciones de varios pasos.

Ayuda
en línea

Resuelve las proporciones. (Ejemplos 1 y 2)

1 $\frac{1.5}{6} = \frac{10}{p}$ $p =$ _____

2. $\frac{44}{p} = \frac{11}{5}$ $p =$ _____

3. $\frac{2}{w} = \frac{0.4}{0.7}$ $w =$ _____

Imagina que las situaciones son proporcionales. Escribe y resuelve usando una proporción. (Ejemplos 1 y 2)

4. Evarado pagó $1.12 por una docena de huevos en la tienda. Halla el costo de 3 huevos.

_____

5. Sheila mezcló 3 onzas de pintura azul con 2 onzas de pintura amarilla. Decidió crear 20 onzas de la misma mezcla. ¿Cuántas onzas de pintura amarilla necesitará para la nueva mezcla?

_____

Imagina que las situaciones son proporcionales. Usa la tasa unitaria para escribir una ecuación y resolver. (Ejemplos 3 y 4)

6. Un carro recorrió 476 millas y gastó 14 galones de gasolina. Escribe una ecuación para relacionar la distancia d con la cantidad de galones g. ¿Cuántos galones de gasolina necesita el carro para recorrer 578 millas?

_____

7 La Sra. Baker pagó $2.50 por 5 libras de plátanos. Escribe una ecuación para relacionar el costo c con la cantidad de libras de plátano p. ¿Cuánto pagará la Sra. Baker por 8 libras de plátanos?

_____

8. Una mujer que mide 64 pulgadas de estatura tiene un ancho de hombros de 16 pulgadas. Escribe una ecuación para relacionar la altura h con el ancho a. Halla la altura de una mujer cuyo ancho de hombros mide 18.5 pulgadas.

_____

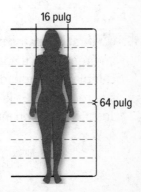

16 pulg

64 pulg

9. En un parque de atracciones, 360 visitantes subieron a la montaña rusa en 3 horas. Escribe y resuelve una ecuación para hallar la cantidad de visitantes que, a esta tasa, subirán a la montaña rusa en 7 horas. (Ejemplos 3 y 4)

_____

10. (PM) **Razonar de manera abstracta** Usa la tabla para escribir una proporción que relacione los pesos en dos planetas. Luego, halla el peso que falta. Redondea a la décima más cercana.

Pesos en los diferentes planetas Peso en la Tierra = 120 libras	
Mercurio	45.6 libras
Venus	109.2 libras
Urano	96 libras
Júpiter	304.8 libras

a. Tierra: 90 libras; Venus: ☐ libras

b. Mercurio: 55 libras; Tierra: ☐ libras

c. Júpiter: 350 libras; Urano: ☐ libras

d. Venus: 115 libras; Mercurio: ☐ libras

Problemas S.O.S. Soluciones de orden superior

11. (PM) **Justificar las conclusiones** Para preparar una bebida a partir de un polvo para mezclar, la razón de polvo a agua es 1:8. Si hay 32 tazas de polvo, ¿cuántas tazas de agua se necesitan en total? _____

_____

_____

(PM) **Perseverar con los problemas** Resuelve las ecuaciones.

12. $\dfrac{2}{3} = \dfrac{18}{x+5}$ _____

13. $\dfrac{x-4}{10} = \dfrac{7}{5}$ _____

14. $\dfrac{4.5}{17-x} = \dfrac{3}{8}$ _____

15. (PM) **Justificar las conclusiones** Un rectángulo tiene un área de 36 unidades cuadradas. A medida que cambian la longitud y el ancho, ¿qué sabes acerca de su producto? ¿Es la longitud proporcional al ancho? Justifica tu razonamiento.

Rectángulo	Longitud	Ancho	Área (unidades²)
A	3	12	36
B	6	6	36
C	9	4	36

_____

_____

_____

Más práctica

Resuelve las proporciones.

16. $\dfrac{x}{13} = \dfrac{18}{39}$ $x =$ _6___

$x \cdot 39 = 13 \cdot 18$

$39x = 234$

$\dfrac{39x}{39} = \dfrac{234}{39}$

$x = 6$

17. $\dfrac{6}{25} = \dfrac{d}{30}$ $d =$ _____

18. $\dfrac{2.5}{6} = \dfrac{h}{9}$ $h =$ _____

(yuda para la tarea)

Imagina que las situaciones son proporcionales. Escribe y resuelve usando una proporción.

19. Por cada persona que tiene gripe, hay 6 personas que solamente tienen síntomas de gripe. Si un médico ve a 40 pacientes, calcula aproximadamente cuántos pacientes esperas que tengan solamente síntomas de gripe.

_____

20. Por cada persona zurda hay aproximadamente 4 personas diestras. Si hay 30 estudiantes en una clase, predice la cantidad de estudiantes que son diestros.

_____

21. Jeremiah ahorra dinero de su trabajo como tutor. Después de tres semanas, ahorró $135. Imagina que la situación es proporcional. Usa la tasa unitaria para escribir una ecuación que relacione la cantidad ahorrada a con la cantidad de semanas s trabajadas. ¿A esta tasa, cuánto ahorrará Jeremiah en ocho semanas?

_____

22. **PM** **Hacer una predicción** Un límite de velocidad de 100 kilómetros por hora (km/h) es aproximadamente igual a 62 millas por hora (mi/h). Escribe una ecuación para relacionar kilómetros por hora k y millas por hora m. Luego, predice las siguientes medidas. Redondea a la décima más cercana.

a. un límite de velocidad en mi/h para un límite de velocidad de 75 km/h

_____

b. un límite de velocidad en km/h para un límite de velocidad de 20 mi/h

_____

23. Se muestra parte de la receta de Nicole para preparar pastelitos de calabaza. ¿Cuántas tazas de harina se necesitan para preparar 5 docenas de pastelitos?

Receta de pastelitos de calabaza
Rinde 2 docenas de pastelitos
4.5 tazas de harina
1.5 tazas de azúcar
1 cucharadita de canela

24. En un parque de atracciones, la fila para subir a la montaña rusa avanza aproximadamente 16 pies cada 10 minutos. Jason y sus amigos están parados a 40 pies del inicio de la fila. Selecciona valores para crear una proporción que represente esta situación.

16	40
10	x

$$\frac{\square}{\square} = \frac{\square}{\square}$$

Resuelve la proporción para hallar cuánto tardarán Jason y sus amigos en llegar al inicio de la fila.

25. La tabla muestra el costo de diferentes cantidades de pizzas entregadas a domicilio desde la pizzería Porción de Italia. ¿Es proporcional la relación entre el costo y la cantidad de pizzas? **7.RP.2a**

Cantidad de pizzas	Costo ($)
1	12.50
2	20
3	27.50
4	35

26. Brenna cobra $15, $30, $45 y $60 por trabajar como niñera 1, 2, 3 y 4 horas, respectivamente. ¿Es proporcional la relación entre el dinero que cobra y las horas que trabaja? Si lo es, halla la tasa unitaria. Si no lo es, explica por qué. **7.RP.2a**

Halla las tasas unitarias. **6.RP.3b**

27. 50 millas con 25 galones: _____

28. 2,500 *kilobytes* en 5 minutos: _____

Laboratorio de indagación

Tasa de cambio

 ¿**CUÁL** es la relación entre tasa unitaria y tasa de cambio?

 Content Standards
7.RP.2, 7.RP.2b

PM Prácticas matemáticas
1, 3

Perro Contento es una guardería para perros, donde las personas pueden dejar a sus perros mientras van a trabajar. Cuesta $3 por 1 hora, $6 por 2 horas y $9 por 3 horas. Farah lleva a su perro a la guardería varios días a la semana. Ella quiere saber si la cantidad de horas que deja a su perro en la guardería está relacionada con el costo.

Manos a la obra

Paso 1 Imagina que el patrón de la tabla continúa. Completa la tabla que se muestra.

Perro contento	
Cantidad de horas	Costo ($)
1	3
2	6
3	9
4	
5	

Paso 2 El costo depende de la cantidad de horas. Por lo tanto, el costo es el valor de salida y,

y la cantidad de horas es _____.
Grafica los datos en este plano de coordenadas.

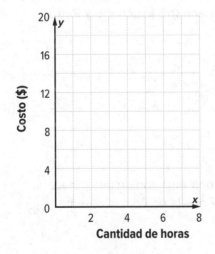

Costo ($) / Cantidad de horas

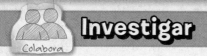

Investigar

Colabora

Consulta la investigación. Trabaja con un compañero o una compañera.

1. (PM) **Justificar las conclusiones** Describe la gráfica.

   _____

2. ¿Cuál es el costo por hora, o tasa unitaria, que cobran en Perro Contento?

   _____

3. Usa la gráfica para examinar dos puntos consecutivos. ¿Cuánto cambia y? ¿Cuánto cambia x?

   _____

   _____

4. Los primeros dos pares ordenados de la gráfica son (1, 3) y (2, 6). Para hallar la *tasa de cambio*, puedes escribir la razón del cambio de y al cambio de x.

   Halla la tasa de cambio que muestra la gráfica. _____

Analizar y pensar

Colabora

Trabaja con un compañero para responder esta pregunta.

5. En la guardería El Cachorro Malcriado cobran $5 por 1 hora, $10 por 2 horas y $15 por 3 horas.

   a. ¿Cuál es la tasa unitaria? _____

   b. ¿Cuál es la tasa de cambio? _____

   c. (PM) **Razonar de manera inductiva** ¿Cómo se comparan las tasas de cambio de los servicios de guardería en El Cachorro Malcriado y Perro Contento?

      _____

      _____

Crear

Por tu cuenta

6. (PM) **Representar con matemáticas** Describe una situación de una guardería para perros que tenga una tasa de cambio menor que la de Perro Contento.

   _____

   _____

7. (Indagación) ¿CUÁL es la relación entre tasa unitaria y tasa de cambio?

   _____

   _____

Tasa de cambio constante

Vocabulario inicial

Una **tasa de cambio** es una tasa que describe cómo cambia una cantidad en relación con otra. En una relación lineal, la tasa de cambio entre cualquier par de cantidades es igual. Una relación lineal tiene una **tasa de cambio constante**.

 ## Conexión con el mundo real

Un programador de computadoras cobra a sus clientes por cada línea de código informático que escribe. Completa las casillas con la cantidad de cambio entre los números consecutivos.

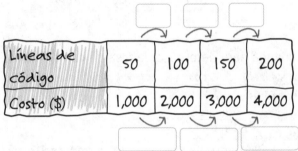

Líneas de código	50	100	150	200
Costo ($)	1,000	2,000	3,000	4,000

Usa los términos *cambio en las líneas*, *cambio en los dólares* y *tasa de cambio constante* para completar lo siguiente.

$$\frac{\boxed{}}{\boxed{}} = \frac{\$1,000}{50 \text{ líneas}}$$

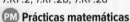

$$= \frac{\$20}{1 \text{ línea}} \Big\} \text{Tasa unitaria}$$

La _____ es $20 por cada línea de código de programación.

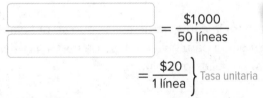

Pregunta esencial

¿CÓMO puedes mostrar que dos objetos son proporcionales?

Vocabulario

tasa de cambio
tasa de cambio constante

Common Core State Standards

Content Standards
7.RP.2, 7.RP.2b, 7.RP.2d
PM **Prácticas matemáticas**
1, 3, 4

Usar una tabla

Puedes usar una tabla para hallar una tasa de cambio constante.

 Ejemplo

1. La tabla muestra la cantidad de dinero que recaudó un club de aficionados lavando carros con fines benéficos. Usa la información para hallar la tasa de cambio constante en dólares por carro.

Carros lavados	
Cantidad	**Dinero ($)**
5	40
10	80
15	120
20	160

+5 (entre filas de cantidad)   +40 (entre filas de dinero)

Halla la tasa unitaria para determinar la tasa de cambio constante.

$$\frac{\text{Cambio en el dinero}}{\text{Cambio en los carros}} = \frac{40 \text{ dólares}}{5 \text{ carros}}$$
El dinero ganado aumenta de a $40 por cada 5 carros.

$$= \frac{8 \text{ dólares}}{1 \text{ carro}}$$
Escribe como una tasa unitaria.

Por lo tanto, la cantidad de dólares ganados aumenta $8 por cada carro lavado.

¿**Entendiste?** Resuelve estos problemas para comprobarlo.

a. La tabla muestra la cantidad de millas que se desplaza un planeta. Usa la información para hallar la tasa de cambio constante aproximada, en millas por minuto.

Tiempo (min)	30	60	90	120
Distancia (mi)	290	580	870	1,160

b. La tabla muestra la cantidad de estudiantes que pueden transportar los autobuses escolares. Usa la tabla para hallar la tasa de cambio constante de estudiantes por autobús escolar.

Cantidad de autobuses	2	3	4	5
Cantidad de estudiantes	144	216	288	360

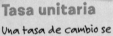

Tasa unitaria
Una tasa de cambio se expresa usualmente como una tasa unitaria.

 Muestra tu trabajo.

a. _____

b. _____

Usar una gráfica

También puedes usar una gráfica para hallar la tasa de cambio constante y analizar puntos de la gráfica.

Ejemplos

 Tutor

2. **La gráfica representa la distancia recorrida en carro por una autopista. Halla la tasa de cambio constante.**

Para hallar la tasa de cambio, busca dos puntos cualesquiera de la línea, como (0, 0) y (1, 60).

$$\frac{\text{Cambio en las millas}}{\text{Cambio en las horas}} = \frac{(60 - 0) \text{ millas}}{(1 - 0) \text{ horas}}$$

$$= \frac{60 \text{ millas}}{1 \text{ hora}}$$

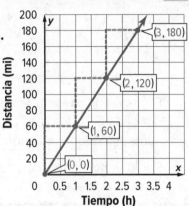

Tiempo (h)

3. **Explica qué representan los puntos (0, 0) y (1, 60).**

El punto (0, 0) representa viajar cero millas en cero horas. El punto (1, 60) representa viajar 60 millas en una hora. Observa que esa es la tasa de cambio constante.

¿Entendiste? **Resuelve estos problemas para comprobarlo.**

c. Usa la gráfica para hallar la tasa de cambio constante en millas por hora de recorrer la ciudad.

d. En las líneas a continuación, explica qué representan los puntos (0, 0) y (1, 30).

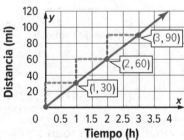

Tiempo (h)

_____

_____

_____

Muestra tu trabajo.

c. _____

Tutor

Ejemplo

4. La tabla y la gráfica muestran el costo por hora de alquilar una bicicleta en dos tiendas diferentes. ¿Cuál de las tiendas cobra más por bicicleta? Explica tu respuesta.

Los Pedales

Tiempo (horas)	Costo ($)
2	24
3	36
4	48

+1 (+12
+1 (+12

Superbicis

Costo ($)

Cantidad de horas

El costo en Los Pedales aumenta $12 por cada hora. El costo en Superbicis aumenta $8 por cada hora.

Por lo tanto, en Los Pedales cobran más por hora de alquiler de una bicicleta.

Práctica guiada

Comprueba ✓

1. La tabla y la gráfica muestran la cantidad de dinero que ahorran Mi-Ling y Daniel por semana. ¿Quién ahorra más cada semana? Explica tu respuesta. (Ejemplos 1, 2 y 4)

Ahorros de Mi-Ling

Tiempo (semanas)	Ahorros ($)
2	$30
3	$45
4	$60

Ahorros de Daniel

Ahorros ($)

Cantidad de semanas

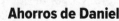

2. Consulta la gráfica del Ejercicio 1. Explica qué representan los puntos (0, 0) y (1, 10). (Ejemplo 3)

3. **Desarrollar la pregunta esencial** ¿Cómo puedes hallar la tasa unitaria de una gráfica cuya línea pasa por el origen? _____

¡Califícate!

¿Estás listo para seguir?
Sombrea lo que corresponda.

Tengo algunas dudas.

Estoy listo para seguir.

Tengo muchas dudas.

Para obtener más ayuda, conéctate y accede a un tutor personal.

Tutor

Práctica independiente

Conéctate para obtener las soluciones de varios pasos.

Halla la tasa de cambio constante para cada tabla. (Ejemplo 1)

1

Tiempo (s)	Distancia (m)
1	6
2	12
3	18
4	24

2.

Artículos	Costo ($)
2	18
4	36
6	54
8	72

3 La gráfica muestra el costo de comprar camisetas. Halla la tasa de cambio constante de la gráfica. Luego, explica qué representan los puntos (0, 0) y (1, 9). (Ejemplos 2 y 3)

_____

_____

_____

_____

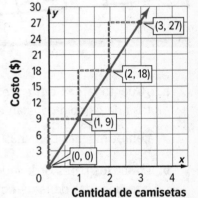

4. Las familias Guzmán y Hashimoto hacen cada una un viaje de 4 horas. Las distancias que recorrió cada familia se muestran en la tabla y en la gráfica. ¿Qué familia recorrió menos millas por hora en promedio? Explica tu respuesta. (Ejemplo 4)

Viaje de la familia Guzmán	
Tiempo (horas)	Distancia (millas)
2	90
3	135
4	180

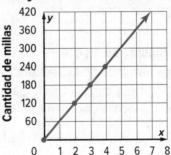

_____

_____

_____

5. A la 1:00 P.M., el nivel de agua en una piscina es 13 pulgadas. A la 1:30 P.M. el nivel del agua es 18 pulgadas. A las 2:30 P.M., el nivel del agua es 28 pulgadas. ¿Cuál es la tasa de cambio constante?

_____

6 (PM) **Representar con matemáticas** Consulta los tiempos de las vueltas para resolver los Ejercicios **a** y **b**.

a. ¿Cuánto tarda Seth en recorrer 1 milla de la carrera? Escribe la tasa de cambio constante en millas por segundo. Redondea a la centésima más cercana. _____

b. Marca los pares ordenados (tiempo, distancia) en el plano de coordenadas de la derecha. Conecta los puntos con una línea continua.

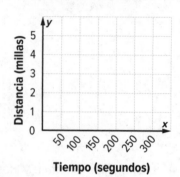

Problemas S.O.S. Soluciones de orden superior

7. (PM) **Representar con matemáticas** Haz una tabla donde la tasa de cambio constante sea 6 pulgadas por cada pie.

Pies	Pulgadas

8. (PM) **Justificar las conclusiones** Los términos de la secuencia aumentan de 3 en 3. Los términos de la secuencia B aumentan de 8 en 8. ¿Cuál de las secuencias corresponde a una línea más empinada cuando se marcan los puntos en un plano de coordenadas? Justifica tu razonamiento

_____

_____

_____

9. (PM) **Perseverar con los problemas** La tasa de cambio constante de la relación que muestra la tabla es $8 por hora. Halla los valores que faltan.

Tiempo (h)	1	2	3
Ganancias ($)	x	y	z

$x =$ _____ $y =$ _____ $z =$ _____

Más práctica

Halla la tasa de cambio constante para cada tabla.

10.

Tiempo (h)	0	1	2	3
Salario ($)	0	9	18	27

$9 por hora

$$\frac{cambio\ en\ el\ salario}{cambio\ en\ las\ horas} = \frac{\$9}{1\ hora}$$

Ayuda para la tarea

11.

Minutos	1,000	1,500	2,000	2,500
Costo ($)	38	53	68	83

12. Usa la gráfica para hallar la tasa de cambio constante. Luego, explica qué representan los puntos (0, 0) y (6, 72).

_____

_____

_____

_____

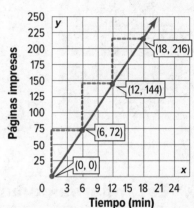

13. 🅿️🅜 **Justificar las conclusiones** Ramona y Josh ganan dinero cuidando niños. La tabla y la gráfica muestran sus ganancias por una noche de trabajo. ¿Quién cobra más por hora? Explica tu respuesta.

Ganancia de Ramona	
Tiempo (horas)	Ganancia ($)
2	18
3	27
4	36

Ganancia de Josh

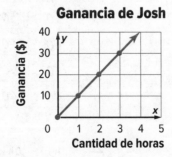

_____

_____

14. El costo de un boleto de cine es $7.50. El costo de 2 boletos de cine es $15. A partir de esta tasa de cambio constante, ¿cuál es el costo de 4 boletos de

cine? _____

15. Reggie comenzó a entrenar para la temporada de carreras. Corrió media hora cada mañana durante 60 días. En promedio, corrió 6.5 millas por hora. ¿Cuál es la cantidad total de millas que corrió Reggie durante los 60 días?

16. Selecciona la tasa de cambio constante correcta para cada tabla de datos.

Cantidad de manzanas	3	7	11
Cantidad de semillas	30	70	110

☐ $\frac{1}{12}$ ☐ $\frac{1}{10}$ ☐ $\frac{12}{1}$ ☐ $\frac{10}{1}$

Cantidad de mesas	4	6	9
Cantidad de sillas	48	72	108

☐ $\frac{1}{12}$ ☐ $\frac{1}{10}$ ☐ $\frac{12}{1}$ ☐ $\frac{10}{1}$

Cantidad de pasajeros	24	60	120
Cantidad de camionetas	2	5	10

☐ $\frac{1}{12}$ ☐ $\frac{1}{10}$ ☐ $\frac{12}{1}$ ☐ $\frac{10}{1}$

Cantidad de folletos	20	50	100
Cantidad de páginas	2	5	10

☐ $\frac{1}{12}$ ☐ $\frac{1}{10}$ ☐ $\frac{12}{1}$ ☐ $\frac{10}{1}$

Estándares comunes: Repaso en espiral

Escribe los valores de salida para cada valor de entrada dado en las tablas. 5.OA.3

17.

Entrada	Sumar 4	Salida
1	$1 + 4$	
2	$2 + 4$	
3	$3 + 4$	
4	$4 + 4$	

18.

Entrada	Restar 5	Salida
30	$30 - 5$	
40	$40 - 5$	
50	$50 - 5$	
60	$60 - 5$	

19.

Entrada	Multiplicar por 2	Salida
1	1×2	
2	2×2	
3	3×2	
4	4×2	

20.

Entrada	Dividir entre 3	Salida
3	$3 \div 3$	
6	$6 \div 3$	
9	$9 \div 3$	
12	$12 \div 3$	

Lección 8
Pendiente

Conexión con el mundo real

Reciclaje En la editorial Héroes de Cómic imprimen sus historietas en papel reciclado. La tabla muestra las cantidades totales de libras de papel reciclado que usan cada día del mes.

Día del mes	Total reciclado (lb)
3	36
5	60
6	72
7	84
12	144

Pregunta esencial

¿CÓMO puedes mostrar que dos objetos son proporcionales?

Vocabulario

pendiente

Common Core State Standards

Content Standards
7.RP.2, 7.RP.2b
PM Prácticas matemáticas
1, 3, 4

1. Marca los pares ordenados en el plano de coordenadas.

2. Explica por qué la gráfica es lineal. _____

_____

3. Usa dos puntos para hallar la tasa de cambio constante.

Punto 1: _____

Punto 2: _____

Cambio en las libras ⟶ ☐ libras
Cambio en los días ⟶ ☐ días

Por lo tanto, la tasa de cambio constante es $\frac{24}{2}$, o ☐, libras por día.

¿Qué **Prácticas matemáticas** PM usaste?
Sombrea lo que corresponda.

① Perseverar con los problemas
② Razonar de manera abstracta
③ Construir un argumento
④ Representar con matemáticas
⑤ Usar las herramientas matemáticas
⑥ Prestar atención a la precisión
⑦ Usar una estructura
⑧ Usar el razonamiento repetido

Área de trabajo

La pendiente es la tasa de cambio entre dos puntos cualesquiera de una línea.

$$\text{Pendiente} = \frac{\text{cambio en } y}{\text{cambio en } x} \quad \longleftarrow \text{ Cambio vertical}$$
$$\longleftarrow \text{ Cambio horizontal}$$

$$= \frac{2}{1}, \text{ o } 2$$

En una relación lineal, el cambio vertical (cambio en el valor de *y*) por unidad de cambio horizontal (cambio en el valor de *x*) es siempre el mismo. Esta razón se llama **pendiente** de la función. La tasa de cambio constante, o tasa unitaria, es la misma que la pendiente de la relación lineal relacionada.

La pendiente indica cuán "empinada" es la línea. El cambio vertical a veces se llama "distancia vertical", mientras que el cambio horizontal se llama "distancia horizontal". Puedes decir que

$$\text{Pendiente} = \frac{\text{distancia vertical}}{\text{distancia horizontal}}.$$

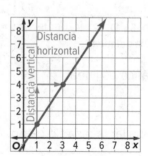

Cuenta las unidades que forman la distancia vertical de la línea en la gráfica que se ve más arriba. Escribe este número como numerador de la siguiente fracción. Cuenta las unidades que forman la distancia horizontal de la línea. Escribe este número como denominador de la fracción.

$$\frac{\text{Distancia vertical}}{\text{Distancia horizontal}} = \frac{\boxed{}}{\boxed{}}$$

Por lo tanto, la pendiente de la línea es $\frac{3}{2}$.

Ejemplo

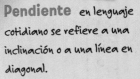

1. La siguiente tabla muestra la relación entre la cantidad de segundos *y* que pasan hasta escuchar el trueno después de ver un relámpago y la cantidad de millas *x* de la distancia hasta el relámpago. Grafica los datos y halla la pendiente. Explica qué representa la pendiente.

Millas (*x*)	0	1	2	3	4	5
Segundos (*y*)	0	5	10	15	20	25

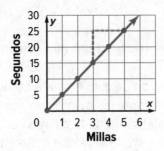

Pendiente $= \dfrac{\text{cambio en } y}{\text{cambio en } x}$ Definición de pendiente

$= \dfrac{25 - 15}{5 - 3}$ Usa (3, 15) y (5, 25).

$= \dfrac{10}{2}$ ← Segundos ← Millas

$= \dfrac{5}{1}$ Simplifica.

Por lo tanto, por cada 5 segundos entre un relámpago y el sonido del trueno, hay 1 milla de distancia entre tú y el relámpago.

¿Entendiste? Resuelve este problema para comprobarlo.

a. Grafica los datos acerca del crecimiento de una planta reunidos para un proyecto de la feria de ciencias. Luego, halla la pendiente de la línea. Explica qué representa la pendiente en el Área de trabajo.

Semana	Altura de la planta (cm)
1	1.5
2	3
3	4.5
4	6

Muestra tu trabajo.

a. _____

 Ejemplo

Muestra tu trabajo.

2. Renaldo abrió una cuenta de ahorros. Cada semana, deposita $300. Dibuja una gráfica del saldo de la cuenta con el paso del tiempo. Halla el valor numérico de la pendiente e interprétalo con palabras.

La pendiente de la línea es la tasa a la que aumenta el saldo de la cuenta, o $\frac{\$300}{1\,\text{semana}}$.

Saldo de la cuenta ($) — Cantidad de semanas

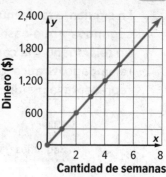

Dinero ($) — Cantidad de semanas

¿Entendiste? Resuelve este problema para comprobarlo.

b. _____

b. Jessica tiene un saldo de $35 en su teléfono celular. Agrega $35 por semana durante las cuatro semanas siguientes. En el Área de trabajo, grafica el saldo de la cuenta con respecto al tiempo. Halla el valor numérico de la pendiente e interprétalo con palabras.

Práctica guiada

1. La tabla de la derecha muestra la cantidad de paquetes pequeños de bocadillos de fruta y por caja x. Grafica los datos. Luego, halla la pendiente de la línea. Explica qué representa la pendiente. (Ejemplos 1 y 2)

Cajas, x	3	5	7
Bocadillos, y	12	20	28

Muestra tu trabajo.

Cantidad de paquetes — Cantidad de cajas

2. **Desarrollar la pregunta esencial** ¿Cuál es la relación entre la tasa de cambio y la pendiente? _____

_____

_____

¡Califícate!

¿Entendiste las pendientes? Encierra en un círculo la imagen que corresponda.

No tengo dudas. Tengo algunas dudas. Tengo muchas dudas.

Para obtener más ayuda, conéctate y accede a un tutor personal.

Práctica independiente

Conéctate para obtener las soluciones de varios pasos.

1 La tabla muestra la cantidad de páginas que puede leer Adriano en *x* horas. Grafica los datos. Luego, halla la pendiente de la línea. Explica qué representa la pendiente. (Ejemplo 1)

Tiempo (h)	1	2	3	4
Cantidad de páginas	50	100	150	200

_____

_____

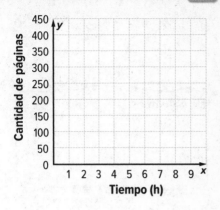

2. Grafica los datos. Halla el valor numérico de la pendiente e interprétalo con palabras. (Ejemplo 2)

Cantidad de yardas	1	2	3
Cantidad de pies	3	6	9

_____

_____

3 La gráfica muestra la velocidad promedio de dos carros en la autopista.

a. ¿Qué representa (2, 120)? _____

_____

b. ¿Qué representa (1.5, 67.5)? _____

_____

c. ¿Qué representa la razón de la coordenada *y* a la coordenada *x* para cada par de puntos de la gráfica?

_____

d. ¿Qué representa la pendiente de cada línea?

_____

e. ¿Cuál de los carros va más rápido? ¿Cómo lo sabes, a partir de la gráfica?

_____

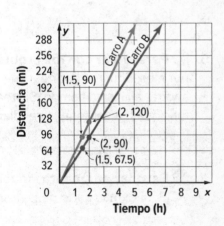

4. (PM) **Representaciones múltiples** Completa el organizador gráfico sobre la pendiente.

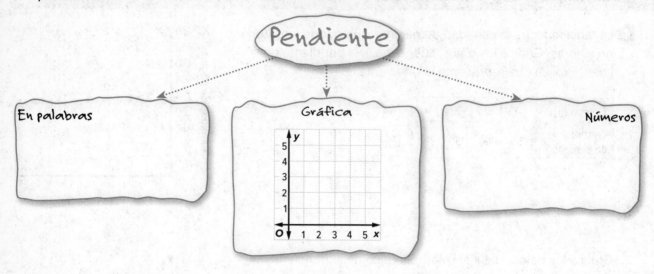

Pendiente

En palabras

Gráfica

Números

Problemas S.O.S. Soluciones de orden superior

5. (PM) **Hallar el error** Marisol quiere hallar la pendiente de la línea que contiene los puntos (3, 7) y (5, 10). Halla su error y corrígelo.

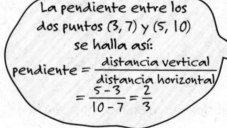

La pendiente entre los dos puntos (3, 7) y (5, 10) se halla así:

pendiente = $\dfrac{\text{distancia vertical}}{\text{distancia horizontal}}$

= $\dfrac{5-3}{10-7} = \dfrac{2}{3}$

6. (PM) **Perseverar con los problemas** Kaya ahorra dinero a una tasa de $30 por mes. Eduardo ahorra a una tasa de $35 por mes. Ambos empezaron a ahorrar al mismo tiempo. Si crearas una tabla de valores y graficaras ambas funciones, ¿cuál sería la pendiente de cada gráfica?

7. (PM) **Razonar de manera inductiva** Sin graficar, determina si A(5, 1), B(1, 0) y C(3, 3) forman parte de la misma línea. Explica tu razonamiento.

8. (PM) **Representar con matemáticas** Nombra dos puntos de una línea que tiene una pendiente de $\dfrac{5}{8}$.

Más práctica

9. **(PM)** **Justificar las conclusiones** La tabla de la derecha muestra la cantidad de marcadores por caja. Grafica los datos. Luego, halla la pendiente de la línea. Explica qué representa la pendiente.

Cajas	1	2	3	4
Marcadores	8	16	24	32

Usa $(1, 8)$ y $(2, 16)$.

$$\text{pendiente} = \frac{\text{cambio en } y}{\text{cambio en } x}$$

$$= \frac{16 - 8}{2 - 1}$$

$$= \frac{8}{1}$$

Ayuda para la tarea

Por lo tanto, hay 8 marcadores por cada caja.

10. La tabla muestra el costo de alquiler de un bote de remos en dos empresas diferentes.

a. ¿Qué representa (1, 20)?

_____

_____

b. ¿Qué representa (2, 50)?

_____

_____

Alquiler de botes de remos		
Cantidad de horas	Ruedas de Agua Costo ($)	Diversión al Sol Costo ($)
1	20	25
2	40	50
3	60	75
4	80	100

Copiar y resolver Haz una gráfica en una hoja de papel cuadriculado aparte para hallar cada una de las pendientes de los Ejercicios 11 a 14. Luego, anota las pendientes e interpreta su significado.

11. Joshua nada 25 metros en 1 minuto. Haz una gráfica de los metros que nada en función del tiempo. Halla el valor de la pendiente e interprétalo en palabras.

12. La tabla muestra el dinero que gana Maggie trabajando durante diferentes cantidades de horas como niñera. Grafica los datos. Luego, halla la pendiente de la línea. Explica qué representa la pendiente.

Cantidad de horas	Ganancia ($)
1	8
2	16
3	24
4	32

13. Zack resuelve 20 problemas en 1 hora. Haz una gráfica de los problemas resueltos en función del tiempo. Halla el valor de la pendiente e interprétalo en palabras.

14. La familia Jackson alquila 6 películas por mes. Haz una gráfica de las películas alquiladas en función del tiempo. Halla el valor de la pendiente e interprétalo en palabras.

15. Hace dos semanas, Audrey ganó $84 por 7 horas de trabajo. Esta semana, ganó $132 por 11 horas de trabajo. Halla el valor numérico de la pendiente de la línea que representa la ganancia de Audrey.

16. Los pares ordenados (1, 4), (3, 12) y (5, 20) representan la distancia *y* que camina Jairo en *x* segundos. Marca los pares ordenados en el plano de coordenadas y traza una línea que los conecte.

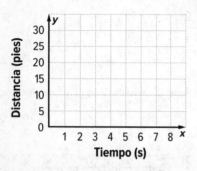

Halla la pendiente de la línea y explica qué representa la pendiente.

Estándares comunes: Repaso en espiral

Determina si las situaciones son proporcionales. Explica tu razonamiento. 7.RP.2

17. A los pasajeros de taxi se les cobran $2.50 por subir al taxi. Luego, se les cobra $1.00 por cada milla recorrida.

18. Un restaurante cobra $5 por un sándwich, $9.90 por dos sándwiches y $14.25 por tres sándwiches.

19.

Boletos comprados	1	2	3	4
Costo ($)	7.50	15	22.50	30

20.

Tazas de harina	3	6	9	12
Tazas de azúcar	2	4	6	8

Lección 9

Variación directa

Conexión con el mundo real

Velocidad La distancia y que recorre un carro en x horas puede representarse como $y = 65x$. La tabla y la gráfica también representan esta situación.

Tiempo (horas)	Distancia (millas)
2	130
3	195
4	260

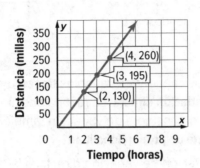

Pregunta esencial

¿CÓMO puedes mostrar que dos objetos son proporcionales?

Vocabulario

constante de proporcionalidad
constante de variación
variación directa

Common Core State Standards

Content Standards
7.RP.2, 7.RP.2a, 7.RP.2b

PM Prácticas matemáticas
1, 2, 3, 4

1. Completa las casillas para hallar la razón constante.

$$\frac{\text{distancia recorrida}}{\text{tiempo conduciendo}} = \frac{130}{2} = \frac{195}{\boxed{}} = \frac{\boxed{}}{4}$$

La razón constante es $\boxed{}$ millas por hora.

2. La tasa de cambio constante, o pendiente, de la línea es $\frac{\text{cambio en las millas}}{\text{cambio en el tiempo}}$, que es igual a $\frac{195 - 130}{3 - 2}$,

o $\boxed{}$, millas por hora.

3. Escribe una oración para comparar la tasa de cambio constante con la razón constante.

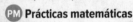

¿Qué **Prácticas matemáticas** PM usaste?
Sombrea lo que corresponda.

1. Perseverar con los problemas
2. Razonar de manera abstracta
3. Construir un argumento
4. Representar con matemáticas
5. Usar las herramientas matemáticas
6. Prestar atención a la precisión
7. Usar una estructura
8. Usar el razonamiento repetido

Área de trabajo

Dato Una relación lineal es una variación directa cuando la razón de *y* a *x* es una constante, *k*. Decimos que *y* varía directamente en función de *x*.

Representación

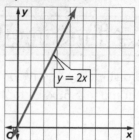

$y = 2x$

Símbolos $\frac{y}{x} = k$, o $y = kx$, donde $k \neq 0$

Ejemplo $y = 3x$

Cuando dos cantidades variables tienen una razón constante, su relación se llama **variación directa**. La razón constante se llama **constante de variación**. La constante de variación también se conoce con el nombre de **constante de proporcionalidad**.

En una ecuación de variación directa, a la tasa de cambio constante, o pendiente, se le asigna una variable especial, *k*.

El mundo real

Ejemplo

Tutor

1. **La profundidad (altura) del agua en una piscina a medida que se llena se muestra en la gráfica. Halla la razón en pulgadas por minuto.**

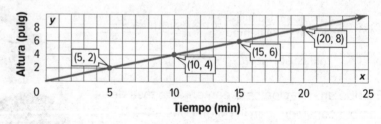

Como la gráfica de los datos es una línea recta, la tasa de cambio es constante. Usa la gráfica para hallar la constante de proporcionalidad.

$\frac{\text{Altura}}{\text{Tiempo}} \longrightarrow \frac{2}{5}, \text{o} \frac{0.4}{1} \qquad \frac{4}{10}, \text{o} \frac{0.4}{1} \qquad \frac{6}{15}, \text{o} \frac{0.4}{1} \qquad \frac{8}{20}, \text{o} \frac{0.4}{1}$

La piscina se llena a razón de 0.4 pulgadas por cada minuto.

(**¿Entendiste?** **Resuelve este problema para comprobarlo.**

Variación directa

Cuando una relación varía de manera directa, la gráfica de la función siempre pasa por el origen (0, 0). Además, la tasa unitaria *t* siempre está ubicada en (1, *t*).

Muestra tu trabajo.

a. _____

a. Dos minutos después de zambullirse, un buzo descendió 52 pies. Tras 5 minutos, descendió 130 pies. ¿A qué velocidad está descendiendo el buzo?

Ejemplo

Tutor

2. La ecuación $y = 10x$ representa la cantidad de dinero y que gana Julio por x horas de trabajo. Identifica la constante de proporcionalidad. Explica qué representa en esta situación.

$$y = kx$$
$$\downarrow$$
$$y = 10x$$

Compara la ecuación con $y = kx$, donde k es la constante de proporcionalidad.

La constante de proporcionalidad es 10. Por lo tanto, Julio gana $10 por cada hora de trabajo.

¿Entendiste? Resuelve este problema para comprobarlo.

b. La distancia y que recorre la familia Chang en x horas está representada por la ecuación $y = 55x$. Identifica la constante de proporcionalidad. Luego, explica qué representa.

Muestra tu trabajo.

b. _____

Determinar la variación directa

No todas las situaciones en las que hay una tasa de cambio constante son relaciones proporcionales. De la misma manera, no todas las funciones lineales son ejemplos de variación directa.

Peso (lbs)	Costo ($)

Ejemplo

Tutor

3. Las pizzas cuestan $8 por unidad, y se cobran $3 en concepto de envío a domicilio. Muestra el costo de 1, 2, 3 y 4 pizzas. ¿Hay variación directa?

Cantidad de pizzas	1	2	3	4
Costo ($)	$11	$19	$27	$35

$$\frac{\text{Costo}}{\text{Cantidad de pizzas}} \rightarrow \frac{11}{1}, \frac{19}{2}, \text{o } 9.5,$$

$$\frac{27}{3}, \text{o } 9, \frac{35}{4}, \text{o } 8.75$$

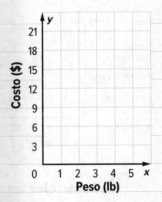

No hay una razón constante, y la línea no pasa por el origen. Por lo tanto, no hay variación directa.

¿Entendiste? Resuelve este problema para comprobarlo.

c. Dos libras de queso cuestan $8.40. Muestra el costo de 1, 2, 3 y 4 libras de queso. ¿Hay variación directa? Explica tu respuesta.

c. _____

Ejemplo

4. Determina si esta relación lineal es una variación directa. Si lo es, indica cuál es la constante de proporcionalidad.

Tiempo x	1	2	3	4
Salario ($), y	12	24	36	48

Compara las razones para comprobar si hay una razón en común.

$\dfrac{\text{Salario}}{\text{Tiempo}} \longrightarrow \quad \dfrac{12}{1} \qquad \dfrac{24}{2}, \text{o } \dfrac{12}{1} \qquad \dfrac{36}{3}, \text{o } \dfrac{12}{1} \qquad \dfrac{48}{4}, \text{o } \dfrac{12}{1}$

Como las razones son iguales, la relación es una variación directa. La constante de proporcionalidad es $\dfrac{12}{1}$.

Práctica guiada

1. La cantidad de pasteles horneados varía directamente en función de la cantidad de horas que trabajan los pasteleros. ¿Cuál es la razón de

pasteles horneados a horas trabajadas? (Ejemplos 1 y 2) _____

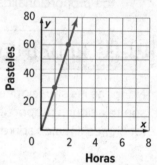

2. Un avión recorre 780 millas en 4 horas. Haz una tabla y una gráfica para mostrar las millas recorridas en 2, 8 y 12 horas. ¿Hay variación directa? Explica

tu respuesta (Ejemplos 3 y 4) _____

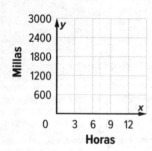

Horas			
Millas			

¡Califícate!

¿Entendiste la variación directa? Sombrea lo que corresponda.

3. **Desarrollar la pregunta esencial** ¿Cómo puedes determinar si una relación lineal es una variación directa a partir de una ecuación? ¿Y de una tabla? ¿Y de una gráfica?

_____

_____

_____

Para obtener más ayuda, conéctate y accede a un tutor personal.

Práctica independiente

Conéctate para obtener las soluciones de varios pasos.

1 Verónica está esparciendo abono en su jardín. El peso total del abono varía directamente en función de la cantidad de bolsas de abono. ¿Cuál es la tasa de cambio? (Ejemplo 1) _____

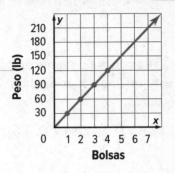

2. El club español organizó un lavado de carros para recaudar dinero. La ecuación $y = 5x$ representa la cantidad de dinero y que ganaron por lavar x carros. Identifica la constante de proporcionalidad. Luego, explica qué representa en esta situación. (Ejemplo 2) _____

_____

3. Un técnico cobra $25 por hora, más $50 por la visita a domicilio, para arreglar una computadora. Haz una tabla y una gráfica para mostrar el costo de 1, 2, 3 y 4 horas de reparación de una computadora. ¿Hay variación directa? (Ejemplo 3)

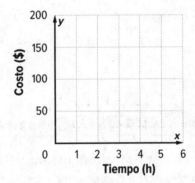

Tiempo (h)				
Tarifa ($)				

_____

_____

Determina si cada una de estas relaciones lineales representa una variación directa. Si la respuesta es sí, indica cuál es la constante de proporcionalidad. (Ejemplo 4)

4.

Fotografías, x	3	4	5	6
Ganancia, y	24	32	40	48

_____

5

Minutos, x	185	235	275	325
Costo, y	60	115	140	180

_____

6.

Año, x	5	10	15	20
Altura, y	12.5	25	37.5	50

_____

7.

Juego, x	2	3	4	5
Puntos, y	4	5	7	11

_____

8. A una profundidad de 33 pies bajo el nivel del mar, la presión es 29.55 libras por pulgada cuadrada (psi). A una profundidad de 66 pies, la presión alcanza 44.4 psi. ¿A qué tasa se incrementa la presión? _____

PM Razonar de manera abstracta Si y varía directamente en función de x, escribe una ecuación para representar la variación directa. Luego, halla los valores.

9. Si $y = 14$ cuando $x = 8$, halla y cuando $x = 12$.

_____

10. Halla y cuando $x = 15$, si $y = 6$ cuando $x = 30$.

_____

11. Si $y = 6$ cuando $x = 24$, ¿cuál es el valor de x cuando $y = 7$?

_____

12. Halla x cuando $y = 14$, si $y = 7$ cuando $x = 8$.

_____

Problemas S.O.S. Soluciones de orden superior

13. **PM Razonar de manera inductiva** Identifica dos valores adicionales de x e y en una relación de variación directa donde $y = 11$ cuando $x = 18$.

$x =$ _____ $y =$ _____ y $x =$ _____ $y =$ _____

14. **PM Perseverar con los problemas** Halla y cuando $x = 14$, si y varía directamente en función de x^2, e $y = 72$ cuando $x = 6$. _____

15. **PM Representar con matemáticas** Tom dibuja rectángulos cuya longitud varía directamente en función de su ancho. Uno de los rectángulos tiene un ancho de 2 centímetros y una longitud de 3.6 centímetros. Dibuja y rotula un rectángulo con un ancho de 3.5 centímetros que pueda ser uno de los rectángulos que dibuja Tom. Luego, halla el perímetro.

Muestra tu trabajo.

Más práctica

16. El dinero que gana Shelley varía directamente en función de la cantidad de perros que pasea. ¿Cuánto gana Shelley por cada perro que pasea?

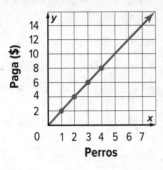
Paga ($)
Perros

Como los puntos de la gráfica forman una línea recta, la tasa de cambio es constante. La tasa de cambio constante es lo que gana Shelley por cada perro.

Ayuda para la tarea

$$\text{paga (\$)} \longrightarrow \frac{2}{1}, \frac{4}{2}, o \frac{2}{1}, \frac{6}{3}, o \frac{2}{1}, \frac{8}{4}, o \frac{2}{1}$$
$$\text{cantidad de perros} \longrightarrow$$

Shelley gana $2.00 por perro.

17. La receta para preparar un pastel indica que se necesitan $3\frac{1}{4}$ tazas de harina para 13 porciones, y $4\frac{1}{2}$ tazas de harina para 18 porciones. ¿Cuánta harina se necesitará para preparar un pastel de 28 porciones? _____

Determina si cada una de estas relaciones lineales es una variación directa. Si la respuesta es sí, indica cuál es la constante de variación.

18.

Edad, x	11	13	15	19
Grado, y	5	7	9	11

_____

19.

Precio, x	20	25	30	35
Impuesto, y	4	5	6	7

_____

20. (PM) **Representaciones múltiples** Robert está a cargo de la piscina de su comunidad. Cada primavera, la vacía para limpiarla. Luego, vuelve a llenarla. Para ello, necesita 120,000 galones de agua. Robert llena la piscina a razón de 10 galones por minuto.

a. En palabras ¿Cuál es la tasa a la que Robert llena la piscina? ¿Es constante? _____

b. Gráfica Grafica la relación en la cuadrícula de la derecha.

c. Álgebra Escribe una ecuación que represente la variación directa.

_____
_____

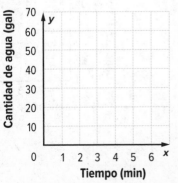
Cantidad de agua (gal)
Tiempo (min)

21. Determina si cada una de estas ecuaciones representa una variación directa.
Sombrea "Sí" o "No".

a. $y = 4x + 1$ ☐ Sí ☐ No

b. $y = 7.5x$ ☐ Sí ☐ No

c. $y = \frac{1}{15}x$ ☐ Sí ☐ No

d. $y = \frac{6}{x}$ ☐ Sí ☐ No

22. Haz una marca en la columna que corresponde a la ecuación de variación
directa correcta, siempre que sea posible.

				$y = 18x$	$y = 15x$	no hay variación directa
Precio, x	20	30	40	50		
Descuento, y	2	4	6	8		

☐ ☐ ☐

Segundos, x	2	6	7	11
Pies, y	30	90	105	165

☐ ☐ ☐

Paquetes, x	3	5	7	9
Crayones, y	54	90	126	162

☐ ☐ ☐

Horas, x	1	4	7	10
Costo, y	15	30	45	60

☐ ☐ ☐

Estándares comunes: Repaso en espiral

23. La siguiente tabla muestra la cantidad de hojas de papel en diferentes cantidades de resmas. Grafica los datos. 6.RP.3b

Cantidad de resmas	1	2	3	4
Cantidad de hojas	50	100	150	200

24. La tabla muestra el costo de diferentes cantidades de boletos para un festival. Grafica los datos. Luego, halla la pendiente de la recta. Explica qué representa la pendiente. 6.RP.3b

Cantidad de boletos	5	10	20	25
Costo ($)	40	80	160	200

PROFESIÓN DEL SIGLO XXI
en Ingeniería

Ingeniería biomecánica

¿Sabías que, cuando un atleta del salto en largo que pesa 140 libras toca el suelo tras un salto, está sometido a una presión de más de 700 libras de fuerza? Los ingenieros biomecánicos entienden cómo se desplazan las fuerzas, a través del calzado, a los pies de esos atletas, y cómo el diseño del calzado puede ayudar a reducir el impacto de esas fuerzas en las piernas. Si sientes curiosidad por cómo se aplica la ingeniería al cuerpo humano, una carrera en ingeniería biomecánica puede ser una opción genial para ti.

PREPARACIÓN
Profesional
& Universitaria

Explora profesiones y la universidad en ccr.mcgraw-hill.com.

¿Es esta profesión para ti?

¿Te interesa la profesión de ingeniero biomecánico? Cursa alguna de las siguientes materias en la escuela preparatoria.

◆ Biología
◆ Cálculo
◆ Física
◆ Trigonometría

Averigua cómo se relacionan las matemáticas con la ingeniería biomecánica.

89

ⓟ Desde el comienzo, con el pie correcto

Usa la información de la gráfica para resolver los problemas.

1. Halla la tasa de cambio constante de los datos que se ven en la gráfica que sigue al Ejercicio 2. Interpreta su significado.

_____

_____

_____

2. ¿Hay una relación proporcional entre el peso de un atleta y la fuerza que se genera cuando ese atleta corre?

Explica tu razonamiento. _____

_____

Peso del atleta (lb)

ⓟ Proyecto profesional

Es hora de actualizar tu carpeta de profesiones. Investiga en Internet u otras fuentes acerca de los campos de la ingeniería biomecánica, la ingeniería biomédica y la ingeniería mecánica. Escribe un resumen breve para comparar y contrastar estos campos. Describe cuál es la relación entre todos ellos.

_____

_____

_____

_____

¿Cuál de las materias de la escuela es la más importante para ti? ¿Cómo podrías usar los conocimientos de esa materia en esta profesión?

_____

_____

_____

Repaso del capítulo

Comprobación del vocabulario

Completa cada oración con una palabra del vocabulario que está al comienzo del capítulo. Luego, busca en la sopa de letras las palabras que completan las oraciones y enciérralas en un círculo.

1. Una _____ es una razón en la que se comparan dos cantidades con unidades diferentes.

2. Una tasa cuyo denominador es 1 unidad se llama tasa _____.

3. Un par de números que se usan para ubicar un punto en un plano de coordenadas es un par _____.

4. (0, 0) representa el _____.

5. Una fracción _____ tiene una fracción en el numerador, el denominador, o ambos.

6. Una variación _____ es la relación entre dos cantidades variables con una razón constante.

7. La _____ es la tasa de cambio entre dos puntos cualesquiera de una línea.

8. Cada una de las cuatro regiones en las que se divide el plano de coordenadas se llama _____.

9. Una _____ es una ecuación que indica que dos razones o tasas son iguales.

10. La tasa de _____ describe cómo cambia una cantidad en relación con otra.

11. El análisis _____ es el proceso de incluir unidades de medida en los cálculos.

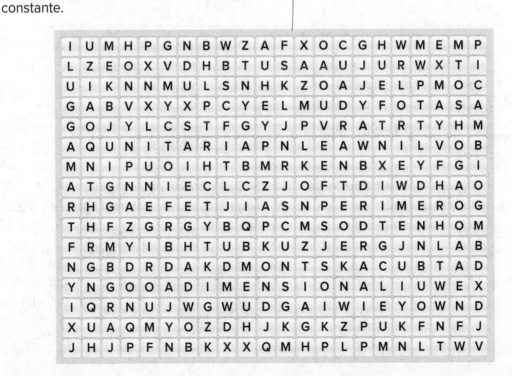

Usa los **FOLDABLES**

Usa tu modelo de papel como ayuda para repasar el capítulo.

Pégalo aquí.

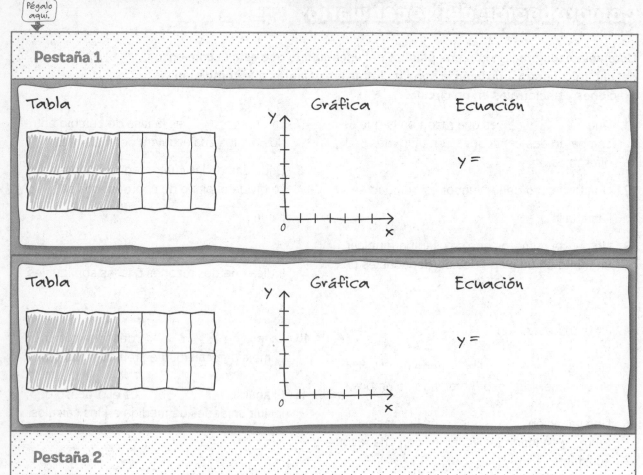

Pestaña 1

Tabla

Gráfica

Ecuación

y =

Tabla

Gráfica

Ecuación

y =

Pestaña 2

Pégalo aquí.

¿Entendiste?

Identificar la opción correcta Escribe el término o número correctos para completar las oraciones.

1. Cuando se simplifica una tasa de manera que tiene un (numerador, denominador) de 1 unidad, se la llama tasa unitaria.

2. Si Dinah puede patinar $\frac{1}{2}$ vuelta en 15 segundos, puede patinar 1 vuelta en (7.5, 30) segundos.

3. La pendiente es la razón de (cambio horizontal a cambio vertical, cambio vertical a cambio horizontal).

4. Cuando dos cantidades tienen una razón constante, su relación se llama variación (directa, lineal).

¡Repaso! Tarea para evaluar el desempeño

El viaje

La familia Jensen hizo un viaje en septiembre. Sally está calculando el consumo de gasolina, medido en millas por galón, del carro todoterreno de su papá. Cuando llena el tanque, él anota que el carro lleva 24,033 millas recorridas. Luego, paga $83.58 por llenar el tanque del carro.

Escribe tu respuesta en una hoja aparte. Muestra tu trabajo para recibir la máxima calificación.

Parte A

¿Cuál es el tamaño del tanque del carro, medido en galones? Redondea tu respuesta al número entero no negativo más cercano.

Parte B

Cuando llegaron a destino, quedaba un cuarto de tanque de gasolina, y el contador de millas recorridas marcaba 24,297. Usa una ecuación de razón para calcular el consumo de gasolina durante el viaje, medido en millas por galón. Redondea tu respuesta al número entero no negativo más cercano.

Parte C

Dos meses más tarde, la familia Jensen hace otro viaje diferente, esta vez en el carro familiar de la mamá. Cuando llena el tanque, ella anota que el carro lleva 15,004 millas recorridas. Luego, paga $71.98 por llenar el tanque del carro, que estaba vacío. ¿Cuál es el tamaño del tanque de gasolina del carro, medido en galones? Redondea tu respuesta al número entero no negativo más cercano.

Parte D

En un momento del viaje, el contador de millas recorridas marcaba 15,121 y el tanque estaba 75% lleno. Usa una ecuación de razón para calcular el consumo de gasolina promedio del carro, medido en millas por galón. Redondea tu respuesta al número entero no negativo más cercano.

Parte E

¿Cuál de los carros tiene el mejor rendimiento por galón de gasolina? Explica tu razonamiento.

Responder la pregunta esencial

Usa lo que aprendiste acerca de las razones y el razonamiento proporcional para completar el organizador gráfico.

Pregunta esencial

¿CÓMO puedes mostrar que dos objetos son proporcionales...

... con una tabla?	... con una gráfica?	... con una ecuación?

 Responder la pregunta esencial ¿CÓMO puedes mostrar que dos objetos son proporcionales?

_____

_____

Capítulo 2
Porcentajes

 Pregunta esencial

¿CÓMO te ayudan los porcentajes a comprender situaciones en las que se usa dinero?

 Common Core State Standards

Content Standards
7.RP.2, 7.RP.2c, 7.RP.3, 7.EE.2, 7.EE.3

PM Prácticas matemáticas
1, 2, 3, 4, 5, 6

 Matemáticas en el mundo real

Ciclismo La meta de la clase para recaudar fondos andando en bicicleta era juntar $300 al finalizar la semana. A mitad de semana, los estudiantes habían juntado $120. Completa la gráfica para mostrar el porcentaje de la meta que se logró.

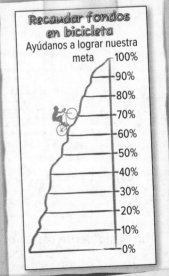

Recaudar fondos en bicicleta
Ayúdanos a lograr nuestra meta

FOLDABLES
Ayudas de estudio

 Recorta el modelo de papel de la página FL5 de este libro.

 Pega tu modelo de papel en la página 180.

 Usa este modelo de papel en todo el capítulo como ayuda para aprender sobre porcentajes.

95

Vocabulario

capital	impuesto sobre las ventas	porcentaje de disminución	propina
descuento	interés simple	porcentaje de incremento	proporción porcentual
ecuación porcentual	margen de ganancia	precio de venta	rebaja
error porcentual	porcentaje de cambio		
gratificación			

Destreza de estudio: Estudiar matemáticas

Hacer un dibujo Hacer un dibujo puede ayudarte a comprender mejor los números. Por ejemplo, un *mapa numérico* muestra cómo se relacionan los números entre sí.

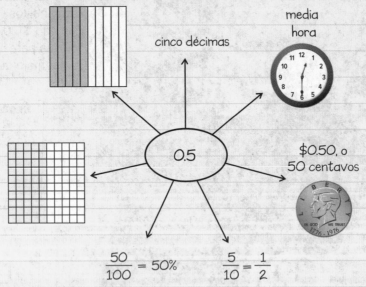

En el siguiente espacio, haz un mapa numérico para 0.75.

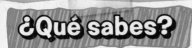
Enumera tres cosas que ya sabías sobre los porcentajes en la primera sección.
Luego, enumera tres cosas que te gustaría aprender sobre porcentajes en la
segunda sección.

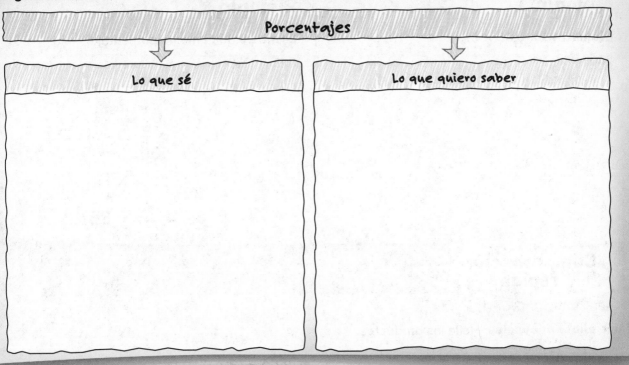

Porcentajes

Lo que sé	Lo que quiero saber

¿Cuándo usarás esto?

Estos son algunos ejemplos de cómo se usan los porcentajes
en el mundo real.

Actividad 1 ¿Alguna vez viste algo que se vendía con precio de
descuento? En un periódico, halla un anuncio de un artículo que se
venda a cierto porcentaje menos que su precio original. Describe el
anuncio y explica si es una buena oportunidad o no, y por qué.

Marisol, Blake y Hiroshi en
Los precios del parque de atracciones

Bueno, veamos...

Aquí está. ¡Listo!

_____

_____

_____

Actividad 2 Conéctate a **connectED.mcgraw-hill.com** para leer la
historieta **Los precios del parque de atracciones**. ¿Cuál es el
precio total de la entrada a cada parque?

_____

Repaso rápido CCSS

Resuelve los ejercicios de la sección Comprobación rápida o conéctate para hacer la prueba de preparación.

 Comprueba ✓

Repaso de los estándares comunes 6.NS.3, 6.RP.3c

Ejemplo 1

Evalúa **240 × 0.03 × 5.**

$240 \times 0.03 \times 5$

$= 7.2 \times 5$ Multiplica 240 por 0.03.

$= 36$ Simplifica.

Ejemplo 2

Escribe **0.35 como un porcentaje.**

$0.35 = 35\%$ Mueve el punto decimal dos lugares hacia la derecha y agrega el signo de porcentaje.

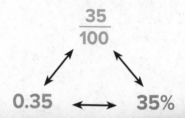

Comprobación rápida

Multiplicar decimales   Halla los productos.

1. $300 \times 0.02 \times 8 =$ _____

2. $85 \times 0.25 \times 3 =$ _____

 Muestra tu trabajo.

3. Imagina que Nicole ahorra $2.50 todos los días. ¿Cuánto dinero habrá ahorrado Nicole en 4 semanas? _____

Decimales y porcentajes   Escribe los decimales como porcentajes.

4. $0.675 =$ _____

5. $0.725 =$ _____

6. $0.95 =$ _____

7. Aproximadamente 0.92 de una sandía es agua. ¿Qué porcentaje representa ese decimal? _____

¿Cómo te fue?

Sombrea los números de los ejercicios de la sección Comprobación rápida que resolviste correctamente.

 ① ② ③ ④ ⑤ ⑥ ⑦

Laboratorio de indagación

Diagramas de porcentajes

 ¿CÓMO se usan los diagramas de porcentajes para resolver problemas del mundo real?

CCSS Content Standards 7.RP.3, 7.EE.3

PM Prácticas matemáticas 1, 3, 4

Un cuarto de los estudiantes de la clase de música de la Sra. Singh escogió la guitarra como su instrumento favorito. Hay 24 estudiantes en la clase de música de la Sra. Singh. ¿Cuántos estudiantes escogieron la guitarra como su instrumento favorito?

¿Qué sabes? _____

_____

¿Qué debes hallar? _____

_____

Manos a la obra: Actividad 1

Se puede usar un diagrama de barra para representar una parte de un entero como una fracción y como un porcentaje.

Paso 1 El diagrama de barra representa el 100% de la clase.

Sombrea el diagrama de barra para mostrar que $\frac{1}{4}$, o el

☐ %, de la clase escogió la guitarra.

				100%

├──── ☐ % ────┤

Paso 2 Hay ☐ estudiantes en la clase de música de la Sra. Singh. Divide el número de estudiantes en 4 secciones iguales. Escribe el número en cada sección.

├────────────── 24 estudiantes ──────────────┤

				100%

├─── ☐ % ───┤

Por lo tanto, ☐ estudiantes escogieron la guitarra como su instrumento favorito.

Manos a la obra: Actividad 2

Hay 500 estudiantes de séptimo grado en la escuela media Heritage. El sesenta por ciento toca un instrumento musical. ¿Cuántos estudiantes de séptimo grado tocan un instrumento musical?

Paso 1 Completa la segunda barra con la información que falta.

Porcentaje [   ] 100%

Estudiantes [   ] [   ] estudiantes en total

Paso 2 Divide cada barra en diez secciones iguales. Escribe 10% en cada sección de la primera barra.

Porcentaje | **10%** | | 100%

Estudiantes | [   ] | | [   ] estudiantes en total

Paso 3 Determina qué número debe escribirse en cada sección de la segunda barra. Escribe ese número.

Porcentaje | **10%** | | 100%

Estudiantes [   ] | | [   ] estudiantes en total

Paso 4 Sombrea el 60% de la primera barra y una cantidad igual de la segunda barra.

Porcentaje | **10%** | | 100%

Estudiantes [   ] | | [   ] estudiantes en total

Como el [   ] % corresponde a 6 secciones, cuenta el número de estudiantes que hay en 6 secciones.

Hay [   ] estudiantes de séptimo grado que tocan un instrumento musical.

Investigar

Colabora

Trabaja con un compañero o una compañera. Usa diagramas de barra para resolver los problemas.

1. La clase de séptimo grado de la escuela media Fort Couch tiene la meta de vender 300 boletos para el partido anual de basquetbol de estudiantes contra maestros. La meta de la clase de octavo grado es vender 400 boletos.

   a. A fines de la primera semana, los estudiantes de octavo grado vendieron el 30% de su meta. ¿Cuántos boletos vendieron los

   estudiantes de octavo grado? _____

Porcentaje		100%

Boletos		

   b. Los estudiantes de séptimo grado vendieron el 60% de su meta.

   ¿Cuántos boletos deben vender todavía? Explica tu respuesta.

   _____

   _____

_____		100%

_____		

2. **PM Justificar las conclusiones** La gráfica muestra los resultados de una encuesta en la que se preguntaba a 500 adolescentes sobre el dinero que reciben. ¿Cuántos adolescentes *no* recibieron entre $10 y $20? Explica tu respuesta.

   _____

   _____

Dinero semanal

10% más que $20

15% menos que $10

75% $10–$20

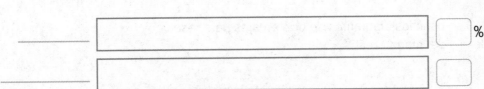

_____		%

_____		

Analizar y pensar

Trabaja con un compañero para completar el organizador gráfico sobre porcentajes y diagramas de barra. La primera fila está hecha y te servirá de ejemplo.

	Porcentaje	Tasa por 100	Entero	Parte
	30%	$\frac{30}{100}$	150	45
3.	40%	$\frac{40}{100}$	150	
4.	50%	$\frac{50}{100}$	150	

5. Describe el patrón de la tabla. Usa el patrón para hallar el 80% de 150.

_____

Por tu cuenta

Crear

PM Representar con matemáticas Escribe un problema del mundo real para los diagramas de barra que se muestran. Luego, resuelve el problema.

6.

10%	10%	10%	10%	10%	10%	10%	10%	10%	10%	100%

25	25	25	25	25	25	25	25	25	25	250

_____

_____

7.

25%	25%	25%	25%	100%

15	15	15	15	60

_____

_____

8. **indagación** ¿CÓMO se usan los diagramas de porcentajes para resolver problemas del mundo real?

_____

_____

_____

Porcentaje de un número

Conexión con el mundo real

Pregunta esencial

¿CÓMO te ayudan los porcentajes a comprender situaciones en las que se usa dinero?

 Common Core State Standards

Content Standards
7.RP.3, 7.EE.3

 Prácticas matemáticas
1, 3, 4

Mascotas Algunos estudiantes juntaron dinero para un refugio de animales local. El modelo muestra que juntaron el 60% de su meta de $2,000, o $1,200.

	Porcentaje	Decimal	Fracción
$2,000	100% ⇨	1 ⇨	$\frac{5}{5}$, o 1
$1,600	80% ⇨	⇨	
$1,200	60% ⇨	⇨	
$800	40% ⇨	⇨	
$400	20% ⇨	⇨	$\frac{1}{5}$
$0	0% ⇨	0 ⇨	0

1. Escribe el decimal y la fracción equivalentes para cada uno de los porcentajes que se muestran en el modelo.

2. Usa el modelo para escribir dos oraciones de multiplicación que sean equivalentes al 60% de 2,000 = 1,200.

_____

_____

¿Qué Prácticas matemáticas PM usaste?
Sombrea lo que corresponda.

① Perseverar con los problemas   ⑤ Usar las herramientas matemáticas

② Razonar de manera abstracta   ⑥ Prestar atención a la precisión

③ Construir un argumento   ⑦ Usar una estructura

④ Representar con matemáticas   ⑧ Usar el razonamiento repetido

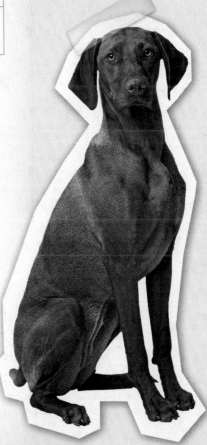

Hallar el porcentaje de un número

Para hallar el porcentaje de un número, como el 60% de 2,000, puedes usar cualquiera de estos métodos.

- Escribe el porcentaje como una fracción y, luego, multiplica.
- Escribe el porcentaje como un decimal y, luego, multiplica.

El porcentaje como una tasa

Halla un porcentaje de una cantidad como una tasa por 100. Por ejemplo, el 5% de una cantidad significa $\frac{5}{100}$ veces la cantidad.

Ejemplos

Tutor

1. **Halla el 5% de 300 escribiendo el porcentaje como una fracción.**

Escribe 5% como $\frac{5}{100}$, o $\frac{1}{20}$. Luego, halla $\frac{1}{20}$ de 300.

$\frac{1}{20}$ de $300 = \frac{1}{20} \times 300$ Escribe una expresión de multiplicación.

$= \frac{1}{\cancel{20}} \times \frac{\overset{15}{\cancel{300}}}{1}$ Escribe 300 como $\frac{300}{1}$. Divide entre factores comunes.

$= \frac{1 \times 15}{1 \times 1}$ Multiplica los numeradores y los denominadores.

$= \frac{15}{1}$, o 15   Simplifica.

Por lo tanto, el 5% de 300 es 15.

- -

2. **Halla el 25% de 180 escribiendo el porcentaje como un decimal.**

Escribe 25% como 0.25. Luego, multiplica 0.25 y 180.

$$
\begin{array}{r}
180 \\
\times\ 0.25 \quad \leftarrow \text{Dos lugares decimales} \\
\hline
900 \\
+\ 360 \\
\hline
45.00 \quad \leftarrow \text{Dos lugares decimales}
\end{array}
$$

Por lo tanto, el 25% de 180 es 45.

¿Entendiste? **Resuelve estos problemas para comprobarlo.**

Halla el porcentaje de los números.

a. 40% de 70   **b.** 15% de 100

c. 55% de 160   **d.** 75% de 280

Muestra tu trabajo.

a. _____

b. _____

c. _____

d. _____

Usar porcentajes mayores que 100%

Los porcentajes que son mayores que 100% pueden escribirse como fracciones impropias, números mixtos o decimales mayores que 1.

$$150\% = \frac{150}{100} = \frac{3}{2} = 1\frac{1}{2} = 1.5$$

Ejemplos

Tutor

3. **Halla el 120% de 75 escribiendo el porcentaje como una fracción.**

Escribe 120% como $\frac{120}{100}$, o $\frac{6}{5}$. Luego, halla $\frac{6}{5}$ de 75.

$$\frac{6}{5} \text{ de } 75 = \frac{6}{5} \times 75 \qquad \text{Escribe una expresión de multiplicación.}$$

$$= \frac{6}{\underset{1}{\cancel{5}}} \times \frac{\overset{15}{\cancel{75}}}{1} \qquad \text{Escribe 75 como } \frac{75}{1}. \text{ Divide entre el factor común.}$$

$$= \frac{6 \times 15}{1 \times 1} \qquad \text{Multiplica los numeradores y los denominadores.}$$

$$= \frac{90}{1}, \text{ o } 90 \qquad \text{Simplifica.}$$

Por lo tanto, el 120% de 75 es 90.

Método alternativo
Puedes resolver el Ejemplo 3 usando un decimal y puedes resolver el Ejemplo 4 usando una fracción.

· ·

4. **Halla el 150% de 28 escribiendo el porcentaje como un decimal.**

Escribe 150% como 1.5. Luego, halla 1.5 de 28.

$$
\begin{array}{r}
28 \\
\times\ 1.5 \quad \leftarrow \text{Un lugar decimal} \\
\hline
140 \\
+\ 28 \\
\hline
42.0 \quad \leftarrow \text{Un lugar decimal}
\end{array}
$$

Por lo tanto, el 150% de 28 es 42.

¿Entendiste? **Resuelve estos problemas para comprobarlo.**

Halla los números.

e. 150% de 20

f. 160% de 35

Muestra tu trabajo.

e. _____

f. _____

Ejemplo

5. Consulta la gráfica. Si 275 estudiantes fueron encuestados, ¿cuántos pueden tener 3 televisores cada uno en su casa?

Escribe el porcentaje como un decimal. Luego, multiplica.

$$23\% \text{ de } 275 = 23\% \times 275$$
$$= 0.23 \times 275$$
$$= 63.25$$

Por lo tanto, aproximadamente 63 estudiantes pueden tener 3 televisores cada uno.

Resultados de la encuesta: Cantidad de televisores en casa

0	2%
1	9%
2	17%
3	23%
4	20%
Más de 4	25%

= 5%

Comisión

Consulta el Ejercicio g. En las tiendas, es común que los empleados ganen comisiones por los productos que venden.

Muestra tu trabajo.

¿Entendiste? Resuelve este problema para comprobarlo.

g. _____

g. El Sr. Sudimack ganó una comisión del 4% sobre la venta de un *jacuzzi* que costó $3,755. ¿Cuánto dinero ganó?

Práctica guiada

Halla los números. Si es necesario, redondea a la décima más cercana. (Ejemplos 1 a 4)

1. 8% de 50 = _____

2. 95% de 40 = _____

3. 110% de 70 = _____

Muestra tu trabajo.

4. Mackenzie quiere comprar una mochila que cuesta $50. Si el impuesto sobre la venta es el 6.5%, ¿cuánto dinero de impuesto debe pagar Mackenzie? (Ejemplo 5)

_____

5. Ⓔ **Desarrollar la pregunta esencial** Da un ejemplo de una situación del mundo real en la que halles el porcentaje de un número. _____

_____

_____

¡Califícate!

¿Estás listo para seguir? Sombrea lo que corresponda.

- Tengo algunas dudas.
- Estoy listo para seguir.
- Tengo muchas dudas.

Para obtener más ayuda, conéctate y accede a un tutor personal. Tutor

Práctica independiente

Conéctate para obtener las soluciones de varios pasos.

Ayuda
en línea

Halla los números. Si es necesario, redondea a la décima más cercana. (Ejemplos 1 a 4)

1. 65% de 186 = _____

2. 45% de $432 = _____

3. 23% de $640 = _____

Muestra tu trabajo.

4. 130% de 20 = _____

5 175% de 10 = _____

6. 150% de 128 = _____

7. 32% de 4 = _____

8. 5.4% de 65 = _____

9. 23.5% de 128 = _____

10. Imagina que hay 20 preguntas en una prueba de opción múltiple. Si el 25% de las respuestas es la opción B, ¿cuántas respuestas *no* son la opción B?

(Ejemplo 5) _____

11. PM **Representar con matemáticas** Consulta la historieta. Halla la cantidad de dólares de descuento grupal que recibirá cada estudiante en cada parque.

_____

12. Además de su sueldo, la Srta. López gana un 3% de *comisión*, o una tarifa basada en un porcentaje de las ventas, por cada paquete de vacaciones que vende. Un día, la Srta. López vendió los tres paquetes de vacaciones que se muestran. Completa la tabla con la comisión de cada paquete. ¿Cuánto fue la comisión total?

Paquete	Precio de venta	Comisión
#1	$2,375	
#2	$3,950	
#3	$1,725	

Copia y resuelve En los Ejercicios 13 a 21, halla los números. Redondea a la centésima más cercana. Muestra tu trabajo en una hoja aparte.

13. $\frac{4}{5}$% de 500

14. $5\frac{1}{2}$% de 60

15. $20\frac{1}{4}$% de 3

16. 1,000% de 99

17. 520% de 100

18. 0.15% de 250

19. 200% de 79

20. 0.3% de 80

21. 0.28% de 50

Problemas S.O.S. Soluciones de orden superior

22. **PM** **Perseverar con los problemas** Imagina que sumas el 10% de un número a ese número y, luego, restas el 10% al total. ¿El resultado es *mayor que*, *menor que* o *igual al* número original? Explica tu razonamiento.

_____

_____

23. **PM** **Razonar de manera inductiva** ¿Cuándo es más fácil hallar el porcentaje de un número usando una fracción? ¿Y usando un decimal? _____

_____

_____

24. **PM** **Razonar de manera inductiva** Si hallas el porcentaje de un número y el producto es mayor que el número, ¿qué sabes sobre el

porcentaje? _____

_____

_____

Más práctica

Halla los números. Si es necesario, redondea a la décima más cercana.

25. 54% de 85 = _45.9_

Ayuda para la tarea

$0.54 \times 85 = 45.9$

26. 12% de \$230 = _\$27.60_

$$\frac{\overset{3}{\cancel{12}}}{\underset{25}{\cancel{100}}} \times 230 = \frac{3}{\cancel{25}} \times \overset{46}{\cancel{230}}$$

$$= \frac{3}{5} \times 46$$

$$= \frac{138}{5}, \text{ o } 27.6$$

27. 98% de 15 = _____

28. 250% de 25 = _____

29. 108% de \$50 = _____

30. 75.2% de 130 = _____

31. 0.5% de 60 = _____

32. 2.4% de 20 = _____

33. 7.5% de 30 = _____

34. En un año reciente, en el 17.7% de los hogares la gente miró el final de un popular programa de televisión. Hay 110.2 millones de hogares en Estados Unidos. ¿Cuántos hogares miraron el final del programa?

_____

35. Una familia paga \$19 mensuales por el acceso a Internet. El mes próximo, el costo aumentará 5% debido a una tarifa sobre el equipo. Después de ese aumento, ¿cuál será el costo del acceso a Internet?

_____

36. (PM) **Perseverar con los problemas** 250 personas respondieron una encuesta sobre su fruta favorita.

a. De los encuestados, ¿cuántas personas prefieren los duraznos?

_____

Fruta favorita	
Bayas	44%
Duraznos	32%
Cerezas	24%

b. ¿Qué tipo de fruta fue escogida por más de 100 personas?

_____

37. La tabla muestra el resultado de una encuesta a 200 personas que alquilan películas. ¿Cuántas personas prefieren las películas de terror?

Tipo de película favorita	Porcentaje de personas
Comedia	15
Misterio	10
Terror	46
Ciencia ficción	29

38. La gráfica muestra el presupuesto de la familia Ramírez. El presupuesto se basa en un ingreso mensual de $4,000.

Determina si los enunciados son verdaderos o falsos.

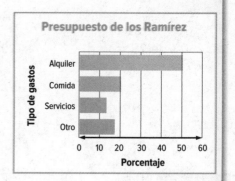

Presupuesto de los Ramírez

a. La familia presupuestó $1,500 para el alquiler. ☐ Verdadero ☐ Falso

b. La familia presupuestó $800 para la comida. ☐ Verdadero ☐ Falso

c. La familia presupuestó $200 más para pagar servicios que para otros gastos. ☐ Verdadero ☐ Falso

d. La familia presupuestó $1,200 más para el alquiler que para la comida. ☐ Verdadero ☐ Falso

Estándares comunes: Repaso en espiral

Multiplica. 6.NS.3

39. $1.7 \times 54 =$ _____

40. $1.5 \times 3.65 =$ _____

41. $49.6 \times 2.7 =$ _____

42. Trent estuvo 50 minutos en la casa del vecino. Nadó $\frac{2}{5}$ del tiempo. ¿Cuántos minutos nadó Trent? 5.NF.4 _____

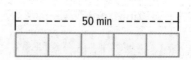

Porcentaje y estimación

Conexión con el mundo real

Pregunta esencial

¿CÓMO te ayudan los porcentajes a comprender situaciones en las que se usa dinero?

Música Imagina que 200 personas responden una encuesta sobre cómo aprendieron a tocar un instrumento musical. La siguiente tabla muestra los resultados.

Tipo de enseñanza	Porcentaje real	Porcentaje estimado	Fracción
Clases particulares	42%	40%	$\frac{2}{5}$
Clases en la escuela	32%		
Por cuenta propia	26%		

1. Estima los porcentajes. Escoge una estimación que se pueda representar con una fracción que se pueda usar fácilmente. Luego, escribe cada porcentaje estimado como una fracción en su mínima expresión.

2. ¿Aproximadamente cuántas personas tomaron clases en la escuela?

_____

3. Sarah estima que el porcentaje de personas que aprendieron a tocar un instrumento por su cuenta es 25%; por lo tanto, halla $\frac{1}{4}$ de 200. ¿Su respuesta será menor o mayor que la cantidad real de personas que aprendieron por su cuenta? Explica tu respuesta.

_____

_____

_____

¿Qué **Prácticas matemáticas** PM usaste?
Sombrea lo que corresponda.

① Perseverar con los problemas

② Razonar de manera abstracta

③ Construir un argumento

④ Representar con matemáticas

⑤ Usar las herramientas matemáticas

⑥ Prestar atención a la precisión

⑦ Usar una estructura

⑧ Usar el razonamiento repetido

Estimar el porcentaje de un número

A veces, no se necesita una respuesta exacta cuando se usan porcentajes. Una manera de estimar el porcentaje de un número es usar una fracción. Otro método para estimar el porcentaje de un número es, primero, hallar el 10% del número y, luego, multiplicar.

$$70\% = 7 \cdot 10\%$$

Por lo tanto, 70% es igual a 7 multiplicado por el 10% de un número.

Ejemplos

1. **Juani pagó el 62% de los $500 que debe de su préstamo. Estima el 62% de 500.**

$$62\% \text{ de } 500 \approx 60\% \text{ de } 500 \qquad 62\% \approx 60\%$$
$$\approx \frac{3}{5} \cdot 500 \qquad\qquad 60\% = \frac{6}{10}, \text{ o } \frac{3}{5}$$
$$\approx 300 \qquad\qquad\qquad \text{Multiplica.}$$

Por lo tanto, el 62% de 500 es aproximadamente 300.

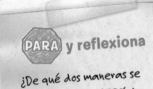

PARA y reflexiona

¿De qué dos maneras se puede estimar el 22% de 130? Explica tu respuesta.

2. **Marita y cuatro amigas pidieron una pizza que costó $14.72. Marita debe pagar el 20% de la cuenta. ¿Aproximadamente cuánto dinero debe pagar?**

Paso 1   Halla el 10% de $15.00.

$$10\% \text{ de } \$15.00 = 0.1 \cdot \$15.00$$
$$= \$1.50$$

Para multiplicar por el 10%, mueve el punto decimal un lugar hacia la izquierda.

Paso 2   Multiplica.

El 20% de $15.00 es 2 multiplicado por el 10% de $15.00.

$$2 \cdot \$1.50 = \$3.00$$

Por lo tanto, Marita debe pagar aproximadamente $3.00.

Muestra tu trabajo.

¿Entendiste? **Resuelve estos problemas para comprobarlo.**

a. Estima el 42% de 120.

b. Dante planea depositar el 80% del sueldo semanal en su cuenta de ahorros y gastar el otro 20%. Esta semana, el sueldo de Dante fue $295. ¿Aproximadamente cuánto dinero depositará en la cuenta de ahorros?

a. _____

b. _____

Porcentajes mayores que 100 o menores que 1

Comprobar que sea razonable

Cuando el porcentaje es mayor que 100, la estimación siempre será mayor que el número.

También puedes estimar porcentajes de números cuando el porcentaje es mayor que 100 o menor que 1.

Ejemplo

Tutor

3. **Estima el 122% de 50.**

El 122% es aproximadamente el 120%.

120% de $50 = 100\%$ de $50 + 20\%$ de 50 $120\% = 100\% + 20\%$

$$= (1 \cdot 50) + \left(\frac{1}{5} \cdot 50\right)$$ $100\% = 1$ y $20\% = \frac{1}{5}$

$$= 50 + 10, \text{ o } 60$$ Simplifica.

Por lo tanto, el 122% de 50 es aproximadamente 60.

¿Entendiste? **Resuelve estos problemas para comprobarlo.**

c. 174% de 200   **d.** 298% de 45   **e.** 347% de 80

Muestra tu trabajo.

c. _____

d. _____

e. _____

Ejemplo

Tutor

4. **Hay 789 estudiantes de séptimo grado en la escuela media Washington. Aproximadamente $\frac{1}{4}\%$ de los estudiantes de séptimo grado viajaron al exterior. ¿Cuál es la cantidad aproximada de estudiantes de séptimo grado que viajaron al exterior? Explica tu respuesta.**

$\frac{1}{4}\%$ es un cuarto del 1%. 789 es aproximadamente 800.

1% de $800 = 0.01 \cdot 800$ Escribe 1% como 0.01.

$$= 8$$ Para multiplicar por 1%, mueve el punto decimal dos lugares hacia la izquierda.

Un cuarto de 8 es 8 es $\frac{1}{4} \cdot 8$, o 2.

Por lo tanto, aproximadamente 2 estudiantes de séptimo grado han viajado al exterior.

¿Entendiste? **Resuelve este problema para comprobarlo.**

f. Un condado recibe el $\frac{3}{4}\%$ de un impuesto sobre las ventas estatal. ¿Aproximadamente cuánto dinero recibirá el condado por el impuesto sobre las ventas de una computadora que cuesta $1,020?

f. _____

Ejemplo

Tutor

5. El año pasado, 639 estudiantes asistieron a un campamento de verano. De los estudiantes que asistieron este año, el 0.5% también estuvo en el campamento el año pasado. ¿Aproximadamente cuántos estudiantes asistieron al campamento de verano dos años seguidos?

El 0.5% es la mitad del 1%.

El 1% de 639 = 0.01 · 639

≈ 6

Por lo tanto, el 0.5% de 639 estudiantes es aproximadamente $\frac{1}{2}$ de 6, o 3.

Aproximadamente 3 estudiantes asistieron al campamento de verano 2 años seguidos.

Práctica guiada

Comprueba

Estima. (Ejemplos 1 a 4)

1. 52% de 10 ≈ _____

2. 79% de 489 ≈ _____

3. 151% de 70 ≈ _____

4. $\frac{1}{2}$% de 82 ≈ _____

5. De los 78 adolescentes de un campamento, el 63% cumple años en primavera. ¿Aproximadamente cuántos adolescentes cumplen años en primavera? (Ejemplo 2)

_____

6. Aproximadamente el 0.8% de la tierra de Maine es propiedad del Estado. Si Maine tiene 19,847,680 acres, ¿aproximadamente cuántos acres son propiedad del Estado? (Ejemplo 5) _____

_____

_____

7. **Desarrollar la pregunta esencial** ¿Cómo puedes estimar el porcentaje de un número? _____

_____

_____

¡Califícate!

¿Entendiste cómo estimar porcentajes? Sombrea el círculo en el blanco.

Di en el blanco.

Necesito ayuda.

Para obtener más ayuda, conéctate y accede a un tutor personal.

Tutor

Práctica independiente

Conéctate para obtener las soluciones de varios pasos.

Estima. (Ejemplos 1 a 4)

1. 47% de 70 ≈ _____

Muestra tu trabajo.

2. 39% de 120 ≈ _____

3 21% de 90 ≈ _____

4. 65% de 152 ≈ _____

5. 72% de 238 ≈ _____

6. 132% de 54 ≈ _____

7. 224% de 320 ≈ _____

8. $\frac{3}{4}$% de 168 ≈ _____

9. 0.4% de 510 ≈ _____

10. Conocimiento sobre finanzas Carlie gastó $42 en la peluquería. Su madre le prestó el dinero. Carlie le pagará a su madre el 15% de $42 cada semana hasta que termine de pagar el préstamo. ¿Aproximadamente cuánto dinero pagará Carlie cada semana? (Ejemplo 2)

_____

11 Estados Unidos tiene 12,383 millas de costa. Si el 0.8% de la costa está ubicada en Georgia, ¿aproximadamente cuántas millas de costa hay en Georgia? (Ejemplo 5)

_____

_____

12. PM Perseverar con los problemas Usa la gráfica.

a. ¿Aproximadamente cuántas horas más duerme Avery que las horas que usa para hacer las actividades de la categoría "Otras"? Justifica tu respuesta.

_____

b. ¿Cuál es la cantidad aproximada de minutos que usa Avery diariamente para las actividades extracurriculares?

_____

Día de Avery

Actividades extracurriculares 8%

Dormir 33%

Otras 19%

Escuela 27%

Tarea 13%

Estima.

13. 67% de 8.7 ≈ _____

14. 54% de 76.8 ≈ _____

15. 10.5% de 238 ≈ _____

16. El rinoceronte blanco tiene una única cría que pesa aproximadamente el 3.8% del peso de su madre. Si la mamá rinoceronte pesa 3.75 toneladas,

¿aproximadamente cuántas libras pesa la cría? _____

_____

17. Los estudiantes de la escuela secundaria Monroe auspiciaron una colecta de alimentos enlatados. La clase de séptimo grado juntó el 129% de la cantidad planeada de alimentos enlatados.

  a. ¿Aproximadamente cuántas latas de alimento juntaron los estudiantes

  de séptimo grado si la meta era reunir 200 latas? _____

  b. ¿Aproximadamente cuántas latas de alimento juntaron los estudiantes

  de séptimo grado si la meta era reunir 595 latas? _____

Problemas S.O.S. Soluciones de orden superior

18. ⓟ **Perseverar con los problemas** Explica cómo puedes hallar el $\frac{3}{8}$% de $800.

_____

_____

19. ⓟ **Usar las herramientas de matemáticas** ¿La estimación del porcentaje de un número es mayor que el porcentaje real del número *siempre*, a *veces* o *nunca*? Da un ejemplo o un contraejemplo para justificar tu respuesta.

_____

_____

20. ⓟ **Representar con matemáticas** Escribe un problema del mundo real de varios pasos en el que la respuesta se halle estimando el 18% de 30. Luego, explica cómo puedes resolver el problema.

_____

_____

_____

_____

Más práctica

Estima.

21. 76% de 180 ≈ $\overset{135}{\underline{}}$

$\frac{3}{4} \cdot 180 = 1350$

$0.1 \cdot 180 = 18$

$7.5 \cdot 18 = 135$

Ayuda para la tarea ➡

22. 57% de 29 ≈ $\overset{18}{\underline{}}$

$\frac{3}{5} \cdot 30 = 180$

$0.1 \cdot 30 = 3$

$6 \cdot 3 = 18$

23. 92% de 104 ≈ _____

24. $\frac{1}{2}$% de 412 ≈ _____

25. 0.9% de 74 ≈ _____

26. 32% de 89.9 ≈ _____

27. Para fruncir el ceño se usan 43 músculos. Para sonreír, se usa el 32% de esos mismos músculos. ¿Aproximadamente cuántos músculos se usan para sonreír?

_____

28. **PM** **Justificar las conclusiones** La costa atlántica mide 2,069 de largo. Aproximadamente $\frac{6}{10}$% de la costa está en New Hampshire. ¿Aproximadamente cuántas millas de costa hay en New Hampshire? Explica cómo lo estimaste.

_____

_____

29. La tabla muestra la cantidad de intentos de pases y el porcentaje de pases exitosos de los mejores mariscales de campo de la Liga Nacional de Fútbol Americano en una temporada reciente.

a. Estima la cantidad de pases exitosos de Tom Brady.

_____

b. ¿Tu estimación es mayor o menor que la cantidad real de

pases exitosos de Brady? Explica tu respuesta. _____

_____

c. Sin calcular, determina si Tony Romo o David Garrard tuvieron más pases exitosos. Justifica tu razonamiento.

_____

_____

Mariscales de la LNFA		
Jugador	Intentos de pases	Porcentaje pases exitosos
T. Brady	578	69
P. Manning	515	65
T. Romo	520	64
D. Garrard	325	64

30. La tabla muestra las metas de recaudación de fondos para tres actividades y el porcentaje de la meta que efectivamente se reunió.

Estima la cantidad reunida con cada actividad. Ordena las estimaciones de menor a mayor.

Actividad	Meta	Porcentaje de la meta reunido
Lavado de carros	$250	112%
Rifa	$200	143%
Venta de revistas	$240	102%

	Actividad	Estimación
Menor		
Mayor		

31. La gráfica muestra los resultados de una encuesta realizada a 510 estudiantes. Determina si las siguientes son buenas estimaciones. Sombrea Sí o No.

Mascotas preferidas

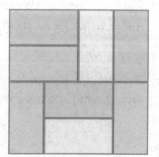

Perro 38%
Pez 20%
Gato 24%
Pájaro 8%
Otra 5%
Ninguna 5%

a. Aproximadamente 125 estudiantes prefieren los gatos.   Sí ☐   No

b. Aproximadamente 200 estudiantes prefieren los perros.   Sí ☐   No

c. Aproximadamente 150 estudiantes prefieren los peces.   ☐ Sí   No

CCSS **Estándares comunes: Repaso en espiral**

Resuelve las ecuaciones. Muestra tu trabajo. 6.EE.7

32. $5n = 120$

33. $1{,}200 = 4a$

34. $6x = 39$

35. Marquita creó el diseño de la derecha. Lo creó a partir de 8 rectángulos del mismo tamaño. Escribe una fracción en su mínima expresión que represente la parte amarilla del diseño. 5.NF.1

36. Escribe tres fracciones equivalentes a $\frac{3}{5}$. 5.NF.1

Laboratorio de indagación

Hallar porcentajes

 ¿CÓMO se usan los porcentajes para resolver problemas del mundo real?

 **Content Standards**
7.RP.3, 7.EE.3

PM Prácticas matemáticas
1, 3, 4

La clase de octavo grado tiene para vender 300 boletos para la obra de teatro de la escuela, y la clase de séptimo grado, 250 boletos. Una hora antes de la función, la clase de octavo grado había vendido 225 boletos, y la clase de séptimo grado, 200 boletos. Completa la investigación para hallar qué grado vendió el mayor porcentaje de boletos.

Manos a la obra

Paso 1 El diagrama de barra muestra el 100% para cada grado. Rotula la cantidad total de boletos que se venderán encima de cada barra. Divide cada una en 10 secciones iguales para que cada una represente el 10%.

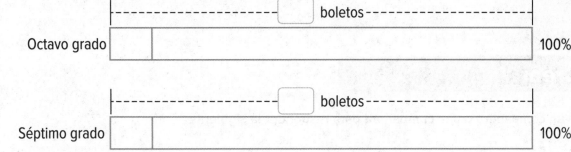

Octavo grado ⬚ boletos   100%

Séptimo grado ⬚ boletos   100%

Paso 2 Halla el número que corresponde a cada sección en ambas barras. Luego, escribe ese número en las secciones.

Octavo grado:

$300 \div 10 =$ ⬚

Séptimo grado:

$250 \div 10 =$ ⬚

Paso 3 Halla la cantidad de secciones que sombrearás en cada barra. Luego, sombrea las secciones.

Octavo grado:

$225 \div 30 =$ ⬚

Séptimo grado:

$200 \div 25 =$ ⬚

La clase de octavo grado vendió el ⬚ % de sus boletos. La clase de séptimo grado vendió el ⬚ % de sus boletos.

La clase de _____ grado vendió el mayor porcentaje de sus boletos.

Investigar

Trabaja con un compañero o una compañera. Muestra tu trabajo con diagramas de barra.

1. 🅿️ **Representar con matemáticas** La escuela media Vanlue tiene 600 estudiantes, y la escuela media Memorial tiene 450 estudiantes. En Vanlue hay 270 niñas y en Memorial hay 225 niñas. ¿Qué escuela tiene el mayor porcentaje de niñas? Explica tu respuesta. _____

_____

_____

_____

```
          |----------------[    ] estudiantes----------------|
Vanlue    [                                              ] 100%

          |----------------[    ] estudiantes---------------|
Memorial  [                                             ] 100%
```

Crear

Trabaja con un compañero o una compañera para responder la siguiente pregunta.

2. 🅿️ **Representar con matemáticas** Setenta y cinco estudiantes estaban en el público de una función de cine en 3D. Cincuenta estudiantes estaban en el público de una función de cine en 2D de la misma película. Describe una situación en la que el porcentaje de estudiantes que fue a la función de 2D sea mayor que el porcentaje de estudiantes que fue a la función de 3D. _____

_____

_____

_____

3. **Indagación** ¿Cómo se usan los porcentajes para resolver problemas del mundo real?

_____

_____

_____

Proporción porcentual

Conexión con el mundo real

Camiones gigantes Las llantas de un camión gigante pesan aproximadamente 2 toneladas. El camión entero pesa aproximadamente 6 toneladas.

1. Escribe en forma de fracción la razón del peso de la llanta al peso total.

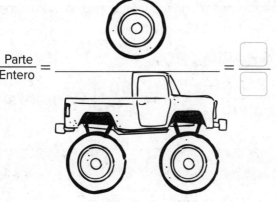

$$\frac{\text{Parte}}{\text{Entero}} = \underline{\hspace{4cm}} = \frac{\boxed{}}{\boxed{}}$$

2. Sombrea el diagrama para representar la fracción de arriba.

3. Escribe la fracción como un decimal redondeado a la centésima más cercana.

_____

4. ¿Aproximadamente qué porcentaje del peso del camión gigante representan las llantas?

_____

Pregunta esencial

¿CÓMO te ayudan los porcentajes a comprender situaciones en las que se usa dinero?

Vocabulario

proporción porcentual

Common Core State Standards

Content Standards
7.RP.3

PM Prácticas matemáticas
1, 3, 4

¿Qué **Prácticas matemáticas** PM usaste?
Sombrea lo que corresponda.

① Perseverar con los problemas
② Razonar de manera abstracta
③ Construir un argumento
④ Representar con matemáticas

⑤ Usar las herramientas matemáticas
⑥ Prestar atención a la precisión
⑦ Usar una estructura
⑧ Usar el razonamiento repetido

Usar la proporción porcentual

Tipo	Ejemplo	Proporción
Hallar el porcentaje	¿Qué porcentaje de 5 es 4?	$\frac{4}{5} = \frac{n}{100}$
Hallar la parte	¿Qué número es el 80% de 5?	$\frac{p}{5} = \frac{80}{100}$
Hallar el entero	¿4 es el 80% de qué número?	$\frac{4}{e} = \frac{80}{100}$

Área de trabajo

En una **proporción porcentual**, una razón o fracción compara parte de una cantidad con la cantidad entera. La otra razón es el porcentaje equivalente escrito como una fracción con un denominador 100.

$$4 \text{ de } 5 \text{ es } 80\%$$

$$\frac{\text{Parte}}{\text{Entero}} \cdots\!\!\longrightarrow \quad \frac{4}{5} = \frac{80}{100} \Bigg\} \text{ Porcentaje}$$

Ejemplo

1. ¿Qué porcentaje de $15 es $9?

Dato	¿Qué porcentaje de $15 es $9?
Variable	La letra n representa el porcentaje.
Proporción	$\frac{\text{Parte}}{\text{Entero}} \longrightarrow \dfrac{9}{15} = \dfrac{n}{100} \Big\}$ Porcentaje

$\dfrac{9}{15} = \dfrac{n}{100}$ Escribe la proporción.

$9 \cdot 100 = 15 \cdot n$ Halla los productos cruzados.

$900 = 15n$ Simplifica.

$\dfrac{900}{15} = \dfrac{15n}{15}$ Divide cada lado entre 15.

$60 = n$

Por lo tanto, $9 es el 60% de $15.

La proporción porcentual

La palabra "de" suele estar seguida por el entero.

Muestra tu trabajo.

a. _____

b. _____

¿Entendiste? **Resuelve estos problemas para comprobarlo.**

    a. ¿Qué porcentaje de 25 es 20?   **b.** ¿Qué porcentaje de $50 es $12.75?

Ejemplo

2. **¿Qué número es el 40% de 120?**

Dato	¿Qué número es el 40% de 120?
Variable	La letra p representa la parte.
Proporción	$\dfrac{\text{Parte}}{\text{Entero}} \longrightarrow \dfrac{p}{120} = \dfrac{40}{100}$ } Porcentaje

$\dfrac{p}{120} = \dfrac{40}{100}$ Escribe la proporción.

$p \cdot 100 = 120 \cdot 40$ Halla los productos cruzados.

$100p = 4{,}800$ Simplifica.

$\dfrac{100p}{100} = \dfrac{4{,}800}{100}$ Divide cada lado entre 100.

$p = 48$ Por lo tanto, 48 es el 40% de 120.

¿Entendiste? **Resuelve estos problemas para comprobarlo.**

c. ¿Qué número es el 5% de 60?   **d.** ¿Qué número es el 12% de 85?

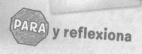

c. _____

d. _____

Ejemplo

3. **¿18 es el 25% de qué número?**

Dato	¿18 es el 25% de qué número?
Variable	La letra e representa el entero.
Proporción	$\dfrac{\text{Parte}}{\text{Entero}} \longrightarrow \dfrac{18}{e} = \dfrac{25}{100}$ } Porcentaje

$\dfrac{18}{e} = \dfrac{25}{100}$ Escribe la proporción.

$18 \cdot 100 = e \cdot 25$ Halla los productos cruzados.

$1{,}800 = 25e$ Simplifica.

$\dfrac{1{,}800}{25} = \dfrac{25e}{25}$ Divide cada lado entre 25.

$72 = e$ Por lo tanto, 18 es el 25% de 72.

¿Entendiste? **Resuelve estos problemas para comprobarlo.**

e. ¿26 es el 40% de qué número?   **f.** ¿84 es el 75% de qué número?

e. _____

f. _____

PARA **y reflexiona**

En la proporción $\dfrac{3}{20} = \dfrac{15}{100}$, identifica la parte, el entero y el porcentaje.

Parte = _____

Entero = _____

Porcentaje = _____

Muestra tu trabajo.

Ejemplo

4. Un gorila adulto come aproximadamente 33.5 libras de fruta por día. ¿Cuánto alimento come por día el gorila adulto?

Sabes que 33.5 libras es la parte. Debes hallar el entero.

$$\frac{33.5}{e} = \frac{67}{100}$$ Escribe la proporción.

$$33.5 \cdot 100 = e \cdot 67$$ Halla los productos cruzados.

$$3{,}350 = 67e$$ Simplifica.

$$\frac{3{,}350}{67} = \frac{67e}{67}$$ Divide cada lado entre 67.

$$50 = e$$

El gorila adulto come 50 libras de alimento por día.

Dieta del gorila adulto	
Alimento	**Porcentaje**
Fruta	67%
Semillas, hojas, tallos y hollejos	17%
Insectos/larvas de insectos	16%

Práctica guiada

Halla los números. Si es necesario, redondea a la décima más cercana. (Ejemplos 1 a 3)

1. ¿Qué porcentaje de $90 es $9?

_____

2. ¿Qué número es el 2% de 35?

_____

3. ¿62 es el 90.5% de qué número?

4. La marca de cereal A contiene 10 tazas de cereal. ¿Cuántas tazas de cereal más tiene la marca de cereal B? (Ejemplo 4)

_____
_____

5. **Desarrollar la pregunta esencial** ¿Cómo puedes usar la proporción porcentual para resolver problemas del mundo real?

_____
_____
_____
_____

¡Califícate!

¿Entendiste cómo usar la proporción porcentual? Sombrea el círculo en el blanco.

Para obtener más ayuda, conéctate y accede a un tutor personal.

FOLDABLES ¡Es hora de que actualices tu modelo de papel!

Práctica independiente

Conéctate para obtener las soluciones de varios pasos.

Halla los números. Si es necesario, redondea a la décima más cercana. (Ejemplos 1 a 3)

1. ¿Qué porcentaje de 60 es 15? _____

2. ¿Qué número es el 15% de 60? _____

3 ¿9 es el 12% de qué número? _____

4. ¿Qué número es el 12% de 72? _____

5. ¿Qué porcentaje de 50 es 18? _____

6. ¿12 es el 90% de qué número? _____

7. Un par de tenis está en oferta. Ahora cuesta el 75% del precio original. ¿Cuál era el precio original de los tenis? (Ejemplo 4) _____

Oferta
$51

8. De los 60 libros que hay en un estante, 24 son de no ficción.

¿Qué porcentaje de libros son de no ficción? (Ejemplo 4) _____

Halla los números. Si es necesario, redondea a la centésima más cercana.

9. ¿40 es el 50% de qué número? _____

10. ¿24 es el 12.5% de qué número? _____

11 ¿Qué porcentaje de 300 es 0.6? _____

12. ¿Qué número es el 0.5% de 8? _____

Halla los números. Si es necesario, redondea a la centésima más cercana.

13. **STEM** Usa la tabla de la derecha. El radio de Mercurio es 2,440 kilómetros.

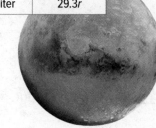

Planeta	Radio (km)
Mercurio	r
Marte	$r + 957$
Júpiter	$29.3r$

a. ¿Qué porcentaje del radio de Júpiter es el radio de Mercurio?

_____

b. Si el radio de Marte es aproximadamente el 13.7% del radio de Neptuno, ¿cuál es el radio de Neptuno?

_____

c. El radio de la Tierra es aproximadamente el 261.4% del radio de Mercurio. ¿Cuál es el radio de la Tierra?

_____

Problemas S.O.S. Soluciones de orden superior

14. **PM Razonar de manera inductiva** El setenta por ciento de 100 estudiantes presentes en la cafetería de una escuela media compró el almuerzo. Algunos de los estudiantes que llevaron su propio almuerzo se fueron de la cafetería para asistir a una asamblea. Ahora solo el 60% de los estudiantes que quedaron compraron su almuerzo. ¿Cuántos estudiantes quedaron en la cafetería? Explica tu respuesta. _____

_____

_____

15. **PM Perseverar con los problemas** Sin hacer el cálculo, ordena los siguientes porcentajes del mayor al menor valor. Justifica tu razonamiento.

20% de 100, 20% de 500, 5% de 100

_____

_____

_____

_____

16. **PM Representar con matemáticas** Escribe un problema del mundo real que incluya un porcentaje que pueda resolverse con la proporción $\frac{3}{b} = \frac{60}{100}$. Luego, resuelve la proporción.

_____

_____

_____

_____

Más práctica

Halla los números. Si es necesario, redondea a la décima más cercana.

17. ¿Qué número es el 25% de 180? _45_

$$\frac{n}{180} = \frac{25}{100}$$

$$\frac{n}{180} = \frac{1}{4}$$

$$4n = 180$$

$$n = 45$$

Ayuda para la tarea

18. ¿Qué porcentaje de $40 es $3? _7.5%_

$$\frac{3}{40} = \frac{P}{100}$$

$$40p = 300$$

$$p = 7.5\%$$

19. ¿9 es el 45% de qué número? _____

20. ¿75 es el 20% de qué número? _____

21. ¿Qué porcentaje de 60 es 12? _____

22. ¿Qué número es el 5% de 46? _____

23. 🅿🅼 **Justificar las conclusiones** Román tiene 2 lápices rojos en la mochila. Si es el 25% de la cantidad total de lápices, ¿cuántos lápices hay en la mochila de Román? Explica tu respuesta.

_____

24. 🅿🅼 **Justificar las conclusiones** Eileen y Michelle anotaron el 48% de los puntos del equipo. Si el equipo tuvo un total de 50 puntos, ¿cuántos puntos anotaron las niñas? Explica tu respuesta.

_____

Halla los números. Si es necesario, redondea a la centésima más cercana.

25. ¿Qué porcentaje de 25 es 30? _____

26. ¿Qué número es el 8.2% de 50? _____

27. Los tipos de flores de la tabla forman un arreglo floral. ¿Qué porcentaje de flores del arreglo son rosas?

Arreglo floral	
Lilas	4
Rosas	15
Perritos	6

28. Selecciona valores para formar una proporción porcentual que represente cada situación. Luego, resuelve los problemas. Si es necesario, redondea a la décima más cercana.

100	80
60	x

Situación 1: Un par de zapatos está en oferta al 80% del precio original. El precio de oferta es $60. ¿Cuál era el precio original?

$$\frac{\square}{\square} = \frac{\square}{\square}$$

Situación 2: La meta de Maggie era juntar 60 latas de alimentos para una colecta. Maggie logró juntar 80 latas. ¿Qué porcentaje de su meta completó?

$$\frac{\square}{\square} = \frac{\square}{\square}$$

Situación 3: Craig anotó el 60% de 80 intentos de tiros libres en esta temporada. ¿Cuántos tiros libres anotó Craig?

$$\frac{\square}{\square} = \frac{\square}{\square}$$

Estándares comunes: Repaso en espiral

Multiplica. 5.NF.4

29. $\frac{1}{2} \times \frac{2}{3} =$ _____

30. $\frac{3}{5} \times \frac{1}{4} =$ _____

31. $\frac{2}{7} \times \frac{1}{6} =$ _____

Divide. 6.NS.1

32. $\frac{2}{5} \div \frac{3}{4} =$ _____

33. $\frac{1}{3} \div \frac{5}{6} =$ _____

34. $\frac{1}{5} \div \frac{5}{7} =$ _____

Ecuación porcentual

Vocabulario inicial

Ya usaste una proporción porcentual para hallar la parte (*p*), el porcentaje (*n*) o el entero (*e*) que faltan. También puedes usar una **ecuación porcentual**. La ecuación porcentual es *parte = porcentaje · entero*.

Rotula el diagrama que muestra la relación entre la proporción porcentual y la ecuación porcentual usando los términos *parte*, *entero* y *porcentaje*. Usa cada término una sola vez.

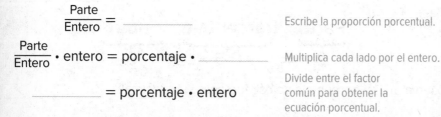

$\dfrac{\text{Parte}}{\text{Entero}} =$ _____   Escribe la proporción porcentual.

$\dfrac{\text{Parte}}{\text{Entero}} \cdot \text{entero} = \text{porcentaje} \cdot$ _____   Multiplica cada lado por el entero.

_____ $= \text{porcentaje} \cdot \text{entero}$ Divide entre el factor común para obtener la ecuación porcentual.

Pregunta esencial

¿CÓMO te ayudan los porcentajes a comprender situaciones en las que se usa dinero?

Vocabulario

ecuación porcentual

Common Core State Standards

Content Standards
7.RP.2, 7.RP.2c, 7.RP.3, 7.EE.3
PM Prácticas matemáticas
1, 2, 3, 4

Conexión con el mundo real

Una encuesta estableció que el 16% de los estudiantes de séptimo grado de la escuela media Lincoln piensa que las tarántulas son las criaturas que dan más miedo. Hay 150 estudiantes de séptimo grado en la escuela. ¿Cómo escribirías una ecuación porcentual para hallar cuántos estudiantes de séptimo grado dijeron que las tarántulas son las criaturas que dan más miedo?

¡BUU!

$\boxed{} = 0.16 \cdot \boxed{}$

¿Qué **Prácticas matemáticas** PM usaste?
Sombrea lo que corresponda.

① Perseverar con los problemas   ⑤ Usar las herramientas matemáticas

② Razonar de manera abstracta   ⑥ Prestar atención a la precisión

③ Construir un argumento   ⑦ Usar una estructura

④ Representar con matemáticas   ⑧ Usar el razonamiento repetido

Usar la ecuación porcentual

Tipo	Ejemplo	Ecuación
Hallar el porcentaje	¿Qué porcentaje de 6 es 3?	$3 = n \cdot 6$
Hallar la parte	¿Qué número es el 50% de 6?	$p = 0.5 \cdot 6$
Hallar el entero	¿3 es el 50% de qué número?	$3 = 0.5 \cdot e$

Puedes usar la ecuación porcentual para resolver problemas con porcentajes.

3 es el 50% de 6

$$
\underbrace{3}_{\text{Parte}} = \underbrace{0.5}_{\text{Porcentaje}} \times \underbrace{6}_{\text{Entero}}
$$

Observa que el porcentaje se escribe como un decimal.

Tutor

Ejemplo

Ecuación porcentual

Un porcentaje siempre debe convertirse en un decimal o una fracción cuando se usa en una ecuación.

Muestra tu trabajo.

1. **¿Qué número es el 12% de 150?**

¿Debes hallar el porcentaje, la parte o el entero? _____

Estima $0.10 \cdot 150 = 15$

$\underbrace{\text{Parte}} = \underbrace{\text{porcentaje}} \cdot \underbrace{\text{entero}}$

$p = 0.12 \cdot 150$ Escribe la ecuación porcentual. 12% = 0.12

$p = 18$ Multiplica.

Por lo tanto, 18 es el 12% de 150.

18 está cerca de la estimación, 15. Por lo tanto, la respuesta es razonable. También puedes comprobar tu respuesta usando la proporción porcentual.

Comprueba $\dfrac{18}{150} \overset{?}{=} \dfrac{12}{100}$

$18 \cdot 100 \overset{?}{=} 150 \cdot 12$

$1{,}800 = 1{,}800 \checkmark$

¿Entendiste? **Resuelve estos problemas para comprobarlo.**

Escribe una ecuación para los problemas. Luego, resuélvelas.

a. ¿Cuánto es el 6% de 200?   **b.** Halla el 72% de 50.

c. ¿Cuánto es el 14% de 150?   **d.** Halla el 50% de 70.

a. _____

b. _____

c. _____

d. _____

Ejemplo

2. **¿Qué porcentaje de 40 es 21?**

¿Debes hallar el porcentaje, la parte o el entero? _____

Estima $\dfrac{21}{40} \approx \dfrac{1}{2}$, o 50%

$$\underbrace{\text{Parte}} = \underbrace{\text{porcentaje}} \cdot \underbrace{\text{entero}}$$

$21 = n \cdot 40$		Escribe la ecuación porcentual.
$\dfrac{21}{40} = \dfrac{40n}{40}$		Divide cada lado entre 40.
$0.525 = n$		Simplifica.

Por lo tanto, 21 es el 52.5% de 40.

Comprueba $52.5\% \approx 50\%$ ✓

¿Entendiste? **Resuelve estos problemas para comprobarlo.**

Escribe una ecuación para los problemas. Luego, resuélvelas. Si es necesario, redondea a la décima más cercana.

e. ¿Qué porcentaje de 40 es 9?   **f.** ¿Qué porcentaje de 150 es 27?

> **Porcentaje**
> Recuerda escribir el decimal como un porcentaje en tu respuesta final.

Muestra tu trabajo.

e. _____

f. _____

Ejemplo

3. **¿13 es el 26% de qué número?**

¿Debes hallar el porcentaje, la parte o el entero? _____

Estima $\dfrac{1}{4}$ de 48 = 12

$$\underbrace{\text{Parte}} = \underbrace{\text{porcentaje}} \cdot \underbrace{\text{entero}}$$

$13 = 0.26 \cdot e$		Escribe la ecuación porcentual. 26% = 0.26
$\dfrac{13}{0.26} = \dfrac{0.26e}{0.26}$		Divide cada lado entre 0.26.
$50 = e$		Simplifica.

Por lo tanto, 13 es el 26% de 50.

Comprueba $50 \approx 48$ ✓

¿Entendiste? **Resuelve estos problemas para comprobarlo.**

Escribe una ecuación para los problemas. Luego, resuélvelas. Si es necesario, redondea a la décima más cercana.

g. ¿39 es el 84% de qué número?   **h.** ¿El 26% de qué número es 45?

g. _____

h. _____

Ejemplo

4. Una encuesta determinó que el **25%** de las personas de entre 18 y 24 años no tiene más teléfono fijo y usa solamente el teléfono celular. Si **3,264** personas usan solamente el teléfono celular, ¿cuántas personas respondieron la encuesta?

Dato	¿3,264 personas es el 25% de qué número?
Variable	La letra e representa la cantidad de personas.
Ecuación	$3{,}264 = 0.25 \cdot e$

$3{,}264 = 0.25 \cdot e$ Escribe la ecuación porcentual. $25\% = 0.25$

$\dfrac{3{,}264}{0.25} = \dfrac{0.25e}{0.25}$ Divide cada lado entre 0.25. Usa una calculadora.

$13{,}056 = e$ Simplifica.

Aproximadamente 13,056 personas respondieron la encuesta.

Práctica guiada

Escribe una ecuación para cada problema. Luego, resuélvela. Si es necesario, redondea a la décima más cercana. (Ejemplos 1 a 3)

1. ¿Qué número es el 88% de 300?

2. ¿24 es qué porcentaje de 120?

3. ¿3 es el 12% de qué número?

4. Una panadería local vendió 60 panes en un día. Si el 65% de los panes se vendió durante la tarde, ¿cuántos panes se vendieron durante la tarde? (Ejemplo 4) _____

5. 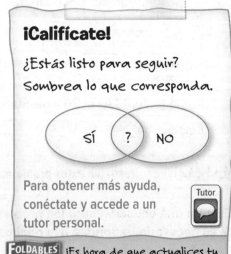 **Desarrollar la pregunta esencial** ¿Cuándo sería más fácil usar la ecuación porcentual que la proporción porcentual? _____

¡Califícate!

¿Estás listo para seguir? Sombrea lo que corresponda.

SÍ   ?   NO

Para obtener más ayuda, conéctate y accede a un tutor personal.

FOLDABLES ¡Es hora de que actualices tu modelo de papel!

Práctica independiente

Conéctate para obtener las soluciones de varios pasos.

Ayuda en línea

Escribe una ecuación para los problemas. Luego, resuélvela. Si es necesario, redondea a la décima más cercana. (Ejemplos 1 a 3)

1 ¿Qué porcentaje de 150 es 75? _____

2. ¿84 es el 60% de qué número? _____

3. ¿Qué número es el 65% de 98? _____

4. Halla el 39% de 35. _____

5. Halla el 24% de 25. _____

6. ¿Qué número es el 53% de 470? _____

7. Rubén compró 6 libros nuevos para su colección. Así, la colección aumentó el 12%. ¿Cuántos libros tenía Rubén antes de la compra? (Ejemplo 4)

_____

8. Una tienda vendió 550 videojuegos en diciembre. Si es el 12.5% de las ventas anuales de videojuegos, ¿aproximadamente cuántos videojuegos vendió la tienda en todo el año? (Ejemplo 4)

_____

9 (PM) **Perseverar con los problemas** Aproximadamente 142 millones de personas en Estados Unidos miran videos en línea. Usa la gráfica que muestra qué tipos de video miran.

a. ¿Aproximadamente qué porcentaje de espectadores mira videos graciosos? _____

b. ¿Aproximadamente qué porcentaje de espectadores mira noticias? _____

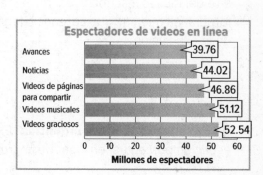
Espectadores de videos en línea

Avances — 39.76
Noticias — 44.02
Videos de páginas para compartir — 46.86
Videos musicales — 51.12
Videos graciosos — 52.54

Millones de espectadores

Escribe una ecuación para los problemas. Luego, resuélvela. Si es necesario, redondea a la décima más cercana.

10. Halla el 135% de 64. _____

11. ¿Qué número es el 0.4% de 82.1? _____

12. ¿450 es el 72.5% de qué número? _____

13. ¿Qué porcentaje de 200 es 230? _____

Problemas S.O.S. Soluciones de orden superior

14. 🅟🅜 **Representar con matemáticas** Escribe un problema de porcentaje en el que el porcentaje sea mayor que 100 y se conozca la parte. Usa la ecuación porcentual para resolver tu problema y hallar el entero.

_____

15. 🅟🅜 **Perseverar con los problemas** Si debes hallar el porcentaje de un número, explica cómo puedes predecir si la parte será *menor que*, *mayor que* o *igual al* número.

_____

_____

_____

16. 🅟🅜 **Razonar de manera abstracta** Un museo exhibe 50 obras de arte en una exposición. De las obras, 11 son fotografías y 39 son pinturas. El gerente quiere agregar más fotografías para que representen el 25% de las obras de arte del museo. Escribe y resuelve una ecuación para hallar la cantidad de fotografías que hay que agregar. Luego, halla el número total de obras de arte de la exposición.

_____

_____

17. 🅟🅜 **Razonar de manera inductiva** Explica cuándo sería mejor usar la ecuación porcentual en lugar de la proporción porcentual.

_____

_____

_____

Más práctica

Escribe una ecuación para los problemas. Luego, resuélvela. Si es necesario, redondea a la décima más cercana.

18. ¿Qué porcentaje de 45 es 9? _20%_

$$9 = n \times 45$$

Ayuda para la tarea

$$\frac{9}{45} = \frac{45n}{45}$$

$$0.2, \text{ o } 20\% = n$$

19. ¿Qué porcentaje de 96 es 26? _27.1%_

$$26 = n \times 96$$

$$\frac{26}{96} = \frac{96n}{96}$$

$$0.271, \text{ o } 27.1\% = n$$

20. ¿Qué porcentaje de 392 es 98? _____

21. ¿Qué porcentaje de 64 es 30? _____

22. ¿El 33% de qué número es 1.45? _____

23. ¿84 es el 75% de qué número? _____

24. ¿17 es el 40% de qué número? _____

25. ¿El 80% de qué número es 64? _____

26. La longitud del brazo de Giselle es 27 pulgadas. La longitud del antebrazo es 17 pulgadas. ¿Aproximadamente qué porcentaje del brazo de Giselle representa el antebrazo?

_____

27. Aproximadamente el 0.02% de las langostas del Atlántico Norte son azules cuando nacen. De 5,000 langostas del Atlántico Norte, ¿cuántas deberían ser azules?

_____

28. Conocimiento sobre finanzas Imagina que ganas $6 por hora en tu trabajo de medio tiempo. ¿Cuánto ganarás por hora después de un aumento del 2.5%? Explica tu respuesta.

_____

_____

29. La abuela de Taryn invitó a la familia a cenar a un restaurante. El recibo muestra la cantidad total que gastaron. La comida de Taryn costó el 20% del total de la cuenta con la propina y el impuesto incluidos. ¿Cuánto costó la comida de Taryn?

Le Bistro

Subtotal $58.38

Impuesto............$3.38

Propina........... . $12.24

30. Representa las siguientes situaciones con una ecuación porcentual. Selecciona la ecuación correcta para cada situación. Luego, resuelve los problemas.

a. De los 300 estudiantes de una escuela, 120 practican un deporte. ¿Qué porcentaje de estudiantes practica un deporte?

$x = 0.3 \cdot 120$

$x = 0.12 \cdot 300$

$120 = 300 \cdot x$

Ecuación: _____ Solución: _____

b. Una encuesta realizada a 120 escuelas medias demostró que el 30% tiene un programa de aprendizaje de lengua extranjera. ¿Cuántas escuelas tienen un programa de lengua extranjera?

Ecuación: _____ Solución: _____

c. Katrina ahorró $300 el verano pasado. De esa cantidad, el 12% proviene de su mensualidad. ¿Cuánto dinero proviene de la mensualidad?

Ecuación: _____ Solución: _____

CCSS Estándares comunes: Repaso en espiral

Escribe <, > o = en cada ◯ para que el enunciado sea verdadero. **5. NBT. 3b**

31. 5.56 ◯ $5\frac{5}{7}$

32. 4.027 ◯ 4.0092

33. 88% ◯ 0.9

Usa la gráfica para resolver el problema.

34. ¿Qué número representa el 100% de los estudiantes que participan en los deportes de otoño? Explica tu respuesta. **6. SP. 5a** _____

_____

Participación de estudiantes en deportes de otoño

⒫ Investigación para la resolución de problemas
Determinar respuestas razonables

 Content Standards
7.RP.3, 7.EE.3

⒫ **Prácticas matemáticas**
1, 3, 4

Caso #1 Vacaciones

La familia de Wesley gastó $1,400 en un viaje al Gran Cañón. Gastó el 30% del total en un vuelo panorámico en helicóptero. Wesley estima que su familia gastó aproximadamente $450 en el vuelo.

Determina si la estimación de Wesley es razonable.

Comprende ¿Qué sabes?

- La familia de Wesley gastó $1,400 en las vacaciones.
- El treinta por ciento del total se gastó en un vuelo en helicóptero.
- Wesley estima que el 30% es aproximadamente $450.

Planifica ¿Cuál es tu estrategia para resolver este problema?

Haz un diagrama de barra que represente el 100%.

Resuelve ¿Cómo puedes aplicar la estrategia?

Completa cada sección del diagrama con el 10% de $1,400.

```
|------------------------ $1,400 ------------------------|
|    |    |    |    |    |    |    |    |    |    |
|----- 30% -----|
```

Agrega tres secciones para obtener un total de [   ].
Por lo tanto, el vuelo en helicóptero costó $420.

Comprueba ¿Tiene sentido tu respuesta?

Wesley estimó que el costo del vuelo en helicóptero era $450. Como $450 está cerca de $420, la estimación es razonable.

Analizar la estrategia
 Tutor

⒫ **Hacer una conjetura** ¿Cómo puedes usar $\frac{1}{3}$ para determinar si la estimación de Wesley es razonable? Explica tu respuesta.

_____

_____

Caso #2 ¡No olvides la propina!

La cuenta de Brett en un restaurante italiano fue $17,50. Brett decide dejar 20% de propina.

¿$4 es una propina razonable?

Comprende

Lee el problema. ¿Qué se te pide que halles?

Debo _____.

¿Hay alguna información que _no_ necesitas saber?

No necesito saber _____.

Planifica

Elige una estrategia para la resolución de problemas.

Usaré la estrategia _____.

Resuelve

Usa tu estrategia para la resolución de problemas y resuélvelo.

Usa un diagrama de barra para representar el 100%. Divídelo en ⬚ secciones

iguales. Cada sección representa el ⬚ %, o $⬚ .

```
|------------- $17.50 -------------|
|__|__|__|__|__|__|__|__|__|__|  100%
|–propina–|
```

Dos partes, o el ⬚ %, es igual a $⬚ + $⬚ = $⬚ .

¿$4 es una propina razonable? _____

Comprueba

Usa la información del problema para comprobar tu respuesta.

_____

_____

Colabora

Trabaja con un grupo pequeño para resolver los siguientes casos.
Muestra tu trabajo en una hoja aparte.

Caso #3 Viajes

Una agencia de viajes encuestó a 140 familias
sobre sus lugares de vacaciones favoritos.

¿Es razonable decir que 24 familias más
prefirieron Hawái a Florida? Explica tu
respuesta.

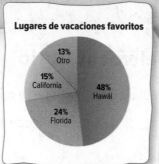
Lugares de vacaciones favoritos
13% Otro
15% California
48% Hawái
24% Florida

Caso #4 Ejercicio

Una encuesta demostró que el 61% de los estudiantes de escuela media
hacen algún tipo de actividad física a diario. De esos estudiantes, el 9% juega
en el equipo de fútbol americano.

Imagina que hay 828 estudiantes de escuela media en tu
escuela. ¿Aproximadamente cuántos estudiantes jugarían en el
equipo de fútbol americano?

Caso #5 Clubes

De los 36 estudiantes del club del medioambiente, 15 son niños y
21 son niñas. El presidente del club quiere sumar más niños para
que representen el 50% de los estudiantes del club.

Escribe y resuelve una ecuación para hallar la
cantidad de niños que se sumarán. Luego, halla la
cantidad total de estudiantes del club.

¡Usa una estrategia!

Caso #6 Bolos

En los bolos, se consigue una marca cuando derribas
los diez bolos en dos intentos.

¿Cuántas maneras posibles hay de conseguir una marca?

Repaso de medio capítulo

Comprobación del vocabulario

Vocabulario

1. Completa el espacio en blanco de la siguiente oración con el término correcto. (Lección 4)

La _____ establece que la parte es igual al porcentaje multiplicado por el entero.

Comprobación y resolución de problemas: Destrezas

Halla los números. Si es necesario, redondea a la décima más cercana. (Lecciones 1 y 3)

2. ¿Qué porcentaje de 84 es 12? _____

3. ¿15 es el 25% de qué número? _____

Muestra tu trabajo

Estima. (Lección 2)

4. 20% de 392 _____

5. 78% de 112 _____

Escribe una ecuación para los problemas. Luego, resuélvela. Si es necesario, redondea a la décima más cercana. (Lección 4)

6. (PM) **Usar las herramientas matemáticas** Una computadora cuesta $849.75, y el disco duro cuesta el 61.3% del total. ¿Cuál es una estimación razonable para el costo del disco duro? (Lección 2)

_____

7. ¿Qué número es el 35% de 72? _____

8. ¿Qué porcentaje de 70 es 16.1? _____

9. (PM) **Perseverar con los problemas** Ayana tiene 220 monedas en su alcancía. De esas monedas, el 40% son de 1¢. De las monedas que *no* son de 1¢, el 25% son de 25¢. ¿Cuántas monedas son de 25¢? (Lección 4)

_____

Laboratorio de indagación

Porcentaje de cambio

 indagación ¿CÓMO puedes usar un diagrama de barra para mostrar un porcentaje de cambio?

 Content Standards 7.RP.3, 7.EE.3

 Prácticas matemáticas 1, 3, 4

El precio de entrada para la feria estatal aumentó el 50% en los últimos cinco años. El precio de entrada era $6 hace cinco años. ¿Cuál es el precio actual de la entrada? Haz la siguiente actividad para saberlo.

Manos a la obra

Usa un diagrama de barra para resolver el problema.

Paso 1 El diagrama de barra representa el 100%.

precio hace 5 años = $6	100%

Como $50\% = \frac{1}{2}$, divide el diagrama de barra por la mitad. Completa la información que falta.

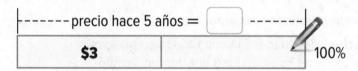

├─────── precio hace 5 años = [ ] ───────┤

| $3 | | 100% |

Paso 2 El precio de entrada aumentó el 50%. Completa el diagrama de barra que representa el 150% del precio de hace 5 años.

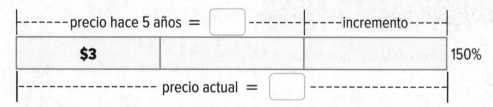

├────── precio hace 5 años = [ ] ───────┼────incremento────┤

| $3 | | | 150% |

├──────────── precio actual = [ ] ────────────┤

Por lo tanto, el precio de entrada es [ ] + [ ], o [ ].

Investigar

Trabaja con un compañero o una compañera para resolver los problemas.

1. Un árbol medía 8 pies de altura. Al año siguiente, la altura del árbol aumentó el 25%. Dibuja un diagrama de barra para hallar la nueva altura del árbol. _____

2. **PM Representar con matemáticas** El siguiente modelo describe este escenario: Ryan puso $160 en una cuenta de ahorros. Al cabo de 2 meses, el total en la cuenta disminuyó el 25%. Escribe la cantidad que hay en la cuenta de Ryan a los 2 meses.

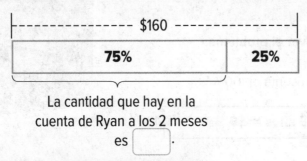

La cantidad que hay en la cuenta de Ryan a los 2 meses es [ ].

Analizar y pensar

Trabaja con un compañero para responder esta pregunta.

3. **PM Razonar de manera inductiva** Consulta el Ejercicio 1. ¿Cómo puedes hallar la nueva cantidad de una cantidad que aumentó durante un tiempo?

_____

_____

_____

Crear

4. Escribe dos maneras diferentes de hallar el 125% de 8.

_____

_____

5. **indagación** ¿CÓMO puedes usar un diagrama de barra para mostrar un porcentaje de cambio?

_____

_____

Porcentaje de cambio

 ## Conexión con el mundo real

Piloto de carrera La carrera Indy 500 es una de las más importantes del mundo. La tabla muestra la velocidad promedio de los carros ganadores de varios años.

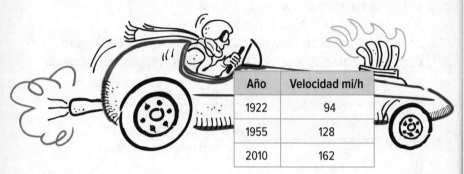

Año	Velocidad mi/h
1922	94
1955	128
2010	162

Pregunta esencial

¿CÓMO te ayudan los porcentajes a comprender situaciones en las que se usa dinero?

 Vocabulario

error porcentual
porcentaje de cambio
porcentaje de disminución
porcentaje de incremento

Common Core State Standards

Content Standards
7.RP.3, 7.EE.3

PM Prácticas matemáticas
1, 3, 4, 5, 6

1. Escribe la razón.

$$\frac{\text{incremento de mi/h de 1922 a 1955}}{\text{velocidad en 1922}}$$

Luego, escribe la razón como un porcentaje.

Redondea al porcentaje entero más cercano.

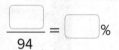

$$\frac{\boxed{}}{94} = \boxed{}\%$$

2. Escribe la razón.

$$\frac{\text{incremento de mi/h de 1955 a 2010}}{\text{velocidad en 1955}}$$

Luego, escribe la razón como un porcentaje.

Redondea al porcentaje entero más cercano.

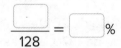

$$\frac{\boxed{}}{128} = \boxed{}\%$$

3. ¿Por qué las cantidades de incremento son las mismas, pero el porcentaje es diferente?

¿Qué Prácticas matemáticas PM usaste?
Sombrea lo que corresponda.

① Perseverar con los problemas
② Razonar de manera abstracta
③ Construir un argumento
④ Representar con matemáticas
⑤ Usar las herramientas matemáticas
⑥ Prestar atención a la precisión
⑦ Usar una estructura
⑧ Usar el razonamiento repetido

Porcentaje de cambio

Dato   Un **porcentaje de cambio** es una razón que compara el cambio en una cantidad con la cantidad original.

Ecuación   porcentaje de cambio $= \dfrac{\text{cantidad de cambio}}{\text{cantidad original}}$

Cuando comparas la cantidad de cambio con la cantidad original en una razón, estás hallando el porcentaje de cambio. El porcentaje de cambio se basa en la cantidad original.

Si la cantidad original aumenta, se llama **porcentaje de incremento**. Si la cantidad original disminuye, se llama **porcentaje de disminución**.

porcentaje de incremento $= \dfrac{\text{cantidad de incremento}}{\text{cantidad original}}$

porcentaje de disminución $= \dfrac{\text{cantidad de disminución}}{\text{cantidad original}}$

El mundo real

Ejemplos

1. **Halla el porcentaje de cambio en el costo de la gasolina de 1970 a 2010. Si es necesario, redondea al porcentaje entero más cercano.**

1970

2010

GASOLINA

$1.30

GASOLINA

$2.95

Como el precio de 2010 es mayor que el precio de 1970, este es un porcentaje de incremento.

Paso 1   Halla la cantidad de incremento.
$$\$2.95 - \$1.30 = \$1.65$$

Paso 2   Halla el porcentaje de incremento.

porcentaje de incremento $= \dfrac{\text{cantidad de incremento}}{\text{cantidad original}}$

$= \dfrac{\$1.65}{\$1.30}$ Sustitución

≈ 1.27 Simplifica.

$\approx 127\%$ Escribe 1 . 27 como un porcentaje.

El costo de la gasolina aumentó aproximadamente 127% de 1970 a 2010.

Porcentajes

En la fórmula del porcentaje de cambio, el decimal que representa el porcentaje de cambio debe escribirse como un porcentaje.

2. Yusuf compró una grabadora de DVD a $280. Ahora, está en oferta a $220. Halla el porcentaje de cambio del precio. Si es necesario, redondea al porcentaje entero más cercano.

Como el nuevo precio es menor que el precio original, este es un porcentaje de disminución.

Paso 1 Halla la cantidad de disminución.
$280 − $220 = $60

Paso 2 Halla el porcentaje de disminución.

$$\text{porcentaje de disminución} = \frac{\text{cantidad de disminución}}{\text{cantidad original}}$$

$$= \frac{\$60}{\$280} \quad \text{Sustitución}$$

$$\approx 0.21 \quad \text{Simplifica.}$$

$$\approx 21\% \quad \text{Escribe 0.21 como un porcentaje.}$$

El precio de la grabadora de DVD disminuyó aproximadamente el 21%.

¿Entendiste? Resuelve estos problemas para comprobarlo.

a. Halla el porcentaje de cambio de 10 yardas a 13 yardas.

b. El precio de una radio era $20. Ahora está en oferta a $15. ¿Cuál es el porcentaje de cambio del precio de la radio?

> **Porcentaje de cambio**
> Usa siempre la cantidad original como el entero cuando halles el porcentaje de cambio.

> Muestra tu trabajo.
>
> a. _____
>
> b. _____

Error porcentual

Concepto clave

Dato El **error porcentual** es una razón que compara la inexactitud de una estimación, o la cantidad de error, con la cantidad real.

Ecuación $\text{error porcentual} = \dfrac{\text{cantidad de error}}{\text{cantidad real}}$

Hallar el error porcentual es como hallar el porcentaje de cambio. En lugar de hallar la cantidad de incremento o de disminución, hallarás la cantidad por la que una estimación es mayor o menor que la cantidad real.

Imagina que estimas que hay 300 chicles en el frasco, pero en realidad hay 400.

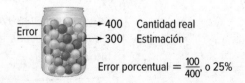

Error → 400 Cantidad real
→ 300 Estimación

Error porcentual $= \dfrac{100}{400}$, o 25%

Ejemplo

Tutor

PARA y reflexiona

¿En qué se parece hallar un error porcentual a hallar un porcentaje de cambio?

3. **Ahmed quiere practicar tiros libres. Ahmed estima la distancia desde la línea del tiro libre hasta el aro y la marca con tiza. La estimación es 13.5 pies. La distancia real debería ser 15 pies. Halla el error porcentual.**

Paso 1 Halla la cantidad de error.
15 pies − 13.5 pies = 1.5 pies

Paso 2 Halla el error porcentual.

$$\text{error porcentual} = \frac{\text{cantidad de error}}{\text{cantidad real}}$$

$$= \frac{1.5}{15} \qquad \text{Sustitución}$$

$$= 0.1, \text{ o } 10\% \qquad \text{Simplifica.}$$

Por lo tanto, el error porcentual es 10%.

Muestra tu trabajo.

¿Entendiste? **Resuelve este problema para comprobarlo.**

c. Halla el error porcentual si la estimación es $230 y la cantidad real es $245. Redondea al porcentaje entero más cercano.

c. _____

Práctica guiada

Comprueba

Halla el porcentaje de cambio. Si es necesario, redondea al porcentaje entero más cercano. Indica si el porcentaje de cambio es un *incremento* o una *disminución*. (Ejemplos 1 y 2)

1. 30 pulgadas a 24 pulgadas _____

2. $123 a $150 _____

Muestra tu trabajo.

3. Jessie estima que el peso de su gato es 10 libras. El peso real del gato es 13.75 libras. Halla el porcentaje de error. (Ejemplo 3) _____

¡Califícate!

¿Entendiste el porcentaje de cambio? Sombrea lo que corresponda.

Para obtener más ayuda, conéctate y accede a un tutor personal.

4. **Desarrollar la pregunta esencial** Explica cómo dos cantidades de cambio pueden ser iguales, pero los porcentajes de cambio pueden ser diferentes.

_____

_____

_____

Práctica independiente

Conéctate para obtener las soluciones de varios pasos.

Halla el porcentaje de cambio. Si es necesario, redondea al porcentaje entero más cercano. Indica si el porcentaje de cambio es un *incremento* o una *disminución*. (Ejemplos 1 y 2)

1. 15 yardas a 18 yardas

2. 100 acres a 140 acres

Muestra tu trabajo.

3 $15.60 a $11.70

4. 125 centímetros a 87.5 centímetros

5. 1.6 horas a 0.95 horas

6. 132 días a 125.4 días

PM **Responder con precisión** **Halla el error porcentual. Si es necesario, redondea al porcentaje entero más cercano.** (Ejemplo 3)

7 Cada semana, el Sr. Jones va a la tienda. El Sr. Jones estima que gastará $120 esta semana cuando vaya a la tienda. En realidad, gasta $94.

8. Marcus estima que asistirán 230 personas al concierto del coro. En realidad, asistieron 300 personas en total al concierto del coro.

Para cada situación, halla el porcentaje de cambio. Si es necesario, redondea al porcentaje entero más cercano. Indica si el porcentaje de cambio es un *incremento* o una *disminución*. (Ejemplos 1 y 2)

9. Hace tres meses, Santos podía caminar 2 millas en 40 minutos. Hoy, puede caminar 2 millas en 25 minutos.

10. El año pasado, 465 estudiantes se inscribieron en la escuela media Genoa. Este año, se inscribieron 525.

11. Usa rectángulo de la derecha. Imagina que las longitudes de lado se duplican.

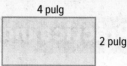

4 pulg

2 pulg

    a. Halla el porcentaje de cambio del perímetro. _____

    b. Halla el porcentaje de cambio del área. _____

12.  **Usar las herramientas matemáticas** Busca ejemplos de datos que reflejan cambio durante un tiempo en un periódico o una revista, en televisión o en Internet. Determina el porcentaje de cambio. Explica si los datos muestran un porcentaje de incremento o de disminución.

13. Usa la gráfica para hallar el porcentaje de cambio de las ventas de CD de 2011 a 2012. _____

Caída en las ventas de CD

Año	
2011	283 millones
2012	271 millones

270   275   280   285   290
Venta de CD (en millones)

Problemas S.O.S. Soluciones de orden superior

14.  **Perseverar con los problemas** El costo de dos sistemas de audio disminuyó $10. El costo original era $90 y $60. Sin hacer el cálculo, ¿qué sistema tuvo el porcentaje de disminución mayor? Explica tu respuesta.

_____

_____

15. **Hallar el error** Darío halló el porcentaje de cambio de $52 a $125. Halla su error y corrígelo.

$$\frac{\$125 - \$52}{\$125} \approx 0.58,$$

o 58%

_____

_____

_____

16. **Razonar de manera inductiva** Si una cantidad aumenta 25% y luego disminuye 25%, ¿el resultado será la cantidad original? Explica tu respuesta.

_____

_____

_____

Más práctica

Halla el porcentaje de cambio. Si es necesario, redondea al porcentaje entero más cercano. Indica si el porcentaje de cambio es un *incremento* o una *disminución*.

17. $12 a $6

50%; disminución

$12 - 6 = 6$

$\frac{6}{12} = 0.5, o\ 50\%$

Ayuda para tarea

18. 48 cuadernos a 14 cuadernos

19. $240 a $320

20. 624 pies a 702 pies

21. La tabla muestra la cantidad de niños de 7 años o más que jugaron al fútbol de 2004 a 2012.

a. Halla el porcentaje de cambio de 2008 a 2012. Redondea a la décima más cercana del porcentaje. ¿Es un incremento o una disminución?

b. Halla el porcentaje de cambio de 2006 a 2008. Redondea a la décima más cercana del porcentaje. ¿Es un incremento o una disminución?

Jugadores de fútbol	
Año	Número (millones)
2004	12.9
2006	13.7
2008	13.3
2010	14.0
2012	13.8

22. La venta de zapatos de una compañía fue $25 900 000 000. Se espera que el año siguiente aumenten las ventas aproximadamente el 20%. Halla la proyección de la venta de zapatos para el año siguiente.

23. **PM** **Responder con precisión** Eva estima que cabrán 475 canciones en su reproductor de MP3. La cantidad real es 380 canciones. Halla el error porcentual. _____

24. La tabla muestra las horas de trabajo de Catalina como niñera. Cobra $6.50 por hora. Escribe una oración que compare el porcentaje de cambio de la cantidad de dinero ganada entre abril y mayo con el porcentaje de cambio de la cantidad de dinero ganada entre mayo y junio. Si es necesario, redondea al porcentaje más cercano.

Mes	Horas trabajadas
Abril	30
Mayo	35
Junio	45

25. Darío incrementó sus ahorros de $350 a $413 y Mónica incrementó sus ahorros de $225 a $270. Completa los espacios en blanco para escribir un enunciado verdadero.

_____ tuvo un porcentaje de incremento mayor en sus ahorros.

La diferencia de los porcentajes de incremento es _____ .

26. La gráfica lineal muestra el nivel del río Elk durante un período de fuertes lluvias.

Halla el porcentaje de incremento del nivel del río del lunes al martes, del martes al miércoles, del miércoles al jueves y del jueves al viernes. Si es necesario, redondea a la décima más cercana del porcentaje. Ordena de menor a mayor los porcentajes de incremento entre días consecutivos.

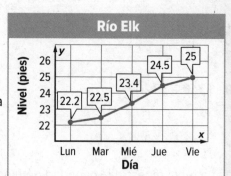

	Días consecutivos	Porcentaje de incremento
Menor		
Mayor		

Halla las sumas. 6. NS. 3

27. $1.5 + 2.25 =$ _____

28. $32.5 + 13.43 =$ _____

29. $66.99 + $8.15 =$ _____

30. En la ilustración de la derecha se muestra la distancia alrededor de la Tierra por el ecuador y entre el Polo Norte y el Polo Sur. ¿Cuántas millas recorrerías si dieras la vuelta al mundo por las dos rutas? 6. NS. 3

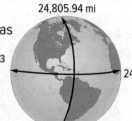

24,805.94 mi

24,889.78 mi

_____

Impuesto sobre las ventas, propinas y margen de ganancia

 ## Conexión con el mundo real

Pregunta esencial

¿CÓMO te ayudan los porcentajes a comprender situaciones en las que se usa dinero?

 Vocabulario

gratificación
impuesto sobre las ventas
margen de ganancia
precio de venta
propina

Common Core State Standards

Content Standards
7.RP.3, 7.EE.2, 7.EE.3

PM **Prácticas matemáticas**
1, 3, 4

Kayaks Alonso planea comprar un kayak que cuesta $2,100. Pero, cuando compra el kayak, el costo es mayor porque Alonso vive en un condado donde hay un 7% de impuesto sobre las ventas.

Puedes hallar la cantidad de impuesto sobre un artículo multiplicando el precio por el porcentaje de impuesto.

1. Encierra en un círculo la cantidad que muestra el impuesto que debe pagar Alonso por el kayak.

$350 $235 $147

2. Usa la cantidad de impuesto del Ejercicio 1 para completar el recibo de la derecha. Luego, halla el costo total que pagará Alonso por el kayak.

3. Multiplica 1.07 y $2,100. ¿Cómo es el resultado en comparación con la respuesta del Ejercicio 2?

_____

Kayaks Jimmie

Kayak _____

Impuesto sobre las + _____
ventas

Total _____

4. Para su salida con el kayak, Alonso contrata a un guía que cobra $50. Alonso quiere darle al guía 10% de propina. Explica cómo hallar la cantidad de la propina.

_____

_____

¿Qué Prácticas matemáticas PM usaste?
Sombrea lo que corresponda.

① Perseverar con los problemas
② Razonar de manera abstracta
③ Construir un argumento
④ Representar con matemáticas
⑤ Usar las herramientas matemáticas
⑥ Prestar atención a la precisión
⑦ Usar una estructura
⑧ Usar el razonamiento repetido

Impuesto sobre las ventas y costo total

El **impuesto sobre las ventas** es una cantidad de dinero adicional que se cobra por artículos comprados. El costo total de un artículo es el precio normal más el impuesto sobre las ventas.

Ejemplo

1. Drew compra pesas que cuestan $140 y el impuesto sobre las ventas es 5.75%. ¿Cuál es el costo total?

Método 1 Suma el impuesto sobre las ventas y el precio normal.

Primero, halla el impuesto sobre las ventas.

La letra *i* representa el impuesto sobre las ventas.

$$\underline{\text{parte}} = \underline{\text{porcentaje}} \times \underline{\text{entero}}$$ Escribe la ecuación porcentual.

$i = 0.0575 \times 140$ 5.75% = 0.0575

$i = 8.05$ Multiplica.

Luego, suma el impuesto sobre las ventas y el precio normal.
$8.05 + $140 = 148.05

Método 2 Suma el porcentaje de impuesto a 100%.

$100\% + 5.75\% = 105.75\%$ Suma el porcentaje de impuesto a 100%.

La letra *t* representa el total.

$$\underline{\text{parte}} = \underline{\text{porcentaje}} \times \underline{\text{entero}}$$ Escribe la ecuación porcentual.

$t = 1.0575 \times 140$ 105.75% = 1.0575

$t = 148.05 Multiplica.

El costo total de las pesas es $148.05.

¿Entendiste? Resuelve este problema para comprobarlo.

Muestra tu trabajo.

a. _____

a. ¿Cuál es el costo total de una camiseta si el precio normal es $42 y el impuesto sobre las ventas es el $5\frac{1}{2}\%$?

Propinas y márgenes de ganancia

Una **propina,** o **gratificación,** es una pequeña cantidad de dinero que se paga por un servicio. El precio total es el precio normal más la propina.

Una tienda vende artículos por más dinero del que paga cuando los compra. La diferencia se llama **margen de ganancia**. El **precio de venta** es la cantidad que paga un cliente por un artículo.

Ejemplos

Tutor

2. Un cliente quiere dejar 15% de propina por una cuenta de $35 en un restaurante. ¿Cuál será el total de la cuenta con la propina incluida?

Método 1 Suma la propina y el precio normal.

Primero, halla la propina. La letra p representa la propina.

parte = porcentaje × entero

$p = 0.15 \times 35$ 15% = 0.15

$p = 5.25$ Multiplica.

Luego, suma la propina y la cuenta.

$5.25 + $35 = $40.25   Suma.

Método 2 Suma el porcentaje de propina a 100%.

100% + 15% = 115%   Suma el porcentaje de propina a 100%.

El costo total es el 115% de la cuenta. La letra t representa el total.

parte = porcentaje × entero

$t = 1.15 \times 35$ 115% = 1.15

$t = 40.25$ Multiplica.

Usando cualquier método, el costo total de la cuenta con propina es $40.25.

3. Un corte de pelo cuesta $20. El impuesto sobre las ventas es 4.75%. ¿$25 es suficiente para pagar el corte de pelo más el impuesto y una propina de 15%?

El impuesto sobre las ventas es 4.75% y la propina es 15%. Ambos suman 19.75%.

La letra t representa el impuesto y la propina.

parte = porcentaje × entero

$t = 0.1975 \times 20$ 0.15 + 0.0475 = 0.1975

$t = 3.95$ Multiplica.

$20 + $3.95 = $23.95   Suma.

Como $23.95 < $25, $25 es suficiente para cubrir el costo total.

¿Entendiste? Resuelve estos problemas para comprobarlo.

b. Scott quiere darle una propina de 20% al taxista. Si el viaje cuesta $15, ¿cuál es el costo total?

c. Halla el costo total de un tratamiento de belleza de $42 con un impuesto de 6% y una propina de 20%.

Cálculo mental

El 10% de un número puede hallarse moviendo el decimal un lugar hacia la izquierda. El 10% de $20 es $2. Por lo tanto, el 20% de $20 es $4.

Muestra tu trabajo.

b. _____

c. _____

Ejemplo

Tutor

Margen de ganancia

En el Ejemplo 4, pudiste hallar el precio de venta hallando el 125% de la cantidad que paga la tienda.

4. Una tienda paga $56 por un sistema de navegación GPS. El margen de ganancia es 25%. Halla el precio de venta.

Primero, halla el margen de ganancia. La letra *m* representa el margen de ganancia.

parte = porcentaje × entero   Escribe la ecuación porcentual.

$m = 0.25 \times 56$ 25% = 0.25

$m = 14$ Multiplica.

Luego, suma el margen de ganancia a la cantidad que paga la tienda.

$\$14 + \$56 = \$70$ Suma.

El precio de venta del sistema de navegación GPS es $70.

Muestra tu trabajo.

¿Entendiste? Resuelve este problema para comprobarlo.

d. Una tienda paga $150 por un tablero de basquetbol portátil y el margen de ganancia es 40%. ¿Cuál es el precio de venta?

d. _____

Práctica guiada

Comprueba

Halla el costo total al centavo más cercano. (Ejemplos 1 y 2)

1. cuaderno de $2.95; impuesto de 5% _____

2. almuerzo de $28; propina de 15% _____

Muestra tu trabajo.

3. Jaimi recibió un servicio de manicura que costó $30. Quiso dejar 20% de propina y el impuesto es 5.75%. ¿Cuánto gastó Jaimi en total por el servicio de manicura? (Ejemplo 3)

_____

4. Halla el precio de venta de una máquina de karaoke de $62.25 con un margen de ganancia del 60.5%. (Ejemplo 4) _____

5. **Desarrollar la pregunta esencial** Describe dos métodos para hallar el precio total de una cuenta que incluye el 20% de propina. ¿Qué método prefieres? _____

_____

_____

¡Califícate!

¿Entendiste cómo se hallan el impuesto sobre las ventas, las propinas y los márgenes de ganancia? Encierra en un círculo la imagen que corresponda.

No tengo dudas.   Tengo algunas dudas.   Tengo muchas dudas.

Para obtener más ayuda, conéctate y accede a un tutor personal.

Tutor

Práctica independiente

Conéctate para obtener las soluciones de varios pasos.

Ayuda
en línea

Halla el costo total al centavo más cercano. (Ejemplos 1 y 2)

estra
tu
rabajo.

1. cuenta de $58; propina de 20% _____

2. cena de $43; gratificación de 18% _____

3 computadora de $1,500; impuesto

de 7% _____

4. zapatos de $46; impuesto de 2.9% _____

5 **Conocimiento sobre finanzas** La cuenta de un restaurante es $28.35. Halla el costo total si el impuesto es 6.25% y se deja 20% de propina sobre la cantidad sin el impuesto.

(Ejemplo 3) _____

6. Toru lleva su perro a la peluquería canina. La tarifa por asear y peinar al perro es $75 más el 6.75% de impuesto. ¿$80 son suficientes para pagar el servicio? Explica tu respuesta. (Ejemplo 3)

_____

7. Halla el precio de venta de una bicicleta de $270 con un margen de ganancia de

24%. (Ejemplo 4) _____

8. Halla el precio de venta de una pintura de $450 con un margen de ganancia de

45%. (Ejemplo 4) _____

9. ¿Cuál es el impuesto sobre las ventas del sillón que se muestra si la tasa impositiva es

5.75%? _____

$178.90

10. Una tienda paga $10 por una pulsera, y el margen de ganancia es el 115%. Un cliente también pagará el $5\frac{1}{2}$% de impuesto sobre las ventas. ¿Cuál será el costo total de la pulsera al centavo más cercano? _____

Problemas S.O.S. Soluciones de orden superior

11. (PM) **Perseverar con los problemas** El Mundo del Cuero compra un abrigo a un proveedor por $90 y le agrega un margen de ganancia de 40%. Si el precio al consumidor es $134.82, ¿cuánto es el impuesto sobre las ventas? _____

12. (PM) **Representar con matemáticas** Da un ejemplo del precio normal de un artículo y el costo total con el impuesto sobre las ventas incluido si la tasa impositiva es 5.75%.

_____

_____

13. (PM) **¿Cuál no pertenece?** En cada par, el primer valor es el precio normal de un artículo y el segundo valor es el precio con gratificación. Identifica el par que no pertenece al mismo grupo que los otros tres. Explica tu razonamiento a un compañero.

| $30, $34.50 | | $54, $64.80 | | $16, $18.40 | | $90, $103.50 |

_____

_____

14. (PM) **Razonar de manera abstracta** Los precios de varios teléfonos celulares se listan en la tabla. La tabla muestra el precio normal p y el precio con impuesto i. El impuesto sobre las ventas es 8%. Escribe una fórmula que pueda usarse para hallar el precio con impuesto.

Teléfono	Precio normal (p)	Precio con impuesto (i)
Con tapa	$80	$86.40
Deslizable	$110	$118.80
Con cámara de video	$120	$129.60

_____

15. (PM) **Usar un contraejemplo** ¿El siguiente enunciado es *verdadero* o *falso*? Si es *falso*, da un contraejemplo.

Es imposible aumentar el costo de un artículo más del 100%.

_____

_____

Más práctica

Halla el costo total al centavo más cercano.

16. reproductor de CD de $99; impuesto de 5%

$103.95

$$0.05 \times 99 = 4.95$$

$99.00
+ 4.95
$103.95

17. corte de pelo de $13; propina de 15%

$14.95

$$0.15 \times 13 = 1.95$$

$13.00
+ 1.95
$14.95

18. comida de $7.50; impuesto de 6.5% _____

19. pedido de pizza de $39; propina de 15% _____

20. patineta de $89.75; impuesto de $7\frac{1}{4}$% _____

21. colchoneta de yoga de $8.50; margen de ganancia de 75% _____

22. 🅿️🅼 **Razonar de manera inductiva** Diana y Sujit limpian casas como trabajo de verano. Cobran $70 por el trabajo más el 5% para productos. El dueño de una casa les dio una propina de 15%. ¿Los niños reciben más de $82 por su trabajo? Explica tu respuesta.

_____

_____

23. 🅿️🅼 **Hallar el error** Jamar quiere hallar el precio de venta de un par de patines de $40 con un margen de ganancia de 30%. Halla su error y corrígelo.

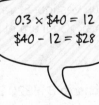

$$0.3 \times \$40 = 12$$
$$\$40 - 12 = \$28$$

_____

_____

24. El mismo par de botas se vende en cuatro tiendas de diferentes condados. Los costos y las tasas de impuesto sobre las ventas se muestran en la tabla.

Ordena de menor a mayor los costos totales con el impuesto sobre las ventas incluido.

Tienda	Precio	Tasa de impuesto
Mundo Bota	$54.90	5.5%
Zapatos y Más	$53.25	7%
Nos Zapatos	$52.20	6.25%
Calzados Frank	$53.95	6.5%

	Tienda	Costo total
Menor		
Mayor		

¿Qué tienda tiene el menor precio con el impuesto incluido? [ ]

25. Una tienda de artículos para oficina agrega un margen de ganancia del 30% a sus precios. ¿Cuál de los siguientes podrían ser artículos que se venden en esa tienda? Selecciona todas las opciones que correspondan.

☐ silla de oficina: costo: $72, precio de venta: $94.50

☐ papel de impresora: costo: $4.60, precio de venta: $5.98

☐ caja de sujetapapeles: costo: $1.20, precio de venta: $1.65

☐ archivador: costo: $60, precio de venta: $78

Estándares comunes: Repaso en espiral

Resuelve. 6. NS. 3

26. $45 - 4.5 =$ _____

27. $89 - 31.15 =$ _____

28. $102 - $25.75 =$ _____

29. Renata pagó $35.99 por un vestido. El vestido estaba en oferta, a $14.01 menos que el precio normal. ¿Cuál era el precio normal del vestido? 6. NS. 3

_____

30. El Sr. Durand compró la consola B a $20.99 menos que el precio publicitado. Halla la cantidad total que pagó el Sr. Durand. 6. NS. 3

_____

Consola de juegos	Precio publicitado ($)
A	128.99
B	138.99
C	148.99

Descuento

¿CÓMO te ayudan los porcentajes a comprender situaciones en las que se usa dinero?

Conexión con el mundo real

Parques acuáticos El pase en un parque acuático cuesta $58 al comienzo de la temporada. El costo del pase disminuye cada mes.

1. Cada mes, se quita 10% del precio de un pase de temporada. Halla el precio con descuento de agosto completando los espacios en blanco.

Pase de temporada

Junio: $58.00   Julio: $52.20

Agosto: _____

Vocabulario

abc **Vocabulario**

descuento
rebaja

Common Core State Standards

Content Standards
7.RP.3, 7.EE.3

PM Prácticas matemáticas
1, 3, 4, 5

Precio de julio   Escribe 10% como un decimal.   Cantidad de descuento

_____   ×   _____   =   _____

Precio de julio   Cantidad de descuento   Precio con descuento de agosto

_____   −   _____   =   _____

2. Multiplica 0.9 y $52.20. ¿Cómo es el resultado en comparación con tu respuesta al Ejercicio 1?

_____

_____

3. Escribe la definición de *descuento* en tus propias

palabras. _____

_____

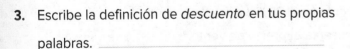
¿Qué **Prácticas matemáticas** PM usaste?
Sombrea lo que corresponda.

① Perseverar con los problemas
② Razonar de manera abstracta
③ Construir un argumento
④ Representar con matemáticas

⑤ Usar las herramientas matemáticas
⑥ Prestar atención a la precisión
⑦ Make Use of Structure
⑧ Usar el razonamiento repetido

Precio de venta y precio original

El **descuento**, o la **rebaja**, es la cantidad por la cual se reduce el precio normal de un artículo. El precio de venta es el precio normal menos el descuento.

Ejemplo

1. Un DVD normalmente cuesta $22. Esta semana está en oferta a 25% menos del precio original. ¿Cuál es el precio de venta del DVD?

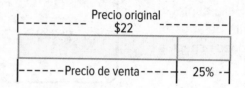

Precio original
$22

Precio de venta — 25%

Método 1 | Resta el descuento al precio normal.

Primero, halla la cantidad de descuento.

La letra d representa el descuento.

$$\underbrace{\text{parte}} = \underbrace{\text{porcentaje}} \times \underbrace{\text{entero}}$$ Escribe la ecuación porcentual.

d = 0.25 × 22 $25\% = 0.25$.

d = 5.50   Multiplica.

Luego, resta el descuento al precio normal.

$22 − $5.50 = $16.50

Método 2 | Resta el porcentaje de descuento a 100%.

$100\% − 25\% = 75\%$ Resta el descuento a 100%.

El precio de venta es el 75% del precio normal.

La letra v representa el precio de venta.

$$\underbrace{\text{parte}} = \underbrace{\text{porcentaje}} \times \underbrace{\text{entero}}$$ Escribe la ecuación porcentual.

v = 0.75 × 22 $75\% = 0.75$

v = 16.50   Multiplica.

El precio de venta del DVD es $16.50.

Muestra tu trabajo.

¿Entendiste? Resuelve este problema para comprobarlo.

a. _____

a. Una camisa normalmente se vende a $42. La camisa está en oferta a 15% menos del precio normal. ¿Cuál es el precio de venta de la camisa?

Ejemplo

2. Una tableta electrónica que tiene un precio normal de $69 está en oferta con 35% de descuento. ¿Cuál es el precio de venta con un impuesto del 7%?

Paso 1 Halla la cantidad del descuento.

La letra *d* representa el descuento.

$\underbrace{\text{parte}} = \underbrace{\text{porcentaje}} \times \underbrace{\text{entero}}$ Escribe la ecuación porcentual.

$d = 0.35 \times 69$ $35\% = 0.35$

$d = 24.15$ Multiplica.

Paso 2 Resta el descuento al precio normal.

$\$69 - \$24.15 = \$44.85$

Paso 3 El porcentaje de impuesto se aplica después de hacer el descuento.

7% de $\$44.85 = 0.07 \cdot 44.85$ Escribe 7% como un decimal.

$= 3.14$ El impuesto es $3.14.

$\$44.85 + \$3.14 = \$47.99$ Suma el impuesto al precio de venta.

El precio de venta de la tableta electrónica, con el impuesto incluido, es $47.99.

¿Entendiste? Resuelve este problema para comprobarlo.

b. Un CD que se vende a $15.50 está en oferta con 25% de descuento. ¿Cuál es el precio de venta con 6.5% de impuesto?

Muestra tu trabajo.

b. _____

Ejemplo

3. Un teléfono celular está en oferta al 30% menos. Si el precio de venta es $239.89, ¿cuál es el precio original?

El precio de venta es $100\% - 30\%$, o el 70%, del precio original.

La letra *p* representa el precio original.

$\underbrace{\text{parte}} = \underbrace{\text{porcentaje}} \times \underbrace{\text{entero}}$

$239.89 = 0.7 \times p$

$\dfrac{239.89}{0.7} = \dfrac{0.7p}{0.7}$ Divide cada lado entre 0.7.

$342.70 = p$ Simplifica.

El precio original es $342.70.

Ecuación porcentual

Recuerda que en la ecuación porcentual, el porcentaje debe estar escrito como decimal. Como el precio de venta es 70% del precio original, usa 0.7 para representar 70% en la ecuación porcentual.

¿Entendiste? Resuelve este problema para comprobarlo.

c. Halla el precio original si el precio de venta del celular es $205.50.

c. _____

Ejemplo

4. Las tiendas Eres lo que Usas y Deportienda ponen sus artículos en oferta. En Eres lo que Usas, un par de tenis cuesta 40% menos que su precio normal de $50. En Deportienda, la misma marca de tenis tiene un descuento del 30% sobre el precio normal de $40. ¿Qué tienda tiene el mejor precio de venta? Explica tu respuesta.

Halla el precio de venta de los tenis en cada tienda.

Eres lo que Usas	**Deportienda**
60% de $50 = 0.6 × $50	70% de $40 = 0.7 × $40
= $30	= $28
El precio de venta es $30.	El precio de venta es $28.

Como $28 < $30, el mejor precio está en Deportienda.

 Muestra tu trabajo.

¿Entendiste? **Resuelve este problema para comprobarlo.**

d. Si la oferta en Eres lo que Usas fuera de un 50% menos, ¿qué tienda tendría el mejor precio? Explica tu respuesta.

d. _____

Práctica guiada

1. Mary y Roberto compraron mochilas idénticas en tiendas diferentes. La mochila de Mary originalmente costaba $65 y tuvo un descuento de 25%. La mochila de Roberto originalmente costaba $75 y estaba en oferta al 30% menos que el precio original. ¿Qué mochila fue una mejor compra? Explica tu respuesta. (Ejemplos 1, 2 y 4)

 Muestra tu trabajo.

_____

2. Un par de patines en línea está en oferta a $90. Si ese precio representa un descuento del 9% del precio original, ¿cuál es el precio original al centavo más cercano? (Ejemplo 3)

_____

3. ℗ **Desarrollar la pregunta esencial** Describe dos métodos para hallar el precio de venta de un artículo que tuvo un descuento del 30%.

_____

_____

¡Califícate!

¿Estás listo para seguir? Sombrea lo que corresponda.

Para obtener más ayuda, conéctate y accede a un tutor personal.

Práctica independiente

Conéctate para obtener las soluciones de varios pasos.

Halla el precio de venta al centavo más cercano. (Ejemplos 1 y 2)

1. camisa de $64; descuento de 20% _____

2. TV de $1,200; descuento de 10% _____

 muestra tu trabajo.

3 entrada de $7.50; descuento de 20%; impuesto de 5.75% _____

4. maquillaje de $4.30; descuento de 40%; impuesto del 6% _____

5 Una botella de loción para manos está en oferta a $2.25. Si ese precio representa un descuento del 50% del precio original, ¿cuál es el precio original al centavo más cercano? (Ejemplo 3)

_____

6. Una raqueta de tenis cuesta $180 con un descuento de 15% en Ciudad Deporte. El mismo modelo de raqueta cuesta $200 en Mundo Tenis y está en oferta al 20% menos. ¿Qué tienda tiene la mejor oportunidad? Explica tu respuesta. (Ejemplo 4)

_____

_____

7. (PM) **Representar con matemáticas** Consulta la siguiente historieta.

¡Creo que lo tenemos! ¿Adivina adónde vamos?

Queremos la entrada más barata para nuestro viaje. Consulta las cuentas que hiciste al final de la Lección 2–1.

a. Halla el precio que pagaría un estudiante, incluido el descuento de grupo para cada parque de atracciones. _____

_____

b. Cuál tiene el mejor precio? _____

8. La familia Ware quiere comprar una computadora. El precio normal es $1,049. La tienda ofrece el 20% de descuento y se suma el 5.25 de impuesto después de hacer el descuento. ¿Cuál es el costo total? _____

Halla el precio original al centavo más cercano.

9. calendario: descuento, 75%; precio de venta, $2.25 _____

10. telescopio: descuento, 30%; precio de venta, $126 _____

11. (PM) **Usar las herramientas matemáticas** Compara y contrasta el impuesto y el descuento.

Impuesto   Descuento

Problemas S.O.S. Soluciones de orden superior

12. (PM) **Representar con matemáticas** Da un ejemplo del precio de venta de un artículo y el costo total con el impuesto sobre las ventas incluido si la tasa impositiva es 5.75% y el artículo cuesta 25% menos. _____

_____

13. (PM) **Perseverar con los problemas** Una tienda pone sus artículos en oferta con un descuento del 20%. Con impuesto incluido, Colin pagó $121 por un cuadro. Si la tasa impositiva es 5%, ¿cuál es el precio original del cuadro? _____

14. (PM) **Razonar de manera abstracta** Describe dos métodos para hallar el precio de venta de un artículo que tiene un descuento de 30%. ¿Qué método prefieres? Explica tu respuesta. _____

_____

_____

_____

Más práctica

Halla el precio de venta al centavo más cercano.

15. patineta de $119.50; el 20% menos; impuesto de 7% $102.29

> **Ayuda para la tarea.**
>
> $0.20 \times \$119.50 = \$23.90$
> $\$119.50 - \$23.90 = \$95.60$
> $0.07 \times \$95.60 = \$6.69$
> $\$95.60 + \$6.69 = \$102.29$

16. suéter de $40; descuento de 33% _____

17. reproductor de MP3 de $199; descuento de 15% _____

18. juego de bolígrafos de $12.25; descuento de 60% _____

19. La Sra. Robinson compró en una librería una novela en oferta a 20% menos del precio normal de $29.99. El Sr. Chang compró la misma novela en otra librería a 10% menos del precio normal de $25. ¿Qué persona recibió el mejor descuento? Explica tu respuesta. _____

_____

20. (PM) **Representaciones múltiples** Una tienda virtual tiene las cámaras digitales en oferta. La tabla muestra el precio normal y el precio de venta de las cámaras.

a. **En palabras** Escribe una regla que se pueda usar para hallar el porcentaje de disminución de cualquiera de las cámaras.

_____

_____

_____

Modelo de cámara	Precio normal	Precio de venta	Descuento
A	$97.99	$83.30	
B	$102.50	$82.00	
C	$75.99	$65.35	
D	$150.50	$135.45	

b. **Tabla** Completa la tabla con los descuentos.

c. **Números** ¿Qué modelo tiene el mayor porcentaje de descuento?

_____

21. Una tienda de electrodomésticos pone sus artículos en oferta a 15% menos durante un fin de semana festivo. ¿Cuáles de las siguientes opciones podrían ser ofertas de esa tienda? Selecciona todas las opciones que correspondan.

☐ lavadora: precio normal: $680; precio de venta: $578

☐ refrigerador: precio normal: $1,120; precio de venta: $896

☐ secadora: precio normal: $340; precio de venta: $289

☐ congelador: precio normal: $250; precio de venta: $212.50

22. La tabla muestra los precios normales y los precios de venta de artículos en 4 tiendas diferentes. Selecciona el porcentaje de descuento correcto que ofrece cada tienda.

Tienda	Precio	Precio de venta	Porcentaje de descuento
A	$68.20	$51.15	
B	$125.40	$100.32	
C	$269.75	$215.80	
D	$38.60	$32.81	

15%	25%
20%	30%

Halla el porcentaje de cambio. Si es necesario, redondea al porcentaje entero más cercano. Indica si el porcentaje de cambio es un *incremento* o una *disminución*.

7. RP. 3

23. 35 aves a 45 aves

24. 60 pulgadas a 38 pulgadas

25. $2.75 a $1.80

26. Completa la tabla para expresar cada número de meses en años. Escríbelos en su mínima expresión. El primero está hecho y te servirá de ejemplo. 6. RP. 3a

Número de meses	1	2	3	4	6
Tiempo en años	$\frac{1}{12}$				

Conocimiento sobre finanzas: Interés simple

Vocabulario inicial

El **capital** es la cantidad de dinero que se deposita o se pide prestada. El **interés simple** es la cantidad que se paga o se gana por el uso del dinero.

La fórmula del interés simple se muestra abajo. Completa el diagrama con las palabras correctas del banco de palabras.

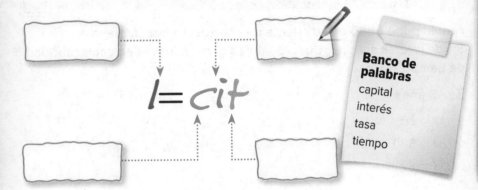

$$I = cit$$

Banco de palabras

capital
interés
tasa
tiempo

Pregunta esencial

¿CÓMO te ayudan los porcentajes a comprender situaciones en las que se usa dinero?

Vocabulario

capital
interés simple

Common Core State Standards

Content Standards
7.RP.3, 7.EE.3

PM Prácticas matemáticas
1, 3, 4

Conexión con el mundo real

La Sra. Ramírez invierte $400 en una cuenta de ahorros con una tasa de interés simple de 2% para comprar una computadora portátil. Ella planea invertir el dinero durante 18 meses.

Según esta situación del mundo real, completa los espacios en blanco con los números correctos. Escribe la tasa como un decimal. El tiempo se expresa en años.

capital = ☐   tasa = ☐   tiempo = ☐ años

¿Qué Prácticas matemáticas PM usaste?
Sombrea lo que corresponda.

1. Perseverar con los problemas
2. Razonar de manera abstracta
3. Construir un argumento
4. Representar con matemáticas
5. Usar las herramientas matemáticas
6. Prestar atención a la precisión
7. Usar una estructura
8. Usar el razonamiento repetido

Fórmula del interés simple

Dato	El interés simple I es el producto del capital c, la tasa de interés anual i y el tiempo t, expresado en años.
Símbolos	$I = cit$

Si tienes una cuenta de ahorros, el banco te paga un interés por el uso de tu dinero. Usa la fórmula $I = cit$ para hallar la cantidad de interés que se ganará.

Ejemplos

Tutor

Arnold pone \$580 en su cuenta de ahorros. La cuenta paga el 3% de interés simple. ¿Cuánto interés ganará Arnold en cada cantidad de tiempo?

1. 5 años

$I = cit$ Fórmula del interés simple

$I = 580 \cdot 0.03 \cdot 5$ Reemplaza c por \$580, i por 0.03 y t por 5.

$I = 87$ Simplifica.

Por lo tanto, Arnold ganará \$87 de interés en 5 años.

2. 6 meses

6 meses $= \dfrac{6}{12}$ o 0.5 de año   Escribe el tiempo en años.

$I = cit$ Fórmula del interés simple

$I = 580 \cdot 0.03 \cdot 0.5$ $c = \$580, i = 0.03, t = 0.5$

$I = 8.7$ Simplifica.

Por lo tanto, Arnold ganará \$8.70 de interés en 6 meses.

Muestra tu trabajo.

¿Entendiste? Resuelve estos problemas para comprobarlo.

a. Jenny pone \$1,560 en una cuenta de ahorros. La cuenta paga 2.5% de interés simple. ¿Cuánto interés ganará Jenny en 3 años?

b. Marcos invierte \$760 en una cuenta de ahorros. La cuenta paga 4% de interés simple. ¿Cuánto interés ganará Marcos en 5 años?

a. _____

b. _____

Interés sobre préstamos y tarjetas de crédito

Si pides dinero prestado a un banco, le pagas al banco un interés por el uso de su dinero. También pagas un interés a las compañías de tarjetas de crédito si tienes un saldo impago. Usa la fórmula $I = cit$ para hallar la cantidad de interés que se debe.

Ejemplos

Tutor

PARA y reflexiona

Explica cómo hallarías el interés simple de un préstamo de $500 con una tasa de interés del 6% durante 18 meses.

3. Los padres de Rondel pidieron prestados $6,300 al banco para un carro nuevo. La tasa de interés es 6% anual. ¿Cuánto interés simple pagarán si demoran 2 años en devolver el préstamo?

$I = cit$ Fórmula del interés simple

$I = 6,300 \cdot 0.06 \cdot 2$ Reemplaza c por $6,300, i por 0.06 y t por 2.

$I = 756$ Simplifica.

Los padres de Rondel pagarán $756 de interés en 2 años.

4. El papá de Derrick compró llantas nuevas a $900 con una tarjeta de crédito. La tarjeta tiene una tasa de interés de 19%. Si no tiene otros gastos en la tarjeta y no hace el pago, ¿cuánto dinero deberá al cabo de un mes?

$I = cit$ Fórmula del interés simple

$I = 900 \cdot 0.19 \cdot \dfrac{1}{12}$ Reemplaza c por $900, i por 0.19 y t por $\dfrac{1}{12}$.

$I = 14.25$ Simplifica.

El interés que se debe al cabo de un mes es $14.25.

Por lo tanto, la cantidad total que se deberá será $900 + $14.25, o $914.25.

¿Entendiste? Resuelve estos problemas para comprobarlo.

Muestra tu trabajo.

c. La Sra. Hanover pide prestados $1,400 a una tasa anual del 5.5%. ¿Cuánto interés simple pagará si tarda 8 meses en devolver el préstamo?

c. _____

d. El gerente de una oficina compró $425 en materiales de oficina con una tarjeta de crédito. La tarjeta tiene una tasa de interés de 9.9%. ¿Cuánto dinero deberá el gerente a fin de mes si no hace otras compras con la tarjeta y no hace el pago?

d. _____

 Ejemplo

 Tutor

5. Luis pidió un préstamo de $5,000 para un carro. Piensa pagar el préstamo en 2 años. Al cabo de 2 años, Luis todavía tiene que pagar $300 de interés. ¿Cuál es la tasa de interés simple del préstamo para el carro?

$$I = cit$$ Fórmula del interés simple

$$300 = 5,000 \cdot i \cdot 2$$ Reemplaza I por 300, c por 5,000 y t por 2.

$$300 = 10,000i$$ Simplifica.

$$\frac{300}{10,000} = \frac{10,000i}{10,000}$$ Divide cada lado entre 10,000.

$$0.03 = i$$

La tasa de interés simple es 0.03, o 3%.

 Muestra tu trabajo.

¿Entendiste? Resuelve este problema para comprobarlo.

e. _____

e. Maggie pidió un préstamo estudiantil de $2,600. Piensa devolver el préstamo en 3 años. Al cabo de 3 años, Maggie habrá pagado $390 de interés. ¿Cuál es la tasa de interés simple del préstamo estudiantil?

Práctica guiada

 Comprueba

1. La familia Master financió la compra de una computadora que cuesta $1,200. Si la tasa de interés simple es 19%, ¿cuánto deberá la familia al cabo de un mes si no se hace ningún pago? (Ejemplos 1 a 4) _____

Muestra tu trabajo.

2. Samantha recibió un préstamo del de $4,500. Piensa pagar el préstamo en 4 años. Al cabo de 4 años, Samantha habrá pagado $900 de interés. ¿Cuál es la tasa de interés simple del préstamo del banco?
(Ejemplo 5)

_____

3.  **Desarrollar la pregunta esencial** ¿Cómo puedes usar una fórmula para hallar el interés simple?

_____
_____
_____
_____

¡Califícate!

¿Entendiste cómo se usa la fórmula del interés simple? Sombrea lo que corresponda.

Para obtener más ayuda, conéctate y accede a un tutor personal.

Tutor

Nombre _____ Mi tarea _____

Práctica independiente

Conéctate para obtener las soluciones de varios pasos.

Halla el interés simple al centavo más cercano que se ganó con cada capital, tasa de interés y tiempo. (Ejemplos 1 y 2)

1. $640, 3%, 2 años _____

2. $1,500, 4.25%, 4 años _____

Muestra tu trabajo.

3. $580, 2%, 6 meses _____

4. $1,200, 3.9%, 8 meses _____

Halla el interés simple al centavo más cercano que se pagó por cada préstamo, tasa de interés y tiempo. (Ejemplo 3)

5 $4,500, 9%, 3.5 años _____

6. $290, 12.5%, 6 meses _____

7. León gastó $75 con una tasa de interés de 12.5% ¿Cuánto tendrá que pagar León al cabo de un mes si no hace ningún pago?

(Ejemplo 4) _____

8. Jamerra recibió un préstamo para un carro de $3,000. Piensa devolver el préstamo en 2 años. Al cabo de 2 años, Jamerra habrá pagado $450 de interés. ¿Cuál es la tasa de interés simple del préstamo para el

carro? (Ejemplo 5) _____

9 **PM** **Justificar las conclusiones** Pablo tiene $4,200 para invertir para la universidad.

a. Si Pablo invierte $4,200 durante 3 años y gana $630, ¿cuál es la tasa

de interés simple? _____

b. La meta de Pablo es tener $5,000 en 4 años. ¿La meta es posible si

invierte a una tasa de rendimiento de 6%? Explica tu respuesta.

_____

10. **Conocimiento sobre finanzas** La tabla muestra el interés que se debe por un préstamo para reparaciones del hogar según cuánto se tarde en devolver el préstamo.

   a. ¿Cuánto interés simple más hay que pagar por $900 en 9 meses que por $900 en 6 meses?

   _____

   _____

   b. ¿El interés aumenta a una tasa constante?___

   _____

   _____

Tiempo	Tasa
6 meses	2.4%
9 meses	2.9%
12 meses	3.0%
18 meses	3.1%

Problemas S.O.S. Soluciones de orden superior

11. **PM Justificar las conclusiones** Imagina que ganas el 3% sobre un depósito de $1,200 durante 5 años. Explica cómo el interés simple cambia si la tasa aumenta 1%. ¿Qué pasa si el tiempo aumenta 1 año?

   _____

   _____

   _____

12. **PM Perseverar con los problemas** Dustin compró una computadora a $2,000 con una tarjeta de crédito. El pago mínimo mensual es $35. Cada mes se suma a la cantidad que debe el 1% del saldo impago.

   a. Si Dustin paga solo $35 el primer mes, ¿cuánto deberá el segundo mes?

   _____

   b. Si Dustin hace el pago mínimo, ¿cuánto deberá el tercer mes? _____

13. **PM Razonar de manera inductiva** Compara las dos inversiones. ¿Cuál tendrá un saldo mayor en la cuenta en los períodos dados? Explica tu respuesta.

   Inversión A
   Capital: $1,500
   Tasa de interés: 3%
   Tiempo: 30 años

   Inversión B
   Capital: $1,500
   Tasa de interés: 4.5%
   Tiempo: 15 años

   _____

   _____

Más práctica

Halla el interés simple al centavo más cercano que se ganó con cada capital, tasa de interés y tiempo.

14. $1,050, 4.6%, 2 años $96.60

Ayuda para la tarea.

$$I = cit$$
$$I = \$1,050 \cdot 0.046 \cdot 2$$
$$I = 96.60$$

15. $500, 3.75%, 4 meses _____

16. $250, 2.85%, 3 años _____

17. $3,000, 5.5%, 9 meses _____

Halla el interés simple al centavo más cercano que se pagó por cada préstamo, tasa de interés y tiempo.

18. $1.000, 7%, 2 años _____

19. $725, 6.25%, 1 año _____

20. $2,700, 8.2%, 3 meses _____

21. $175.80, 12%, 8 meses _____

22. Jake recibió un préstamo estudiantil de $12,000. Piensa devolver el préstamo en 5 años. Al cabo de 5 años, Jake habrá pagado $3,600 de interés. ¿Cuál es la tasa de interés simple del préstamo estudiantil?

_____

23. Amy invierte $3,000 en una cuenta de ahorros que paga el 2.35% de interés simple anual. Amy no hace depósitos ni retiros durante 3.5 años. Determina si los enunciados son verdaderos o falsos.

a. La cuenta de Amy ganará $246.75 de interés.   ☐ Verdadero   ☐ Falso

b. La cuenta de Amy tendrá un valor de $2753.25 a los 3.5 años.   ☐ Verdadero   ☐ Falso

c. La cuenta de Amy ganaría $15.75 más de interés si la tasa de interés aumenta 2.5%.   ☐ Verdadero   ☐ Falso

24. El Sr. Chen necesita pedir prestados $12,000 para comprar un carro. La tabla muestra los términos de 3 opciones de préstamos.

Selecciona las cantidades correctas para el interés pagado y los pagos mensuales para completar la tabla.

Opción de préstamo	Tasa de interés anual	Tiempo (años)
A	5.35%	5
B	4.75%	3
C	5.1%	4

Interés pagado	Opción de préstamo	Pago mensual
☐	A	☐
☐	B	☐
☐	C	☐

$253.50	$380.83	$2,448.00
$301.00	$1,710.00	$3,210.00

¿Qué préstamo le recomendarías al Sr. Chen? Explica tu razonamiento.

Estándares comunes: Repaso en espiral

Rotula la recta numérica del 0 al 10. Luego, marca los números. 6.NS.6

25. 2.5

26. $8\frac{1}{4}$

27. 5.9

28. $\frac{1}{1}$

Laboratorio de indagación
Hoja de cálculo: Interés compuesto

 ¿EN QUÉ se diferencia el interés compuesto del interés simple?

 Content Standards 7.RP.3
 Prácticas matemáticas 1, 3, 5

Los padres de Jin Li depositan $2,000 en una cuenta de ahorros para la universidad. La cuenta paga una tasa de interés compuesto de 4% anual. Completa la actividad Manos a la obra para hallar cuánto dinero habrá en la cuenta al cabo de 9 años.

Manos a la obra

El *interés compuesto* es un interés que se gana sobre el capital original y sobre el interés que se ganó en el pasado. Al final de cada período, el interés ganado se suma al capital, que pasa a ser el nuevo capital para el siguiente período.

Una hoja de cálculo de computadora es una herramienta útil para hacer cuentas con interés compuesto rápidamente. Para hacer cálculos en una hoja de cálculo, primero escribe el signo igual. Por ejemplo, escribe =A4+B4 para hallar la suma de las celdas A4 y B4.

Crea una hoja de cálculo como esta.

Interés compuesto

	A	B	C	D
1	Tasa	0.04		
2				
3	Capital	Interés	Nuevo capital	Tiempo (Año)
4	$2000.00	$80.00	$2080.00	1
5	$2080.00	$83.20	$2163.20	2
6	$2163.20	$86.53	$2249.73	3
7	$2249.73	$89.99	$2339.72	4
8	$2339.72	$93.59	$2433.31	5
9	$2433.31	$97.33	$2530.64	6
10	$2530.64	$101.23	$2631.86	7
11	$2631.86	$105.27	$2737.14	8
12				

Hoja 1 / Hoja 2 / Hoja 3

La tasa de interés se escribe como un decimal.

La hoja de cálculo evalúa la fórmula A4×B1.

Se suma el interés al capital todos los años. La hoja de cálculo evalúa la fórmula A4 + B4.

¿Qué fórmula usaría la hoja de cálculo para hallar el nuevo capital al final del año 9? _____

Por lo tanto, la cuenta tendrá un saldo de _____ al cabo de 9 años.

Investigar

Colabora

Trabaja con un compañero o una compañera. Crea hojas de cálculo para las siguientes situaciones.

1. Lakeesha deposita $1,500 en una cuenta para jóvenes ahorristas. La cuenta recibe 4% de interés compuesto anual. ¿Cuál es el saldo de la cuenta de Lakeesha al cabo de 2 años? ¿Y al cabo de 3 años?

   2 años: _____   3 años: _____

2. Michael deposita $2,650 en una cuenta de ahorros. La tasa de la cuenta es 6% de interés compuesto anual. ¿Cuál es el saldo de la cuenta de Michael al cabo de 2 años? ¿Y al cabo de 3 años?

   2 años: _____   3 años: _____

Analizar y pensar

Colabora

3. **PM Razonar de manera inductiva** Imagina que Elías depositó $1,000 en la cuenta de un banco que paga 4.75% de interés compuesto anual. Al mismo tiempo, Lily depositó $1,000 en otra cuenta que paga 5% de interés simple. Elías y Lily retiran el dinero de las cuentas al cabo de seis años. Predice quién recibió más dinero. Explica tu respuesta.

   _____

   _____

   _____

Crear

Por tu cuenta

4. **PM Representar con matemáticas** Escribe un problema del mundo real que incluya interés compuesto. Luego, crea una hoja de cálculo y resuélvelo.

   _____

   _____

   _____

5. **Indagación** ¿EN QUÉ se diferencia el interés compuesto del interés simple?

   _____

   _____

   _____

   _____

PROFESIÓN DEL SIGLO XXI
en diseño de videojuegos

Diseñador de videojuegos

¿Te apasionan los juegos de computadora? Tal vez quieras explorar la profesión de diseño de videojuegos. Un diseñador de videojuegos está a cargo del concepto del juego, el diseño visual, el desarrollo de los personajes y el procedimiento del juego. Los diseñadores de juegos usan las matemáticas y la lógica para calcular cómo funcionarán las distintas partes del juego.

P P U PREPARACIÓN
Profesional
& Universitaria

Explora profesiones y la universidad en ccr.mcgraw-hill.com.

¿Es esta profesión para ti?

¿Te interesa la profesión de diseñador de videojuegos? Cursa alguna de las siguientes materias en la escuela preparatoria.

◆ Animación digital en 3D
◆ Introducción a la computación
◆ Introducción al desarrollo de juegos

Averigua cómo se relacionan las matemáticas con el diseño de videojuegos.

ⓟ Juegos y más juegos

Usa la información de la gráfica circular y la tabla para resolver los problemas.

1. ¿Cuántos de los 20 videojuegos más vendidos fueron juegos de deportes? _____

2. De los 20 videojuegos más vendidos, ¿cuántos juegos más de música que de carreras se vendieron? _____

3. En la semana 2, las ventas totales de un videojuego fueron $2,374.136. ¿Qué porcentaje de las ventas totales pertenece a Estados Unidos? Redondea al porcentaje entero más cercano. _____

4. Halla el porcentaje de cambio de las ventas videojuegos de la semana 1 a la semana 3 en Japón. Redondea al porcentaje entero más cercano. _____

5. ¿Qué país tuvo el mayor porcentaje de disminución en las ventas de la semana 1 a la semana 2: Japón o Estados Unidos? Explica tu respuesta.

_____

_____

_____

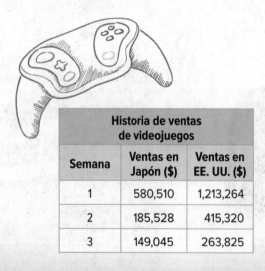

Historia de ventas de videojuegos		
Semana	Ventas en Japón ($)	Ventas en EE. UU. ($)
1	580,510	1,213,264
2	185,528	415,320
3	149,045	263,825

Los 20 videojuegos más vendidos en Estados Unidos

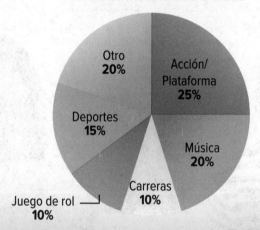

Otro 20%

Acción/Plataforma 25%

Deportes 15%

Música 20%

Carreras 10%

Juego de rol 10%

ⓟ Proyecto profesional

¡Es hora de actualizar tu carpeta de profesiones! Escoge uno de tus videojuegos favoritos. Haz una lista de las mejores características del juego, según tu opinión. Luego, describe los cambios que harías en el juego como diseñador de videojuegos.

_____

_____

_____

_____

Haz una lista de las cualidades que tienes que te ayudarían a tener éxito en esta profesión.

· _____
· _____
· _____
· _____
· _____

Repaso del capítulo

Comprobación del vocabulario

Completa el crucigrama con una palabra del vocabulario que está al comienzo del capítulo.

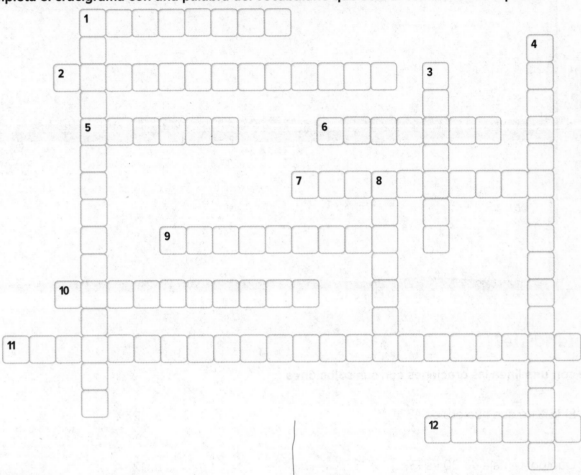

Horizontales

1. oración matemática que dice que dos expresiones son iguales

2. tipo de precio que los clientes pagan por los artículos

5. cantidad por la que se reduce el precio normal

6. cantidad de dinero que se deposita o se pide prestada

7. enunciado que indica que dos razones son iguales

9. sinónimo del término 5 horizontal

10. tipo de porcentaje en el que la cantidad final es mayor que la original

11. cantidad adicional de dinero que se carga a lo que compra la gente

12. tipo de porcentaje que compara las cantidades original y final

Verticales

1. tipo de porcentaje que compara la inexactitud de una estimación con la cantidad real

3. cantidad pagada o ganada por el uso de dinero

4. diferencia entre lo que una tienda paga por un artículo y lo que paga el cliente

8. gratificación

Usa los **FOLDABLES**

Usa tu modelo de papel como ayuda para repasar el capítulo.

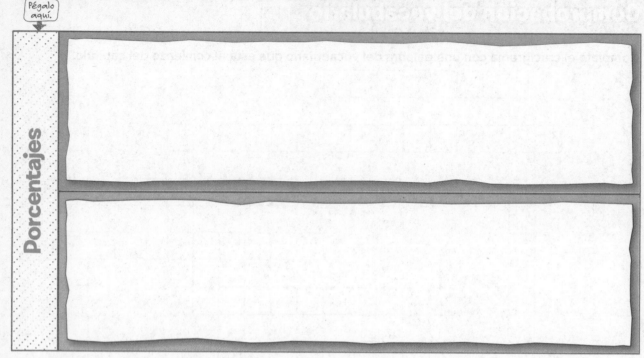

¿Entendiste?

Une con una línea las oraciones con sus soluciones.

1. ¿El 15% de qué número es 45?   **a.** 125%

2. ¿Qué porcentaje de 20 es 15?   **b.** 12

3. ¿Qué número es el 30% de 60?   **c.** 300

4. ¿Qué porcentaje de 600 es 750?   **d.** 18

5. ¿Qué número es el 15% de 80?   **e.** 75%

6. ¿El 80% de qué número es 20?   **f.** 25

¡Repaso! Tarea para evaluar el desempeño

Compra de DVD

Anthony y Miguel van a la tienda a comprar algunos DVD. Un anuncio en el escaparate les llama la atención.

DVD ¡Solo por hoy!

3 por $22.50
5 por $37.50

Escribe tu respuesta en una hoja aparte. Muestra tu trabajo para recibir la máxima calificación.

Parte A

¿La información del cartel representa una relación proporcional?
Explica cómo lo sabes.

Parte B

Miguel escoge cinco DVD para comprar. Algunas de las cajas están dañadas, por lo que el gerente le descuenta el 20% de la compra total. Miguel trata de adivinar cuánto dinero se descontará del costo total. ¿Cuál es una estimación razonable del costo de los DVD antes de incluir el impuesto? ¿Cuál es el costo real sin el impuesto?

Parte C

Hay 8% de impuesto sobre las ventas en la ciudad donde está la tienda.
¿Cuál es el costo total que pagará Miguel después de sumar el impuesto?

Parte D

Anthony decidió comprar dos DVD que no estaban incluidos en la oferta. El precio con el impuesto fue $21.60. ¿Cuánto costaban los dos DVD antes de incluir el impuesto?

Reflexionar

 Responder la pregunta esencial

Usa lo que aprendiste sobre porcentajes para completar el organizador gráfico. En cada situación, encierra en un círculo la flecha que muestra si la cantidad final será mayor o menor que la cantidad original. Luego, escribe un problema del mundo real que tenga porcentajes y represéntalo con una ecuación.

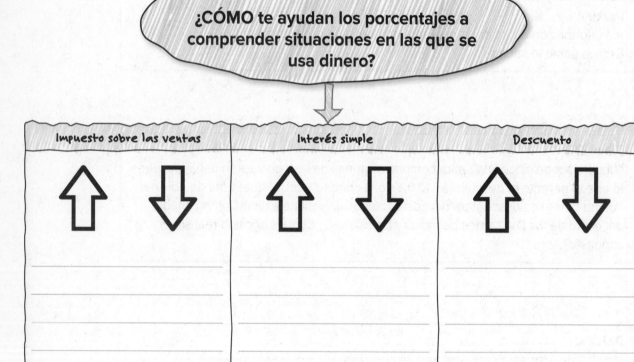

Pregunta esencial

¿CÓMO te ayudan los porcentajes a comprender situaciones en las que se usa dinero?

Impuesto sobre las ventas	Interés simple	Descuento
⬆ ⬇	⬆ ⬇	⬆ ⬇

Ecuación: _____

Ecuación: _____

Ecuación: _____

 Responder la pregunta esencial. ¿CÓMO te ayudan los porcentajes a comprender situaciones en las que se usa dinero?

_____

_____

PROYECTO DE LA UNIDAD

Observa ▶

Sé un experto en viajes Sin la planificación apropiada, ¡las vacaciones familiares pueden terminar costando una fortuna! En este proyecto podrás:

- **Colaborar** con tus compañeros investigando el costo de unas vacaciones familiares.
- **Compartir** los resultados de tu investigación de manera creativa.
- 🅟 **Reflexionar** sobre cómo usas las matemáticas para describir cambios y representar situaciones del mundo real.

Cuando termines el proyecto, estarás listo para planificar las vacaciones familiares sin quedar con los bolsillos vacíos.

Colaborar

Colabora

⏻ Conéctate Trabaja con tu grupo para investigar y completar las actividades. Usarás los resultados en la sección Compartir de la página siguiente.

1. Investiga el costo de un vuelo ida y vuelta a un lugar de tu elección para una familia de cuatro personas. Anota el costo de un vuelo sin escalas y de otro que tenga al menos una escala. Asegúrate de incluir el costo del impuesto.

2. Investiga dos carros de alquiler que estén disponibles en la compañía local. Compara el promedio de millas por galón (mi/gal) en carretera de ambos carros. ¿Cuánta gasolina usarás con cada carro si recorres 450 millas durante tu viaje?

3. Si viajas al exterior, necesitarás saber la tasa de cambio actual. Anota la tasa de cambio de tres países diferentes. ¿Cuánto valen $100 en esos países?

4. Escoge un lugar turístico que sea una ciudad de Estados Unidos. Halla un restaurante turístico de esa ciudad y mira el menú en Internet. Calcula el costo de una cena para cuatro personas. No olvides la propina.

5. Los estados tienen diferentes impuestos sobre las ventas. Escoge tres estados. Investiga cuál es el impuesto sobre las ventas de cada uno. Luego, determina el costo total de comprar unos vaqueros que cuestan $50 más el impuesto sobre las ventas.

Colabora

Con tu grupo, decide una manera de compartir lo que has aprendido acerca del costo de unas vacaciones familiares. Abajo se listan algunas sugerencias, pero también puedes pensar otras maneras creativas de presentar tu información. ¡Recuerda mostrar cómo usaste las matemáticas en el proyecto!

- Usa tus destrezas de escritura creativa para escribir entradas de diarios o blogs. Tus textos deben describir cómo pudiste ahorrar dinero mientras viajabas en tus vacaciones.

- Representa a un agente de viajes para preparar un paquete turístico nacional y otro internacional para una familia de cuatro personas. Crea un folleto digital para explicar cada paquete.

Mira la nota de la derecha para conectar este proyecto con otras materias.

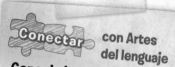

Conectar con Artes del lenguaje

Conocimiento sobre finanzas Imagina que eres el director de turismo de tu estado. Escribe un guion para un anuncio publicitario que trate de atraer turistas. El guion debe incluir:

- actividades únicas de tu estado
- maneras de viajar en tu estado

Por tu cuenta

6. Ⓟ **Responder la pregunta esencial** ¿Cómo puedes usar las matemáticas para describir cambios y representar situaciones del mundo real?

   a. ¿Cómo usaste lo que aprendiste sobre razones y razonamiento proporcional para describir los cambios y representar las situaciones del mundo real de este proyecto?

   _____

   _____

   _____

   _____

   b. ¿Cómo usaste lo que aprendiste sobre porcentajes para describir los cambios y representar las situaciones del mundo real de este proyecto?

   _____

   _____

   _____

   _____

Unidad 2

 CCSS El sistema numérico

 **Pregunta esencial**

¿CÓMO pueden representarse las ideas matemáticas?

Capítulo 3
Enteros

Los enteros negativos pueden usarse en contextos cotidianos en los que se mencionan valores por debajo de cero. En este capítulo, sumarás, restarás, multiplicarás y dividirás enteros.

Capítulo 4
Números racionales

Todo cociente de enteros (en el que el divisor es distinto de cero) es un número racional. En este capítulo, resolverás problemas de varios pasos del mundo real con operaciones realizadas con números racionales.

Vistazo al proyecto de la unidad

Observa

Explorar las profundidades del océano Muchas personas consideran que los océanos son el último territorio inexplorado de la Tierra. Son tan enormes que todavía nos queda mucho por descubrir acerca de ellos. Piensa en las montañas más altas de la Tierra. Cualquiera sea su altura, ni siquiera llega a acercarse a la profundidad de los océanos. Sin embargo, a medida que avanza la tecnología, la exploración llega cada vez a mayores profundidades oceánicas, y eso nos permite descubrir muchas criaturas marinas nuevas.

Al final del Capítulo 4, completarás un proyecto sobre los océanos. Pero, por ahora, anota en la tabla los nombres de cuatro animales marinos y las profundidades del océano a las que crees que viven.

Animales marinos	
Animal	Profundidad (m)

Capítulo 3
Enteros

Pregunta esencial

¿QUÉ sucede cuando sumas, restas, multiplicas o divides enteros?

 ## Common Core State Standards

Content Standards
7.NS.1, 7.NS.1a, 7.NS.1b, 7.NS.1c, 7.NS.1d, 7.NS.2, 7.NS.2a, 7.NS.2b, 7.NS.2c, 7.NS.3, 7.EE.3

PM Prácticas matemáticas
1, 2, 3, 4, 5, 6, 7, 8

 ## Matemáticas en el mundo real

Los pingüinos pueden permanecer bajo el agua hasta 20 minutos por vez y, a veces, se sumergen a profundidades de hasta −275 pies. El número 20 es un entero positivo; −275 es un entero negativo.

Marca en esta gráfica el punto de la profundidad máxima a la que pueden sumergirse los pingüinos.

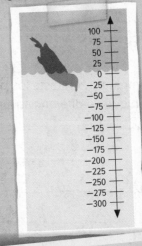

```
100
 75
 50
 25
  0
−25
−50
−75
−100
−125
−150
−175
−200
−225
−250
−275
−300
```

FOLDABLES
Ayudas de estudio

 1 Recorta el modelo de papel de la página FL7 de este libro.

2 Pega tu modelo de papel en la página 254.

 3 Usa este modelo de papel en todo el capítulo como ayuda para aprender sobre enteros.

¿Qué herramientas necesitas?

 ## Vocabulario

entero	marcar	pareja de opuestos
entero negativo	inverso aditivo	valor absoluto
entero positivo	opuestos	

Destreza de estudio: Escribir matemáticas

Comparar y contrastar Cuando *comparas*, puedes comprender en qué se parecen las cosas. Cuando *contrastas*, ves en qué se diferencian. Aquí hay dos planes para teléfonos celulares.

Plan A
$34.99
200 minutos libres
200 mensajes de texto
Minutos gratis el fin de semana

Plan B
$34.99
300 minutos libres
100 mensajes de texto
Minutos gratis el fin de semana

Compara y contrasta los planes mensuales. Haz una lista para mostrar en qué se parecen y en qué se diferencian.

Se parecen/Comparar	Se diferencian/Contrastar

¿Qué sabes?

Haz una marca debajo de la cara que expresa cuánto sabes acerca de cada uno de estos conceptos. Luego, hojea el capítulo para hallar definiciones o ejemplos de los conceptos.

😞 No lo sé.   😐 Me suena.   😊 ¡Lo sé!

Enteros				
Concepto	😞	😐	😊	Definición o ejemplo
valor absoluto				
sumar enteros				
comparar y ordenar enteros				
dividir enteros				
multiplicar enteros				
restar enteros				

¿Cuándo usarás esto?

Estos son algunos ejemplos de cómo se usan los enteros en el mundo real.

Actividad 1 Busca en Internet o en otra fuente un ejemplo de uso de números positivos y negativos en situaciones del mundo real. Luego, explica el significado de cada número.

_____

_____

_____

Actividad 2 Conéctate a **connectED.mcgraw-hill.com** para leer la historieta **Camisetas del partido de bienvenida**. Hannah le pregunta a Darío si una determinada tarea ya está lista. ¿De qué tarea habla?

_____

Hannah & Darío en **Camisetas del partido de bienvenida**

¿Ente-qué?

¡Enteros!

Resuelve los ejercicios de la sección Comprobación rápida o conéctate para hacer la prueba de preparación.

Comprueba

Ejemplo 1

Evalúa 48 ÷ (6 + 2)5.

Sigue el orden de las operaciones.

$48 \div (6 + 2)5$

$= 48 \div 8 \cdot 5$ Suma 6 y 2.

$= 6 \cdot 5$ Divide 48 entre 8.

$= 30$ Multiplica.

Ejemplo 2

Marca y rotula $M(6, 3)$ en el plano de coordenadas.

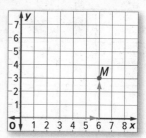

Comienza en el origen. El punto M está ubicado 6 unidades hacia la derecha y 3 unidades hacia arriba.

Haz un punto y rotúlalo.

Comprobación rápida

Orden de las operaciones **Evalúa las expresiones.**

1. $54 \div (6 + 3) =$ _____

2. $(10 + 50) \div 5 =$ _____

3. $18 + 2(4 - 1) =$ _____

Muestra tu trabajo.

Graficar en el plano de coordenadas **Marca y rotula los puntos en el plano de coordenadas.**

4. $A(1, 1)$ **5.** $B(2, 8)$

6. $C(8, 1)$ **7.** $D(3, 4)$

8. $E(1, 5)$ **9.** $G(7, 6)$

¿Cómo te fue?

Sombrea los números de los ejercicios de la sección Comprobación rápida que resolviste correctamente.

① ② ③ ④ ⑤ ⑥ ⑦ ⑧ ⑨

Enteros y valor absoluto

Vocabulario inicial

Los números como 5 y −8 se llaman enteros. Un **entero** es cualquier número del conjunto {..., −4, −3, −2, −1, 0, 1, 2, 3, 4, ...}, donde ... significa *que continúa infinitamente*.

Completa el organizador gráfico.

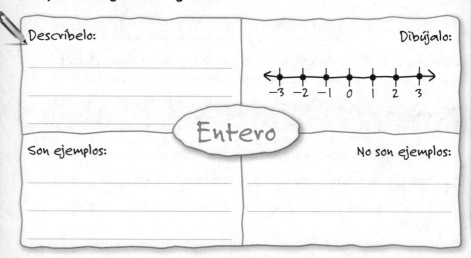

Descríbelo:

_____

_____

_____

Dibújalo:

Entero

Son ejemplos:

_____

_____

No son ejemplos:

Pregunta esencial

¿QUÉ sucede cuando sumas, restas, multiplicas o divides enteros?

Vocabulario

entero
entero negativo
entero positivo
marcar
valor absoluto

Common Core State Standards

Content Standards
Preparation for 7.NS.3

PM **Prácticas matemáticas**
1, 3, 4, 5

Conexión con el mundo real

- En una rampa de medio tubo para hacer *snowboard*, el fondo de la pista está 5 metros por debajo del borde. Encierra en un círculo el entero que usarías para representar esa posición.

  5   o   −5

- Describe otra situación en la que se usen enteros

  negativos. _____

  _____

¡Asombroso en el medio tubo!

¿Qué **Prácticas matemáticas** PM usaste?
Sombrea lo que corresponda.

1. Perseverar con los problemas
2. Razonar de manera abstracta
3. Construir un argumento
4. Representar con matemáticas
5. Usar las herramientas matemáticas
6. Prestar atención a la precisión
7. Usar una estructura
8. Usar el razonamiento repetido

Identificar y graficar enteros

Los **enteros negativos** son enteros menores que cero. Se escriben con el signo −.

Los **enteros positivos** son enteros mayores que cero. Se los puede escribir con el signo +.

$$-5 \quad -4 \quad -3 \quad -2 \quad -1 \quad 0 \quad +1 \quad +2 \quad +3 \quad +4 \quad +5$$

El cero no es negativo ni positivo.

Los enteros pueden marcarse en una recta numérica. Para **marcar** un entero, haz un punto en la posición del número en la recta numérica.

Ejemplos

Tutor

Escribe un entero para representar cada situación.

1. **una temperatura promedio 5 grados por debajo de lo normal**

Como representa una temperatura *por debajo* de lo normal, el entero es −5.

2. **un promedio de precipitaciones de 5 pulgadas por encima de lo normal**

Como representa precipitaciones *por encima* de lo normal, el entero es +5, o 5.

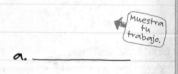
Muestra tu trabajo.

a. _____

b. _____

¿Entendiste? **Resuelve estos problemas para comprobarlo.**

Escribe un entero para representar cada situación.

a. 6 grados por encima de lo normal

b. 2 pulgadas por debajo de lo normal

Ejemplo

Tutor

3. **Marca el conjunto de enteros {4, −6, 0} en una recta numérica.**

Dibuja una recta numérica. Luego, haz un punto en la posición que ocupa cada uno de los enteros.

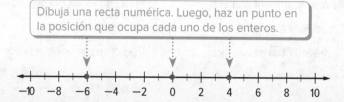

$$-10 \quad -8 \quad -6 \quad -4 \quad -2 \quad 0 \quad 2 \quad 4 \quad 6 \quad 8 \quad 10$$

¿Entendiste? Resuelve estos problemas para comprobarlo.

Marca cada conjunto de enteros en una recta numérica.

c. $\{-2, 8, -7\}$

d. $\{-4, 10, -3, 7\}$

c. _____

d. _____

Valor absoluto

Concepto clave

Dato   El valor absoluto de un número es la distancia entre el número y el cero en una recta numérica.

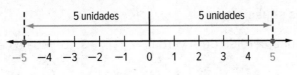

Ejemplos $|-5| = 5$ $|5| = 5$

En la recta numérica de la Sección Concepto clave, observa que −5 y 5 están a 5 unidades del 0, por más que estén en lados opuestos del 0. Los números que están a la misma distancia del cero en una recta numérica tienen el mismo **valor absoluto**.

Ejemplos

Tutor

Evalúa las expresiones.

4. $|-4|$

La representación gráfica de −4 está a 4 unidades de 0.

Por lo tanto, $|-4| = 4$.

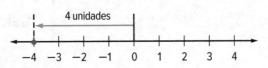
4 unidades

> **Orden de las operaciones**
> Las barras de valor absoluto se consideran un símbolo de agrupado. Cuando evalúas $|-5| - |2|$, debes evaluar los valores absolutos antes de restar.

5. $|-5| - |2|$

$|-5| - |2| = 5 - 2$ $|-5| = 5, |2| = 2$

Por lo tanto, $|-5| - |2| = 3$.

¿Entendiste? Resuelve estos problemas para comprobarlo.

e. $|8|$

f. $2 + |-3|$

g. $|-6| - 5$

e. _____

f. _____

g. _____

Ejemplo

6. Nick escaló 30 pies por una pared de roca, y luego bajó 22 pies para llegar a un área de descanso. La cantidad de pies que escaló Nick puede representarse con la expresión $|30| + |-22|$. ¿Cuántos pies escaló Nick?

$$|30| + |-22| = 30 + |-22|$$ El valor absoluto de 30 es 30.

$$= 30 + 22, \text{ o } 52$$ El valor absoluto de -22 es 22. Simplifica.

Por lo tanto, Nick escaló 52 pies.

Práctica guiada

Comprueba
✓

Escribe un entero para representar las situaciones. (Ejemplos 1 y 2)

1. un depósito de $16 _____

2. una pérdida de 11 yardas _____

3. 6 °F bajo cero _____

Muestra tu trabajo.

Evalúa las expresiones. (Ejemplos 4 a 6)

4. $|-9| =$ _____

5. $|18| - |-10| =$ _____

6. $|-11| - |-6| =$ _____

7. Marca el conjunto de enteros $\{11, -5, -8\}$ en una recta numérica. (Ejemplo 3)

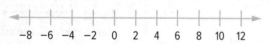

8. Ⓔ **Desarrollar la pregunta esencial** ¿Por qué el valor absoluto de todo número distinto de cero es positivo?

Explica tu razonamiento. _____

_____

_____

¡Califícate!

☐ Entiendo los enteros y el valor absoluto.

▶▶ ¡Muy bien! ¡Estás listo para seguir!

☐ Todavía tengo dudas sobre los enteros y el valor absoluto.

▮▮ ¡No hay problema! Conéctate y accede a un tutor personal.

Tutor

Práctica independiente

Conéctate para obtener las soluciones de varios pasos.

Escribe un entero para representar las situaciones. (Ejemplos 1 y 2)

1. una ganancia de $9 _____

2. retirar $50 del banco _____

3. 53 °C bajo cero _____

4. 7 pulgadas más de lo normal _____

Marca los conjuntos de enteros en una recta numérica. (Ejemplo 3)

5 {0, 1, −3}

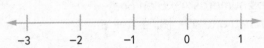

6. {−5, −1, 10, −9}

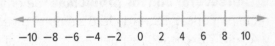

Evalúa las expresiones. (Ejemplos 4 y 5)

7. $|10| =$ _____

8. $|-7| - 5 =$ _____

9 $1 + |7| =$ _____

10. La cantidad de yardas que avanza y retrocede un equipo de fútbol americano en el campo de juego puede representarse con la expresión $|8| + |-4|$. ¿Cuántas yardas se desplazó el equipo en total? (Ejemplo 6)

_____

11. En el golf, los puntajes se escriben en relación con el *par*, que es el puntaje promedio para un hoyo determinado, en un campo de golf específico. Escribe un entero para representar un puntaje que es 7 bajo par. (Ejemplos 1 y 2)

_____

_____

12. Un buzo descendió 10 pies, 8 pies y 11 pies. La cantidad total de pies puede representarse con la expresión $|-10| + |-8| + |-11|$. ¿Cuál es la cantidad total de pies que descendió el buzo?

13. (PM) **Usar las herramientas matemáticas** El Sr. Chávez gastó $199.99 en un teléfono celular inteligente, $39.99 en su estuche y $59.99 en accesorios. La expresión $|-199.99| + |-39.99| + |-59.99|$ representa el total de dinero que gastó el Sr. Chávez. ¿Cuánto gastó en total? Estima para comprobar tu respuesta.

Problemas S.O.S. Soluciones de orden superior

14. (PM) **Razonar de manera inductiva** Si $|x| = 3$, ¿cuál es el valor de x?

15. (PM) **Perseverar con los problemas** Se grafican dos números A y B en una recta numérica. ¿Es verdadero *siempre, a veces* o *nunca* que $A - |B| \leq A + B$ y $A > |B|$? Explica tu respuesta.

16. (PM) **¿Cuál no pertenece?** Identifica la expresión que no es igual a las otras tres. Explica tu razonamiento.

| $|5 - |-5|$ | $|-4| + 6$ | $-|7 + 3|$ | $|-10|$ |

17. (PM) **Perseverar con los problemas** Determina si cada enunciado es verdadero *siempre, a veces* o *nunca*. Explica tu razonamiento.

a. $|x| = |-x|$

b. $|x| = -|x|$

c. $|-x| = -|x|$

Más práctica

Escribe un entero para representar las situaciones.

18. 2 pies bajo el límite de zona inundable   _−2_

 para ⟶ ea   Como representa pies por debajo del límite
de zona inundable, el entero es −2.

19. un ascensor sube 12 pisos _____

PM Representar con matemáticas Marca los conjuntos de enteros en una recta numérica.

20. {3, −7, 6}

21. {−2, −4, −6, −8}

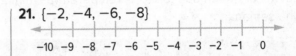

Evalúa las expresiones.

22. $|-12| =$ _____

23. $7 + |4| =$ _____

24. $|-9| + |-5| =$ _____

25. $|-10| \div 2 \times |5| =$ _____

26. $12 - |-8| + 7 =$ _____

27. $|27| \div 3 - |-4| =$ _____

28. El conejillo de indias de Jasmine aumentó de peso: 8 onzas en un mes. Escribe un entero para describir el aumento de peso su mascota.

_____

29. Determina si cada uno de estos enunciados es verdadero o falso.

a. Un cheque por $100 depositado en el banco puede representarse como +100. ☐ Verdadero ☐ Falso

b. Perder 15 yardas en un juego de fútbol americano puede representarse como −15. ☐ Verdadero ☐ Falso

c. Una temperatura de 20 grados bajo cero puede representarse como −20. ☐ Verdadero ☐ Falso

d. Que un submarino se sumerja a 300 pies bajo la superficie del mar puede representarse como +300. ☐ Verdadero ☐ Falso

30. Rachel anotó en una tabla las temperaturas mínimas de cada noche durante una semana.

Temperaturas mínimas							
Día	Domingo	Lunes	Martes	Miércoles	Jueves	Viernes	Sábado
Temperatura (°F)	2	−6	4	−8	2	0	−1

Marca un punto en la recta numérica por cada temperatura anotada.

¿Cuál es la distancia en la recta numérica entre los puntos de la temperatura más cálida y la más fría?

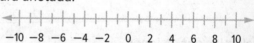

−10 −8 −6 −4 −2 0 2 4 6 8 10

Escribe los pares ordenados que corresponden a cada uno de los puntos graficados a la derecha. Luego, indica la posición de los puntos en el cuadrante o el eje en el que se encuentran. 6.NS.6

31. J _____

32. K _____

33. L _____

34. M _____

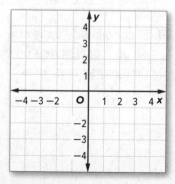

Marca y rotula cada punto en el plano de coordenadas. 6.NS.6c

35. A(2, 4)

36. B(−3, 1)

37. C(2, 0)

38. D(−3, −3)

Laboratorio de indagación

Sumar enteros

 ¿CUÁNDO es la suma de dos enteros un número negativo?

En el fútbol americano, el avance se representa con un entero positivo. Las yardas perdidas se representan con un entero negativo. En la primera jugada, un equipo perdió 5 yardas. En la segunda jugada, el equipo perdió 2 yardas. ¿Cuántas yardas en total perdió el equipo? Lo averiguarás en la Actividad 1.

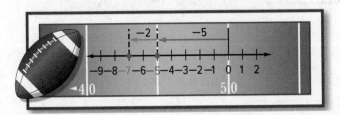

Manos a la obra: Actividad 1

Usa fichas para hallar el total de yardas.

Paso 1 Usa enteros negativos para representar las yardas perdidas en cada jugada.

$$\boxed{} + \boxed{}$$

Una pérdida de 5 yardas   Una pérdida de 2 yardas

Paso 2 Combina un conjunto de 5 fichas negativas y uno de 2 fichas negativas.

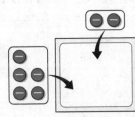

Paso 3 Hay un total de $\boxed{}$ fichas negativas. La representación muestra que sumar dos números negativos da como resultado una suma negativa.

Por lo tanto, $-5 + (-2) = \boxed{}$. El equipo perdió $\boxed{}$ yardas en total en las dos primeras jugadas.

Las siguientes dos propiedades son importantes cuando se representan operaciones con enteros.

- Cuando una ficha positiva se coloca junto a una ficha negativa, el resultado es una **pareja de opuestos**. El valor de una pareja de opuestos es 0.

- Puedes colocar o quitar parejas de opuestos de un tablero porque sumar o restar cero no cambia el valor de las fichas que están en el tablero.

Manos a la obra: Actividad 2

Usa fichas para hallar −4 + 2.

Paso 1 Combina ☐ fichas negativas con ☐ fichas positivas.

Los sumandos tienen signos diferentes.

Paso 2 Quita todas las parejas de opuestos.

Hay más fichas negativas que fichas positivas.
4 > 2

Paso 3 Halla la cantidad de fichas que quedan.

La representación muestra que la suma tiene el mismo signo que el mayor número de fichas.

Quedan ☐ fichas negativas.

Por lo tanto, −4 + 2 = ☐ .

¿Cómo cambiarían la representación y el resultado de la suma si la suma fuera 4 + (−2)?

Investigar

Colabora

Trabaja con un compañero o una compañera. Calcula las sumas. Usa dibujos para mostrar tu trabajo.

1. $5 + 6 =$ _____

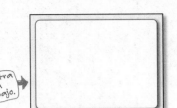

Muestra tu trabajo.

2. $-3 + (-5) =$ _____

3. $-5 + (-4) =$ _____

4. $7 + 3 =$ _____

5. $-6 + 5 =$ _____

6. $-2 + 7 =$ _____

7. $8 + (-3) =$ _____

8. $3 + (-6) =$ _____

9. Observa los ejercicios en los que ambos sumandos son negativos. ¿Qué sucede con la suma?

_____

10. Observa los ejercicios en los que un sumando es negativo y el otro es positivo. ¿Qué sucede con la suma?

_____

Analizar y pensar

Trabaja con un compañero para completar la tabla.
La primera fila está hecha y te servirá de ejemplo.

Suma	Resultado	Signo del sumando con mayor valor absoluto	Signo de la suma total
$5 + (-2)$	3	positivo	positivo
11. $-6 + 2$			
12. $7 + (-12)$			
13. $-4 + 9$			
14. $-12 + 20$			
15. $15 + (-18)$			

Crear

16. **PM** **Representar con matemáticas** Escribe una regla que puedas usar para hallar la suma de dos enteros negativos sin utilizar fichas.

_____

_____

_____

17. **PM** **Representar con matemáticas** Escribe una regla que puedas usar para hallar la suma de un entero positivo y un entero negativo sin utilizar fichas.

_____

_____

_____

18. Escribe dos oraciones de suma cuyo resultado sea cero. Describe los números.

_____

_____

_____

19. **Indagación** ¿CUÁNDO es la suma de dos enteros un número negativo?

_____

_____

Sumar enteros

Vocabulario inicial

Los enteros como 2 y −2 se llaman **opuestos** porque están a la misma distancia de cero, pero en lados opuestos. Completa el organizador gráfico de opuestos.

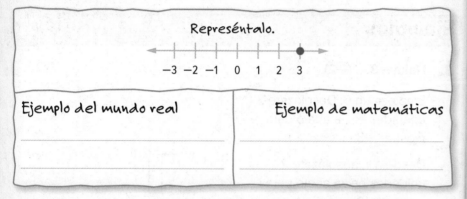

Represéntalo.

−3 −2 −1 0 1 2 3

Ejemplo del mundo real	Ejemplo de matemáticas

Dos enteros que son opuestos también se llaman **inversos aditivos**. La propiedad del inverso aditivo establece que la suma de cualquier número y su inverso aditivo es igual a cero. Puedes representar $2 + (-2)$ en una recta numérica.

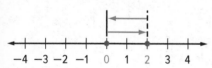

−4 −3 −2 −1 0 1 2 3 4

Empieza en cero.
Desplázate 2 unidades a la derecha para mostrar 2.
Luego, desplázate 2 unidades a la izquierda para mostrar −2.

Por lo tanto, $2 + (-2) = \boxed{}$.

Conexión con el mundo real

La temperatura afuera es −5°. Menciona la temperatura que haría que la suma de las dos sea 0°. $\boxed{}$

¿Qué **Prácticas matemáticas** (PM) usaste?
Sombrea lo que corresponda.

① Perseverar con los problemas ⑤ Usar las herramientas matemáticas

② Razonar de manera abstracta ⑥ Prestar atención a la precisión

③ Construir un argumento ⑦ Usar una estructura

④ Representar con matemáticas ⑧ Usar el razonamiento repetido

 Pregunta esencial

¿QUÉ sucede cuando sumas, restas, multiplicas o divides enteros?

 Vocabulario

inverso aditivo
opuestos

 Common Core State Standards

Content Standards
7.NS.1, 7.NS.1a, 7.NS.1b, 7.NS.1d, 7.NS.3, 7.EE.3
(PM) Prácticas matemáticas
1, 3, 4, 7

Sumar enteros con el mismo signo

Área de trabajo

Dato　Para sumar enteros con el mismo signo, suma sus valores absolutos. La suma es:

- positiva si ambos enteros son positivos.
- negativa si ambos enteros son negativos.

Ejemplos　$7 + 4 = 11$　　　　　　$-7 + (-4) = -11$

Ejemplos

1. **Halla $-3 + (-2)$.**

Empieza en 0. Desplázate 3 unidades hacia abajo para mostrar -3.

Desde allí, desplázate 2 unidades hacia abajo para mostrar -2.

Por lo tanto, $-3 + (-2) = -5$.

2. **Halla $-26 + (-17)$.**

$-26 + (-17) = -43$　　　Ambos enteros son negativos; por lo tanto, la suma es negativa.

¿Entendiste?　Resuelve estos problemas para comprobarlo.

a. $-5 + (-7)$　　　　**b.** $-10 + (-4)$　　　　**c.** $-14 + (-16)$

Muestra tu trabajo.

a. _____

b. _____

c. _____

Sumar enteros con diferente signo

Dato　Para sumar enteros con diferente signo, resta sus valores absolutos. La suma es:

- positiva si el valor absoluto del entero positivo es mayor.
- negativa si el valor absoluto del entero negativo es mayor.

Ejemplos　$9 + (-4) = 5$　　　$-9 + 4 = -5$

Cuando sumes enteros con diferente signo, comienza en cero. Desplázate hacia la derecha para representar los enteros positivos. Desplázate hacia la izquierda para representar los enteros negativos. Por lo tanto, la suma de $p + q$ está ubicada a una distancia $|q|$ de p.

Ejemplos

3. Halla $5 + (-3)$.

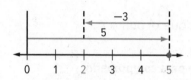

Por lo tanto, $5 + (-3) = 2$.

4. Halla $-3 + 2$.

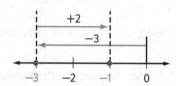

Por lo tanto, $-3 + 2 = -1$.

¿Entendiste? Resuelve estos problemas para comprobarlo.

d. $6 + (-7)$

e. $-15 + 19$

Ejemplos

5. Halla $7 + (-7)$.

$7 + (-7) = 0$ Resta los valores absolutos; $7 - 7 = 0$. 7 y (-7) son opuestos. La suma de cualquier número y su opuesto es siempre cero.

6. Halla $-8 + 3$.

$-8 + 3 = -5$ Resta los valores absolutos; $8 - 3 = 5$. Como -8 tiene el mayor valor absoluto, la suma es negativa.

7. Halla $2 + (-15) + (-2)$.

$2 + (-15) + (-2) = 2 + (-2) + (-15)$ Propiedad conmutativa $(+)$

$= [2 + (-2)] + (-15)$ Propiedad asociativa $(+)$

$= 0 + (-15)$ Propiedad del inverso aditivo

$= -15$ Propiedad de identidad aditiva

¿Entendiste? Resuelve estos problemas para comprobarlo.

f. $10 + (-12)$ **g.** $-13 + 18$ **h.** $(-14) + (-6) + 6$

Muestra tu trabajo.

d. _____

e. _____

Propiedades conmutativas

$a + b = b + a$

$a \cdot b = b \cdot a$

Propiedades asociativas

$a + (b + c) = (a + b) + c$

$a \cdot (b \cdot c) = (a \cdot b) \cdot c$

Propiedades de identidad

$a + 0 = a$

$a \cdot 1 = a$

f. _____

g. _____

h. _____

Ejemplo

Tutor

8. Una montaña rusa parte del punto *A*. Sube 20 pies, baja 32 pies y, luego, sube 16 pies hasta el punto *B*. Escribe una oración de suma para hallar la altura del punto *B* en relación con el punto *A*. Luego, halla el resultado y explica su significado.

$$20 + (-32) + 16 = 20 + 16 + (-32)$$ Propiedad conmutativa (+)

$$= 36 + (-32)$$ $20 + 16 = 36$

$$= 4$$ Resta los valores absolutos.

El punto *B* está 4 pies más arriba que el punto *A*.

> **¿Entendiste?** Resuelve este problema para comprobarlo.

Muestra tu trabajo.

i. La temperatura es $-3°$. Una hora después, baja 6°, y 2 horas más tarde, sube 4°. Escribe una expresión de suma que describa esta situación. Luego, halla el resultado y explica su significado.

i. _____

Práctica guiada

Comprueba ✓

Suma. (Ejemplos 1 a 7)

Muestra tu trabajo.

1. $-6 + (-8) =$ _____

2. $-3 + 10 =$ _____

3. $-8 + (-4) + 12 =$ _____

4. Sofía le debe \$25 a su hermano. Le da los \$18 que ganó cuidando perros. Escribe una suma que describa esta situación. Luego, halla el resultado y explica su significado. (Ejemplo 8) _____

_____

5. ℗ **Desarrollar la pregunta esencial** Explica cómo sabes si una suma es positiva, negativa o tiene como resultado cero, sin sumar. _____

_____

_____

_____

Práctica independiente

Conéctate para obtener las soluciones de varios pasos.

Ayuda en línea

Suma. (Ejemplos 1 a 7)

1. $-22 + (-16) =$ _____

2. $-10 + (-15) =$ _____

3. $6 + 10 =$ _____

4. $21 + (-21) + (-4) =$ _____

5 $-17 + 20 + (-3) =$ _____

6. $-34 + 25 + (-25) =$ _____

7. $4 + 5 =$ _____

8. $-15 + 8 =$ _____

9. $7 + (-11) =$ _____

10. Conocimiento sobre finanzas Stephanie tiene $152 en el banco. Retira $20. Luego, deposita $84. Escribe una expresión de suma que represente esta situación. Luego, halla el resultado y explica su significado. (Ejemplo 8)

_____

11 PM **Representar con matemáticas** Halla la ganancia o pérdida total para

cada color de camiseta. _____

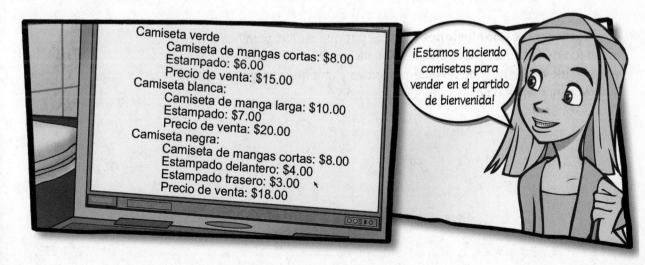

Camiseta verde
  Camiseta de mangas cortas: $8.00
  Estampado: $6.00
  Precio de venta: $15.00
Camiseta blanca:
  Camiseta de manga larga: $10.00
  Estampado: $7.00
  Precio de venta: $20.00
Camiseta negra:
  Camiseta de mangas cortas: $8.00
  Estampado delantero: $4.00
  Estampado trasero: $3.00
  Precio de venta: $18.00

¡Estamos haciendo camisetas para vender en el partido de bienvenida!

12. **PM Razonar de manera abstracta** Lena deposita y retira dinero de su cuenta bancaria. La tabla muestra sus transacciones durante marzo.

a. Escribe una expresión de suma que describa sus transacciones.

_____

b. Halla el resultado y explica su significado.

_____

_____

Marzo	
Semana	Transacción
1	depósito de $300
2	retiro de $50
3	retiro de $75
4	depósito de $225

Problemas S.O.S. Soluciones de orden superior

13. **PM Representar con matemáticas** Describe dos situaciones en las que cantidades opuestas se combinen para dar cero.

_____

_____

_____

14. **PM Identificar la estructura** Nombra la propiedad que ilustra cada una de estas opciones.

a. $x + (-x) = 0$ _____

b. $x + (-y) = -y + x$ _____

PM Representar con matemáticas Simplifica.

15. $8 + (-8) + a$ _____

16. $x + (-5) + 1$ _____

17. $-9 + m + (-6)$ _____

18. **PM Justificar las conclusiones** Explica por qué sumas para hallar el resultado de la suma de dos enteros negativos, pero restas para hallar el resultado de la suma de un entero positivo y un entero negativo. Usa una recta numérica o fichas para tu explicación.

_____

_____

_____

_____

Más práctica

Suma.

19. $18 + (-5) =$ __13__

$18 + (-5) = |18| - |-5|$

$= 18 - 5$

$= 13$

![Ayuda para la tarea]

20. $-19 + 24 =$ __5__

$-19 + 24 = 24 + (-19)$

$= |24| - |-19|$

$= 24 - 19$

$= 5$

21. $13 + (-19) =$ _____

22. $14 + (-6) =$ _____

23. $15 + 9 + (-9) =$ _____

24. $-4 + 12 + (-9) =$ _____

25. $-16 + 16 + 22 =$ _____

26. $25 + 3 + (-25) =$ _____

27. $7 + (-19) + (-7) =$ _____

PM Justificar las conclusiones Escribe una expresión de suma para representar las situaciones. Luego, halla los resultados y explica su significado.

28. Ronnie recibe $40 por su cumpleaños. Gasta $15 en el cine.

_____

29. Un mariscal de campo sale del campo de juego tras perder 5 yardas. En la siguiente jugada, el equipo pierde 15 yardas. Luego, el equipo gana 12 yardas en la tercera jugada.

_____

_____

30. Un pelícano vuela a 60 pies sobre el nivel del mar. Desciende 60 pies para atrapar un pez.

_____

31. La recta numérica de la derecha representa una oración de suma. Determina cuáles de las siguientes situaciones podrían representarse con esa oración de suma. Elige Sí o No.

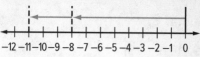

−12 −11 −10 −9 −8 −7 −6 −5 −4 −3 −2 −1 0

a. Alison gastó 8 dólares en un boleto de cine. Luego, gastó 3 dólares en una bebida.　☐ Sí　☐ No

b. Un delfín nada a una profundidad de 11 pies. El delfín asciende 3 pies y luego asciende otros 8 pies.　☐ Sí　☐ No

c. Un equipo de fútbol americano pierde 8 yardas en la primera jugada. En la segunda jugada, el equipo pierde 3 yardas.　☐ Sí　☐ No

32. A las 8 A.M., la temperatura era 3 °F bajo cero. A la 1 P.M., la temperatura aumentó 14 °F y, para las 10 P.M., descendió 12 °F. Marca los puntos y dibuja las flechas necesarias en la recta numérica para representar esta situación.

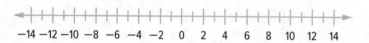

−14 −12 −10 −8 −6 −4 −2 0 2 4 6 8 10 12 14

¿Cuál era la temperatura a las 10 P.M.? Explica cómo te ayudó la recta numérica a hallar la respuesta.

(CCSS) **Estándares comunes: Repaso en espiral**

Escribe un entero para representar las situaciones. 6.NS.5

33. un depósito bancario de $75 _____

34. bajar 8 libras _____

35. 13° bajo cero _____

36. avanzar 4 yardas _____

37. gastar $12 _____

38. ganar 5 horas _____

Laboratorio de indagación

Restar enteros

 indagación ¿CUÁL es la relación entre la resta de enteros y la suma de enteros?

CCSS Content Standards
7.NS.1, 7.NS.1c, 7.NS.3

PM Prácticas matemáticas
1, 2, 3, 7

Un delfín nada a 6 metros bajo la superficie del océano. Luego, salta a una altura de 5 metros sobre la superficie. Calcula la diferencia entre las dos distancias.

Manos a la obra: Actividad 1

Usa fichas para hallar $5 - (-6)$, la diferencia entre las distancias.

| La cantidad de fichas positivas ubicadas en el tablero | $5 - (-6)$ | La cantidad de fichas negativas que es necesario quitar del tablero |

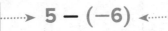

Paso 1 Coloca 5 fichas positivas en el tablero. Quita 6 fichas negativas. Sin embargo, hay 0 fichas negativas.

Paso 2 Suma ☐ parejas de opuestos al tablero.

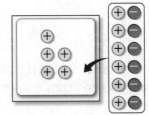

Paso 3 Ahora puedes quitar ☐ fichas negativas. Cuenta las fichas positivas que quedan.

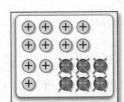

Por lo tanto, $5 - (-6) = $ ☐. La diferencia entre las distancias es ☐ metros.

La representación muestra que quitar 6 fichas negativas produce el mismo resultado que sumar 6 fichas positivas.

Manos a la obra: Actividad 2

Usa fichas para calcular −6 − (−3).

La cantidad de fichas positivas colocadas en el tablero ·······> $-6 - (-3)$ <······· La cantidad de fichas negativas que se quitan del tablero

Paso 1   Coloca 6 fichas negativas en el tablero.

Paso 2   Quita 3 fichas negativas.

Quedan ⬚ fichas negativas. Por lo tanto, $-6 - (-3) =$ ⬚.

Manos a la obra: Actividad 3

Usa fichas para calcular −5 − 1.

Paso 1   Coloca ⬚ fichas negativas en el tablero. Debes quitar 1 ficha positiva. Sin embargo, no hay fichas positivas.

Paso 2   Suma 1 pareja de opuestos al tablero.

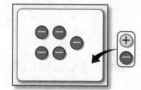

Paso 3   Ahora puedes quitar 1 ficha positiva. Halla la cantidad de fichas que quedan.

Quedan ⬚ fichas negativas.

Por lo tanto, $-5 - 1 =$ ⬚.

La representación muestra que quitar 1 ficha positiva produce el mismo resultado que sumar 1 ficha negativa.

Comprueba. Halla $-5 + (-1)$. ¿Es lo mismo que $-5 - 1$?

$$-5 + (-1) = -6 \checkmark$$

Investigar

Colabora

Trabaja con un compañero o una compañera. Halla las diferencias. Usa dibujos para mostrar tu trabajo.

1. $7 - 6 =$ _____

Muestra tu trabajo.

2. $5 - (-3) =$ _____

3. $6 - (-2) =$ _____

4. $5 - 8 =$ _____

5. $-7 - (-2) =$ _____

6. $-7 - 3 =$ _____

7. Consulta los Ejercicios 2 y 3. ¿Cómo puedes quitar fichas negativas de un

conjunto de fichas positivas? ¿Cuál es el efecto final? _____

_____

_____

8. Consulta el Ejercicio 4. ¿Cómo puedes quitar una mayor cantidad de fichas

positivas de un conjunto con menor cantidad de fichas positivas? _____

_____

_____

Analizar y pensar

Trabaja con un compañero. Encierra en un círculo la expresión
que sea equivalente a la expresión de la primera columna.
La primera fila está hecha y te servirá de ejemplo.

	−3 − 1	−3 + 1	(−3 + (−1))	−3 − (−1)
9.	−2 − 9	−2 − (−9)	−2 + 9	−2 + (−9)
10.	−8 − 4	−8 + 4	−8 + (−4)	−8 − (−4)
11.	6 − (−2)	6 + 2	6 − 2	6 + (−2)
12.	5 − (−7)	5 − 7	5 + (−7)	5 + 7
13.	−1 − (−3)	−1 − 3	−1 + 3	−1 + (−3)
14.	−3 − (−8)	−3 + 8	−3 − 8	−3 + (−8)

15. (PM) **Representar con matemáticas** Observa el patrón de la tabla. Escribe
una regla que puedas usar para hallar la diferencia entre dos enteros sin usar
fichas. Halla 3 − (−2) de dos maneras diferentes usando las fichas para probar
tu regla.

_____

_____

Crear

Por tu cuenta

16. (PM) **Identificar la estructura** Escribe una oración de resta en la que
la diferencia sea positiva. Usa un entero positivo y otro negativo.

_____

17. Escribe una oración de resta en la que la diferencia sea negativa.
Usa un entero positivo y otro negativo.

_____

18. **Indagación** ¿CUÁL es la relación entre la resta de enteros y la suma de enteros?

_____

_____

Restar enteros

¿QUÉ sucede al cuando sumas, restas, multiplicas o divides enteros?

 Conexión con el mundo real

CCSS **Common Core State Standards**

Content Standards
7.NS.1, 7.NS.1c, 7.NS.1d, 7.NS.3

PM **Prácticas matemáticas**
1, 2, 3, 4, 5, 6, 7

Clavados La plataforma de un trampolín está a 3 metros de altura. La recta numérica de la derecha muestra las acciones de un clavadista que sube hasta el trampolín, se lanza y se sumerge 1 metro por debajo de la superficie del agua.

Las acciones del clavadista pueden representarse con la ecuación de resta $3 - 4 = -1$.

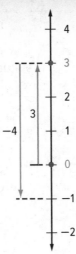

1. Escribe una oración de suma relacionada con la oración de resta.

_____

2. Usa una recta numérica para hallar $1 - 5$. Luego, escribe una oración de suma relacionada con esa oración de resta.

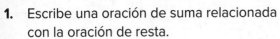

Diferencia: _____   Oración de suma: _____

 ¿Qué Prácticas matemáticas PM **usaste?**

Sombrea lo que corresponda.

① Perseverar con los problemas
② Razonar de manera abstracta
③ Construir un argumento
④ Representar con matemáticas
⑤ Usar las herramientas matemáticas
⑥ Prestar atención a la precisión
⑦ Usar una estructura
⑧ Usar el razonamiento repetido

Área de trabajo

Restar enteros

Dato	Para restar un entero, suma su inverso aditivo.
Símbolos	$p - q = p + (-q)$
Ejemplos	$4 - 9 = 4 + (-9) = -5$ $7 - (-10) = 7 + (10) = 17$

Cuando restas 7, el resultado es el mismo que cuando sumas su inverso aditivo, −7.

Ejemplos

1. **Halla 8 − 13.**

$$8 - 13 = 8 + (-13)$$ Para restar 13, suma −13.

$$= -5$$ Simplifica.

Comprueba sumando. $-5 + 13 \overset{?}{=} 8$

$$8 = 8 \checkmark$$

2. **Halla −10 − 7.**

$$-10 - 7 = -10 + (-7)$$ Para restar 7, suma −7.

$$= -17$$ Simplifica.

Comprueba sumando. $-17 + 7 \overset{?}{=} -10$

$$-10 = -10 \checkmark$$

Muestra tu trabajo.

a. _____

b. _____

c. _____

¿Entendiste? **Resuelve estos problemas para comprobarlo.**

a. $6 - 12$ **b.** $-20 - 15$ **c.** $-22 - 26$

Ejemplos

3. Halla $1 - (-2)$.

$1 - (-2) = 1 + 2$ Para restar -2, suma 2.

$\qquad\quad = 3$ Simplifica.

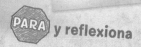

PARA y reflexiona

Encierra en un círculo el entero con el cual esta oración numérica será verdadera.

$$-5 - (?) = -3$$

$\qquad -8 \qquad -2 \qquad 2$

4. Halla $-10 - (-7)$.

$-10 - (-7) = -10 + 7$ Para restar -7, suma 7.

$\qquad\qquad = -3$ Simplifica.

Muestra tu trabajo.

¿Entendiste? Resuelve estos problemas para comprobarlo.

   d. $4 - (-12)$ **e.** $-15 - (-5)$ **f.** $18 - (-6)$

d. _____

e. _____

f. _____

Ejemplos

5. Evalúa $x - y$ si $x = -6$ e $y = -5$.

$x - y = -6 - (-5)$ Reemplaza x por -6 e y por -5.

$\qquad = -6 + 5$ Para restar -5, suma 5.

$\qquad = -1$ Simplifica.

6. Evalúa $m - n$ si $m = -15$ y $n = 8$.

$m - n = -15 - 8$ Reemplaza m por -15 y n por 8.

$\qquad = -15 + (-8)$ Para restar 8, suma -8.

$\qquad = -23$ Simplifica.

g. _____

¿Entendiste? Resuelve estos problemas para comprobarlo.

h. _____

Evalúa las expresiones si $a = 5$, $b = -8$ y $c = -9$.

   g. $b - 10$ **h.** $a - b$ **i.** $c - a$

i. _____

Ejemplo

7. **La temperatura en la Luna varía entre −173 °C y 127 °C. Halla la diferencia entre la temperatura máxima y la mínima.**

Resta la temperatura mínima a la temperatura máxima.

Estima. $100 - (-200) = 300$

$127 - (-173) = 127 + 173$ Para restar −173, suma 173.

$= 300$ Simplifica.

Por lo tanto, la diferencia entre las temperaturas es 300 °C.

¿Entendiste? **Resuelve este problema para comprobarlo.**

j. Brenda tiene un saldo de −$52 en su cuenta. El banco le cobra un cargo de $10 por tener saldo negativo. ¿Cuál es su nuevo saldo?

j. _____

Práctica guiada

Comprueba

Resta. (Ejemplos 1 a 4)

1. $14 - 17 =$ _____

2. $14 - (-10) =$ _____

3. $12 - 26 =$ _____

4. Evalúa $q - r$ si $q = -14$ y $r = -6$. (Ejemplos 5 y 6)

_____

5. **STEM** La temperatura del mar oscila entre −2 °C y 31 °C. Halla la diferencia entre las temperaturas máxima y mínima. (Ejemplo 7) _____

6. **Desarrollar la pregunta esencial** Si x e y son enteros positivos, ¿$x - y$ siempre será positivo? Explica tu respuesta.

_____

_____

¡Califícate!

¿Entendiste cómo restar enteros? Encierra en un círculo la imagen que corresponda.

No tengo   Tengo algunas   Tengo muchas
dudas.   dudas.   dudas.

Para obtener más ayuda, conéctate y accede a un tutor personal.

Tutor

FOLDABLES ¡Es hora de que actualices tu modelo de papel!

Práctica independiente

Conéctate para obtener las soluciones de varios pasos.

Resta. (Ejemplos 1 a 4)

1. $0 - 10 =$ _____

2. $-9 - 5 =$ _____

3 $-4 - 8 =$ _____

4. $31 - 48 =$ _____

5. $-25 - 5 =$ _____

6. $-44 - 41 =$ _____

7. $4 - (-19) =$ _____

8. $-11 - (-42) =$ _____

9. $52 - (-52) =$ _____

Evalúa las expresiones si $f = -6$, $g = 7$ y $h = 9$. (Ejemplos 5 y 6)

10. $g - 7$ _____

11. $-h - (-9)$ _____

12. $f - g$ _____

13 **PM** **Usar las herramientas matemáticas** Usa la siguiente información. (Ejemplo 7)

Estado	Alabama	California	Florida	Luisiana	Nuevo México
Elevación más baja (pies)	0	−282	0	−8	2,842
Elevación más alta (pies)	2,407	14,494	345	535	13,161

a. ¿Cuál es la diferencia entre la elevación más alta de Alabama y la elevación más baja de Luisiana? _____

b. Halla la diferencia entre la elevación más baja de Nuevo México y la elevación más baja de California. _____

c. Halla la diferencia entre la elevación más alta de Florida y la elevación más baja de California. _____

d. ¿Cuál es la diferencia entre la elevación más baja de Alabama y la elevación más baja de Luisiana? _____

Evalúa las expresiones si $h = -12$, $j = 4$ y $k = 15$.

14. $-j + h - k$ _____

15. $|h - j|$ _____

16. $k - j - h$ _____

Problemas S.O.S. Soluciones de orden superior

17. **(PM) Identificar la estructura** Escribe una oración de resta de enteros. Luego, escribe la oración de suma equivalente y explica cómo hallar el resultado.

_____

_____

18. **(PM) Identificar la estructura** Usa las propiedades de las operaciones.

a. La propiedad conmutativa es verdadera para las sumas. Por ejemplo, $7 + 2 = 2 + 7$. ¿Puede aplicarse la propiedad conmutativa a las restas?

¿Es $2 - 7$ igual a $7 - 2$? Explica tu respuesta. _____

_____

b. Por la propiedad asociativa, $9 + (6 + 3) = (9 + 6) + 3$. ¿Es $9 - (6 - 3)$

igual a $(9 - 6) - 3$? Explica tu respuesta. _____

_____

19. **(PM) Hallar el error** Hiroshi quiere hallar $-15 - (-18)$. Halla su error y corrígelo.

_____

_____

_____

$$-15 - (-18) = -15 + (-18)$$
$$= -33$$

20. **(PM) Justificar las conclusiones** ¿*Verdadero* o *falso*? Cuando n es un entero

negativo, $n - n = 0$. Justifica tu respuesta. _____

_____

_____

21. **(PM) Representar con matemáticas** Escribe un problema del mundo real en

el que se resten dos enteros negativos. _____

_____

_____

Más práctica

Resta.

22. $13 - 17 =$ ___-4___

$13 - 17 = 13 + (-17)$

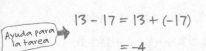

$= -4$

23. $27 - (-8) =$ ___35___

$27 - (-8) = 27 + 8$

$= 35$

24. $-8 - 9 =$ _____

25. $-34 - (-20) =$ _____

26. $15 - (-14) =$ _____

27. $-27 - (-33) =$ _____

Evalúa las expresiones si $f = -6$, $g = 7$ y $h = 9$.

28. $f - 6$ _____

29. $h - f$ _____

30. $g - h$ _____

31. $5 - f$ _____

32. $4 - (-g)$ _____

33. $-8 - (-h)$ _____

34. **PM** **Responder con precisión** Para hallar el error porcentual, puedes usar esta ecuación.

$$\text{error porcentual} = \frac{\text{valor estimado}}{\text{valor real}} \times 100$$

Bryan estima que el costo de sus vacaciones será $730. El costo real de las vacaciones es $850. Halla el error porcentual. Redondea al porcentaje entero más cercano si es necesario. ¿El porcentaje es positivo o negativo? ¿Por qué?

_____

_____

35. Determina si cada uno de estos enunciados sobre los enteros es *siempre* o *a veces* verdadero.

a. positivo − positivo = positivo ☐ Siempre verdadero ☐ A veces verdadero

b. positivo + positivo = positivo ☐ Siempre verdadero ☐ A veces verdadero

c. negativo + negativo = negativo ☐ Siempre verdadero ☐ A veces verdadero

d. negativo − negativo = negativo ☐ Siempre verdadero ☐ A veces verdadero

36. La tabla muestra las temperaturas máximas y mínimas récord en diferentes estados. El *rango* de temperaturas de un estado es la diferencia entre la temperatura máxima y la mínima. Ordena los rangos de temperaturas de los estados de menor a mayor.

Estado	Alaska	Colorado	Florida	Nevada
Máxima récord	100 °F	118 °F	109 °F	125 °F
Mínima récord	−80 °F	−61 °F	−2 °F	−50 °F

	Estado	Rango
Menor		
Mayor		

Estándares comunes: Repaso en espiral

Multiplica. 5.NBT.5

37. 18(10) = _____

38. 15(13) = _____

39. 12(30) = _____

Evalúa las expresiones. 6.NS.7

40. $|-12| =$ _____

41. $|-3| + |-5| =$ _____

42. $|-25| \div 5 - |-3| =$ _____

Laboratorio de indagación
Distancia en la recta numérica

 ¿CÓMO es la relación entre la distancia entre dos números racionales y la diferencia entre ellos?

 Content Standards
7.NS.1, 7.NS.1c

PM Prácticas matemáticas
1, 2, 3, 8

Para un proyecto de ciencias, Carmelo anotó las temperaturas mínima y máxima de cuatro días de enero. En esta tabla se muestran sus resultados. Halla el día con la mayor diferencia entre las temperaturas medidas.

	L	Ma	Mi	J
Temperatura mínima (°F)	1	−3	−4	−3
Temperatura máxima (°F)	5	0	2	−1

Manos a la obra

Paso 1 En la siguiente tabla, a representa la temperatura mínima diaria y b representa la temperatura máxima diaria. Halla $a + b$ y $a - b$. Anota tus resultados en la tabla.

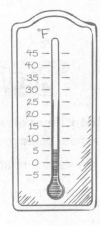

Día	a	b	$a+b$	$a-b$	Distancia
L	1	5	6	−4	4 unidades
Ma	−3	0			
Mi	−4	2			
J	−3	−1			

Paso 2 Usa una recta numérica para hallar la distancia entre los pares de números racionales a y b. Por ejemplo, la distancia entre 1 y 5 en la siguiente recta numérica es ☐ unidades.

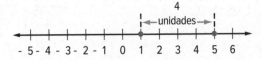

Completa la última columna de la tabla.

Paso 3 Compara las distancias.

Por lo tanto, el día con la mayor diferencia entre las temperaturas fue el _____.

Investigar

Trabaja con un compañero o una compañera para hallar la distancia entre cada par de números sin usar una recta numérica. Luego, usa una recta numérica para comprobar las respuestas.

1. La distancia entre −9 y −3 es _____.

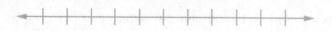

2. La distancia entre −2 y 5 es _____.

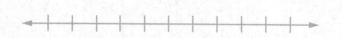

Analizar y pensar

PM Identificar el razonamiento repetido Trabaja con un compañero para responder estas preguntas. Consulta el Paso 1 de la actividad Manos a la obra.

3. ¿Existe una relación entre la suma de cada par de enteros y la distancia entre ellos? Si la respuesta es sí, explica por qué. _____

_____

4. ¿Existe una relación entre la diferencia entre los enteros y la distancia entre ellos? Si la respuesta es sí, explica por qué. _____

_____

5. **PM Razonar de manera inductiva** Para cada par de enteros de la actividad Manos a la obra, halla $b - a$. ¿Cuál es la relación entre $b - a$ y $a - b$? ¿Cómo se relaciona esto con la distancia entre los puntos? Usa el término *valor absoluto* en tu respuesta.

_____

_____

Crear

6. **Indagación** ¿CÓMO es la relación entre la distancia entre dos números racionales y la diferencia entre ellos?

_____

_____

Investigación para la resolución de problemas

Buscar un patrón

Content Standards
7.NS.3, 7.EE.3

PM **Prácticas matemáticas**
1, 4, 8

Caso #1 La estrella del lanzamiento

Laura quiere que la acepten en el equipo de basquetbol de niñas, y sabe que el lanzamiento de tiros libres es una destreza que impresiona mucho al entrenador. En la práctica, encesta aproximadamente 3 de cada 5 tiros libres que lanza. En la prueba para unirse al equipo, debe lanzar la pelota 30 veces desde la línea de tiro libre.

¿Cuántos tiros libres puede esperar encestar?

 ## Comprende ¿Qué sabes?

- Laura puede encestar 3 de cada 5 tiros libres.
- En la prueba, debe lanzar la pelota 30 veces desde la línea de tiro libre.

 ## Planifica ¿Cuál es tu estrategia para resolver este problema?

Haz una tabla para extender el patrón y resolver el problema.

 ## Resuelve ¿Cómo puedes aplicar la estrategia?

Completa la siguiente tabla.

+3 +3 +3 +3 +3

Tiros libres encestados	3	6	9	12		
Lanzamientos	5	10	15	20		

+5 +5 +5 +5 +5

Si Laura hace 30 lanzamientos, ¿cuántos podría encestar? ☐

 ## Comprueba ¿Tiene sentido tu respuesta?

Laura encesta los tiros libres un poco más de la mitad de las veces que los lanza. Como 18 es un poco mayor que 15, la respuesta es razonable.

Analizar la estrategia

PM **Identificar el razonamiento repetido** ¿Cómo cambiarían los resultados si Laura encestara 4 de cada 5 tiros libres? _____

_____

Caso #2 El dilema de la vitrina

Tomás mira por la ventana y ve los 3 estantes superiores de una vitrina de exposición de cámaras digitales que tiene 7 estantes. Ve 4, 6 y 8 cámaras en estos 3 estantes. ¿Cuántas cámaras hay en total en toda la vitrina?

 ## Comprende

Lee el problema. ¿Qué se te pide que halles?

Debo hallar _____.

Subraya los valores y las palabras claves. ¿Qué información conoces?

En la vitrina hay ☐ estantes con cámaras. El problema indica que

en los tres primeros estantes hay ☐ cámaras, ☐ cámaras y ☐

cámaras.

¿Hay alguna información que *no* necesitas saber?

No necesito saber _____.

Planifica

Elige una estrategia para la resolución de problemas.

Usaré la estrategia _____.

Resuelve

Describe el patrón de la tabla. Luego, extiéndelo usando tu estrategia para

la resolución de problemas. _____

Estante	7	6	5			
Cantidad de cámaras	4	6	8			

La cantidad total de cámaras es ☐.

Por lo tanto, _____.

 ## Comprueba

Usa información del problema para comprobar tu respuesta.

_____

Colabora

Trabaja con un grupo pequeño para resolver los siguientes casos.
Muestra tu trabajo en una hoja aparte.

Caso #3 Naturaleza

Un girasol usualmente tiene dos espirales de semillas, uno con 34 semillas y otro con 55 semillas. Los números 34 y 55 forman parte de la secuencia de Fibonacci.

1, 1, 2, 3, 5, 8, 13, 21, 34, 55, …

Halla el patrón de la secuencia de Fibonacci e identifica los siguientes dos términos.

Caso #4 Conocimiento sobre finanzas

Peter ahorra dinero para comprar un reproductor de MP3. Después de un mes, tiene $50. Después de 2 meses, tiene $85. Después de 3 meses, tiene $120. Después de 4 meses, tiene $155.

A esta tasa, ¿cuánto tiempo tardará Peter en ahorrar suficiente dinero para comprar un reproductor de MP3 que cuesta $295?

Caso #5 Geometría

El patrón de la derecha está formado por mondadientes.

¿Cuántos mondadientes se necesitarán para formar el sexto término del patrón?

Primer término   Segundo término   Tercer término

¡Usa una estrategia!

Caso #6 Buceo

Un buzo desciende a −15 pies en 1 minuto, a −30 pies en 2 minutos y a −45 pies en 3 minutos.

Si el buzo sigue su descenso a esta misma tasa, halla su posición después de diez minutos.

Repaso de medio capítulo

Comprobación del vocabulario

1. Define *entero*. Da un ejemplo de un número entero y un ejemplo de un número que no es entero. (Lección 1)

   _____

   _____

2. Completa la oración con el término correcto. (Lección 1)

   El _____ de un número es la distancia entre ese número y cero en la recta numérica.

Comprobación y resolución de problemas: Destrezas

Evalúa las expresiones. (Lecciones 1, 2 y 3)

3. $|-6| =$ _____

4. $-4 + (-8) =$ _____

5. $3 + 4 + (-5) =$ _____

6. $-3 - 10 =$ _____

7. $8 - (-12) =$ _____

8. $|-5| - |-9| =$ _____

9. El punto de fusión del mercurio es -36 °F, y su punto de ebullición es 672 °F. ¿Cuál es la diferencia entre el punto de ebullición y el punto de fusión? (Lección 3)

   _____

   _____

10. **PM** **Perseverar con los problemas** Patrick comienza su caminata a una altitud de -418 pies. Asciende hasta una altitud de 387 pies y, luego, desciende hasta una altitud de 94 pies por encima de su altitud inicial. Descendió 132 pies. ¿A qué altitud finaliza su caminata? (Lección 2)

   _____

   _____

Laboratorio de indagación

 indagación ¿**CUÁNDO** es el producto de dos enteros un número positivo?
¿**CUÁNDO** es el producto un número negativo?

 Content Standards
7.NS.2, 7.NS.3

 Prácticas matemáticas
1, 3, 4

La cantidad de estudiantes que llevan su propio almuerzo a la escuela media Phoenix disminuye a razón de 4 estudiantes por mes. ¿Qué entero representa el cambio total en la cantidad de estudiantes que llevan su propio almuerzo después de tres meses?

¿Qué sabes? _____

_____

¿Qué debes hallar? _____

_____

Manos a la obra: Actividad 1

El entero ☐ representa una disminución de 4 estudiantes por mes. Después de tres meses, el cambio total será $3 \times (-4)$.

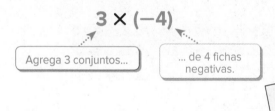

$$3 \times (-4)$$

Agrega 3 conjuntos...   ... de 4 fichas negativas.

Paso 1 Agrega 3 conjuntos de 4 fichas negativas al tablero.

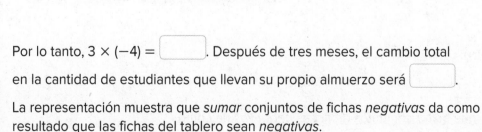

Paso 2 Cuenta la cantidad de fichas negativas.

Hay ☐ fichas negativas.

Por lo tanto, $3 \times (-4) =$ ☐ . Después de tres meses, el cambio total

en la cantidad de estudiantes que llevan su propio almuerzo será ☐ .

La representación muestra que *sumar* conjuntos de fichas *negativas* da como resultado que las fichas del tablero sean *negativas*.

Usa fichas para hallar −2 × 3.

Si el primer factor es negativo, debes *quitar* fichas del tablero.

−2 × 3

Quita 2 conjuntos...   ... de 3 fichas positivas

Paso 1   No hay fichas en el tablero; por lo tanto, agrega 2 conjuntos de 3 parejas de opuestos al tablero. El valor de las fichas del tablero es cero.

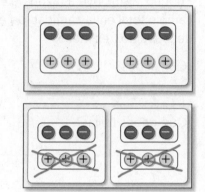

Paso 2   Quita 2 conjuntos de 3 fichas positivas del tablero.

Quedan ☐ fichas negativas.

Por lo tanto, −2 × 3 = ☐.

La representación muestra que *quitar* conjuntos de fichas *positivas* da como resultado que queden conjuntos de fichas *negativas*.

Usa fichas para hallar −2 × (−4).

Ambos factores son negativos. Quita ☐ conjuntos

de ☐ fichas negativas del tablero.

Paso 1   No hay fichas en el tablero; por lo tanto, dibuja 2 conjuntos de 4 parejas de opuestos en el tablero.

Paso 2   Tacha 2 conjuntos de 4 fichas negativas del tablero.

Quedan ☐ fichas positivas.

Por lo tanto, −2 × (−4) = ☐.

La representación muestra que *quitar* conjuntos de fichas *negativas* da como resultado que queden conjuntos de fichas *positivas*.

Investigar

Colabora

Trabaja con un compañero o una compañera. Halla los productos. Haz dibujos para mostrar tu trabajo.

1. $2 \times (-3) =$ _____

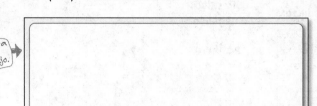

2. $6 \times (-1) =$ _____

3. $-2 \times 4 =$ _____

4. $-1 \times 5 =$ _____

5. $-4 \times 2 =$ _____

6. $-2 \times (-4) =$ _____

7. $-3 \times (-1) =$ _____

8. $-6 \times (-2) =$ _____

9. ¿Qué muestran tus representaciones acerca de quitar conjuntos de fichas

positivas? ¿Y de quitar conjuntos de fichas negativas? _____

_____

_____

Analizar y pensar

Colabora

Trabaja con un compañero para completar la tabla. Usa fichas si es necesario. La primera fila está hecha y te servirá de ejemplo.

	Expresión de multiplicación	¿Mismo signo o signos diferentes?	Producto	¿Positivo o negativo?
	2 × 6	mismo signo	12	positivo
10.	7 × (−2)			
11.	−3 × (−4)			
12.	5 × (−3)			
13.	2 × 8			
14.	−4 × (−1)			
15.	−3 × 6			
16.	−2 × 5			

17. (PM) **Razonar de manera abstracta** Observa el patrón de la tabla. Escribe una regla que puedas usar para hallar el producto de dos enteros sin usar fichas. Halla 3 × (−7) usando fichas para probar tu regla.

_____

_____

_____

Crear

Por tu cuenta

18. (PM) **Representar con matemáticas** Escribe un problema del mundo real que pueda representarse con la expresión −5 × 4.

_____

_____

_____

19. (indagación) ¿CUÁNDO es el producto de dos enteros un número positivo? ¿CUÁNDO es el producto un número negativo?

_____

_____

_____

Lección 4

Multiplicar enteros

 ## Conexión con el mundo real

 Observa

 Pregunta esencial

¿QUÉ sucede cuando sumas, restas, multiplicas o divides enteros?

 Common Core State Standards

Content Standards
7.NS.2, 7.NS.2a, 7.NS.2c, 7.NS.3, 7.EE.3

PM **Prácticas matemáticas**
1, 3, 4, 8

Paracaidismo Una vez abierto el paracaídas, un paracaidista desciende a una tasa de aproximadamente 5 metros por segundo. Después de 4 segundos, ¿cuál será la posición del paracaidista en relación con el momento en que se abrió el paracaídas?

1. El descenso usualmente se representa con un entero negativo. ¿Qué entero usarías para representar la posición del paracaidista 1 segundo después, en relación con el momento en que se abrió el paracaídas? ☐

2. Completa la gráfica. ¿Cuál es la posición del paracaidista 2, 3 y 4 segundos después?

-5 metros ┼ 1 segundo

☐ metros ┼ 2 segundos

☐ metros ┼ 3 segundos

☐ metros ┼ 4 segundos

Mira mamá, ¡sin manos!

3. Escribe una oración de multiplicación para representar la posición del paracaidista después de 5 segundos.

¿Qué **Prácticas matemáticas** PM usaste?
Sombrea lo que corresponda.

① Perseverar con los problemas

② Razonar de manera abstracta

③ Construir un argumento

④ Representar con matemáticas

⑤ Usar las herramientas matemáticas

⑥ Prestar atención a la precisión

⑦ Usar una estructura

⑧ Usar el razonamiento repetido

Área de trabajo

Multiplicar enteros con diferente signo

Dato El producto de dos enteros con signos diferentes es negativo.

Ejemplos $6(-4) = -24$ $-5(7) = -35$

Recuerda que la multiplicación es equivalente a una suma repetida.

$4(-3) = (-3) + (-3) + (-3) + (-3)$ -3 se usa como sumando cuatro veces.

$= -12$

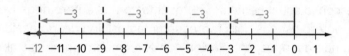

La propiedad conmutativa de la multiplicación indica que puedes multiplicar en cualquier orden. Por lo tanto, $4(-3) = -3(4)$.

Ejemplos

Tutor

1. Halla $3(-5)$.

$3(-5) = -15$ Los enteros tienen diferentes signos. El producto es negativo.

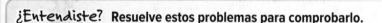

2. Halla $-6(8)$.

$-6(8) = -48$ Los enteros tienen diferentes signos. El producto es negativo.

Muestra tu trabajo.

¿Entendiste? **Resuelve estos problemas para comprobarlo.**

a. _____

   a. $9(-2)$

              b. $-7(4)$

b. _____

Multiplicar enteros con el mismo signo

Dato El producto de dos enteros con el mismo signo es positivo.

Ejemplos $2(6) = 12$ $-10(-6) = 60$

El producto de dos enteros positivos es positivo. Puedes usar un patrón para hallar el signo del producto de dos enteros negativos. Comienza con $(2)(-3) = -6$ y $(1)(-3) = -3$.

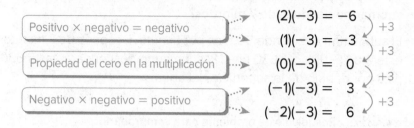

Positivo × negativo = negativo	$(2)(-3) = -6$
	$(1)(-3) = -3$
Propiedad del cero en la multiplicación	$(0)(-3) = 0$
	$(-1)(-3) = 3$
Negativo × negativo = positivo	$(-2)(-3) = 6$

+3
+3
+3
+3

Cada producto es 3 más que el producto anterior. Este patrón también puede mostrarse en una recta numérica.

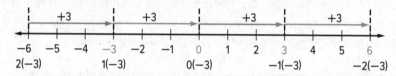

```
      +3         +3            +3          +3
  ┌────────┐ ┌────────┐  ┌──────────┐ ┌──────────┐
←─┼───┼───┼───┼───┼───┼───┼───┼───┼───┼───┼───┼───→
 -6  -5  -4  -3  -2  -1   0   1   2   3   4   5   6
2(-3)        1(-3)        0(-3)     -1(-3)      -2(-3)
```

Si extiendes el patrón, los dos productos que siguen son $(-3)(-3) = 9$ y $(-4)(-3) = 12$.

Ejemplos

Tutor

3. **Halla** $-11(-9)$.

$-11(-9) = 99$ Los enteros tienen el mismo signo. El producto es positivo.

4. **Halla** $(-4)^2$.

$(-4)^2 = (-4)(-4)$ Hay dos factores de -4.

$\qquad = 16$ El producto es positivo.

5. **Halla** $-3(-4)(-2)$.

$-3(-4)(-2) = [-3(-4)](-2)$ Propiedad asociativa

$\qquad\qquad = 12(-2)$ $-3(-4) = 12$

$\qquad\qquad = -24$ $12(-2) = -24$

¿Entendiste? **Resuelve estos problemas para comprobarlo.**

c. $-12(-4)$ **d.** $(-5)^2$ **e.** $-7(-5)(-3)$

Muestra tu trabajo.

c. _____

d. _____

e. _____

Observa | Tutor

Ejemplo

6. Un submarino se sumerge desde la superficie del agua a una tasa de 90 pies por minuto. ¿A qué profundidad se encuentra el submarino después de 7 minutos?

El submarino desciende 90 pies por minuto. Después de 7 minutos, estará a 7(−90), o −630 pies. El submarino descenderá hasta 630 pies por debajo de la superficie del agua.

¿Entendiste? Resuelve este problema para comprobarlo.

Muestra tu trabajo

f. **Conocimiento sobre finanzas** El banco donde tiene cuenta el Sr. Simón deduce automáticamente $4 de su cuenta de ahorros cada mes, en concepto de mantenimiento. Escribe una expresión de multiplicación para representar el costo de mantenimiento anual. Luego, halla el resultado y explica su significado.

f. _____

Práctica guiada

Comprueba ✓

Multiplica. (Ejemplos 1 a 5)

1. $6(-10) =$ _____

Muestra tu trabajo.

2. $(-3)^3 =$ _____

3. $(-1)(-3)(-4) =$ _____

4. **Conocimiento sobre finanzas** Tamara es dueña de 100 acciones de una empresa. Imagina que el precio de las acciones cae a $3 por acción. Escribe una expresión de multiplicación para hallar el cambio en la inversión de Tamara. Explica tu respuesta. (Ejemplo 6)

_____

_____

_____

5. **Desarrollar la pregunta esencial** ¿Cuándo es el producto de dos o más enteros un número positivo?

_____

_____

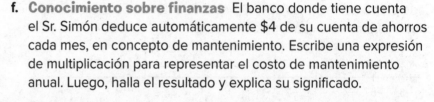

¡Califícate!

¿Estás listo para seguir? Sombrea lo que corresponda.

Tengo algunas dudas. | Estoy listo para seguir.

Tengo muchas dudas.

Para obtener más ayuda, conéctate y accede a un tutor personal.

Tutor

FOLDABLES ¡Es hora de que actualices tu modelo de papel!

Práctica independiente

Conéctate para obtener las soluciones de varios pasos.

Multiplica. (Ejemplos 1 a 5)

1. $8(-12) =$ _____

2. $-15(-4) =$ _____

3. $(-6)^2 =$ _____

 estra tu bajo.

4. $(-5)^3 =$ _____

5 $-4(-2)(-8) =$ _____

6. $-3(-2)(1) =$ _____

Escribe expresiones de multiplicación para representar las situaciones. Luego, halla los productos y explica su significado. (Ejemplo 6)

7 Ethan quema 650 calorías cuando corre 1 hora. Imagina que corre 5 horas en una semana.

_____

_____

8. La erosión que provocan las olas hace que se pierdan 3 centímetros de ancho de costa cada año. Esto sucede ininterrumpidamente durante 8 años.

_____

_____

_____

9. (PM) **Representar con matemáticas** Consulta la siguiente historieta. ¿Cuántas camisetas negras deben vender Hannah y Darío para recuperar sus pérdidas con las ganancias?

_____

10.  **Representaciones múltiples** Cuando se alquila una película, hay una fecha de devolución. Si no se devuelve a tiempo la película, se cobra una tarifa adicional. A Kaitlyn le cobran $5 por día por una película que devolvió 4 días después de lo debido.

a. **En palabras** Explica por qué $4 \times (-5) = -20$ describe la situación. _____

b. **Álgebra** Escribe una expresión para representar la tarifa cuando se devuelve una película x días más tarde. _____

11. **Identificar el razonamiento repetido** Cuando multiplicas dos enteros positivos, el producto es un entero positivo. Completa el organizador gráfico como ayuda para recordar las otras reglas de la multiplicación de enteros. Describe los patrones que siguen los productos.

×	+	−
+		
−		

_____

_____

_____

Problemas S.O.S. Soluciones de orden superior

12. **Representar con matemáticas** Escribe una oración de multiplicación cuyo producto sea −18.

_____

13. **Justificar las conclusiones** Explica cómo evaluar $(-9)(-6)(15)(-7 + 7)$ de la manera más simple posible.

_____

_____

14. **Perseverar con los problemas** Halla valores de a, b y c para que cada uno de los enunciados sea verdadero. Si no puedes lograrlo con ningún valor, escribe *no es posible*.

a. $a < b$ y $a + c < b + c$ _____

b. $a < b$ y $a + c > b + c$ _____

c. $a < b$ y $ac < bc$ _____

d. $a < b$ y $ac > bc$ _____

e. $a < b$ y $ac = bc$ _____

15. **Razonar de manera inductiva** El producto de dos enteros es −21. La diferencia entre esos mismos enteros es −10. La suma de estos enteros es 4. ¿Cuáles son los enteros?

_____

Más práctica

Multiplica.

16. $-7(11) =$ ___-77___

$-7(11) = -77$

Los enteros tienen signos diferentes. El producto es negativo.

17. $-20(-8) =$ _____

18. $25(-2) =$ _____

19. $(-4)^3 =$ _____

20. $(-9)^2 =$ _____

21. $-9(-1)(-5) =$ _____

Escribe expresiones de multiplicación para representar las situaciones. Luego, halla los productos y explica su significado.

22. Una persona promedio pierde entre 50 y 80 cabellos por día, que se reemplazan por cabello nuevo. Imagina que se te caen 65 cabellos por día, durante 15 días, pero no te crece cabello nuevo para reemplazarlos.

_____

_____

_____

23. 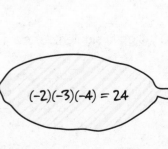 **Conocimiento sobre finanzas** Lily tiene una tarjeta de regalo de su pastelería favorita, por un valor de $100. Gasta $4 por día en la tienda durante los siguientes 12 días.

_____

_____

_____

Copia y resuelve Evalúa las expresiones si $a = -6$, $b = -4$, $c = 3$ y $d = 9$.
Muestra tu trabajo en una hoja aparte.

24. $-5c =$

25. $b^2 =$

26. $2a =$

27. $bc =$

28. $abc =$

29. $abc^3 =$

30. $-3a^2 =$

31. $-cd^2 =$

32. $-2a + b =$

33.  **Hallar el error** Jamal quiere hallar $(-2)(-3)(-4)$. Halla su error y corrígelo. Explica tu respuesta.

_____

_____

_____

$(-2)(-3)(-4) = 24$

34. J.J. necesita retirar dinero de su cuenta de ahorros para comprar boletos para el zoológico para él y 7 amigos. Cada boleto cuesta $5. ¿Qué expresión de multiplicación representa esta situación?

[ ]

Usa los símbolos para representar la situación en la recta numérica.

Escribe un entero para representar el total de dinero retirado de la cuenta. [ ]

35. Morgan manejó desde Los Ángeles, a una altitud de 330 pies, hasta el Valle de la Muerte, a una altitud de −282 pies. ¿Cuál es la diferencia entre las altitudes de Los Ángeles y el Valle de la Muerte?

[ ]

 Estándares comunes: Repaso en espiral

Escribe < o > en cada ◯ para que el enunciado sea verdadero. **6.NS.7b**

36. 0 ◯ −1   **37.** −9 ◯ 9   **38.** −84 ◯ 48   **39.** 32 ◯ −27

40. La tabla muestra el saldo de las mesadas de Laura durante los últimos tres meses. Los valores positivos indican cuántos dólares le quedaron, y los valores negativos indican cuánto gastó de más. Ordena los saldos de menor a mayor. **6.NS.7**

Mes	Saldo ($)
Mayo	−10
Junio	5
Julio	−2

41. Marca 1, −4, 3, −2, 0 y 2 en la siguiente recta numérica. **6.NS.6**

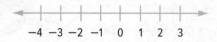

Laboratorio de indagación

Usar propiedades para multiplicar

 ¿CÓMO pueden usarse las propiedades para demostrar las reglas de multiplicación de los enteros?

 Content Standards
7.NS.2, 7.NS.2a, 7.NS.2c

PM **Prácticas matemáticas**
1, 3

Los científicos usan las propiedades para clasificar elementos en diferentes categorías, por ejemplo, metales. Una propiedad de los metales es que tienen brillo.

Manos a la obra

Ya has estudiado las propiedades matemáticas listadas en la siguiente tabla. En matemáticas, las propiedades pueden usarse para justificar los enunciados que te permiten verificar o comprobar otros enunciados.

Propiedades matemáticas	
Inverso aditivo	Propiedad del cero en la multiplicación
Propiedad distributiva	Identidad de multiplicación

Por ejemplo, usaste representaciones para mostrar que $2(-1) = -2$.

Puedes usar las propiedades para *demostrar* que $2(-1) = -2$

Escribe la propiedad correcta de la tabla anterior para dar las justificaciones que faltan. Usa el nombre de cada propiedad solo una vez.

Enunciados	Propiedades
$0 = 2(0)$	
$0 = 2[1 + (-1)]$	
$0 = 2(1) + 2(-1)$	
$0 = 2 + 2(-1)$	

Conclusión En el último enunciado, $0 = 2 + 2(-1)$. Para que esto sea verdadero, $2(-1)$ debe ser igual a -2. Por lo tanto, $2(-1) = \boxed{}$.

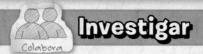

Investigar

Colabora

El enunciado $(-2)(-1) = 2$ es un ejemplo de la regla que indica que el producto de un entero negativo y otro entero negativo es un entero positivo.

Trabaja con un compañero o una compañera para completar la información que falta en los siguientes enunciados.

1. Demuestra que $(-2)(-1) = 2$.

Enunciados	Propiedades
$0 = -2(0)$	
$0 = -2[1 + (-1)]$	
$0 = -2(1) + (-2)(-1)$	
$0 = -2 + (-2)(-1)$	

Analizar y pensar

Colabora

Trabaja con un compañero.

2. (PM) **Justificar las conclusiones** Escribe una conclusión para el Ejercicio 1.

_____

_____

Crear

Por tu cuenta

3. (PM) **Construir un argumento** Cuando demuestras matemáticamente un enunciado, debes mostrar que el enunciado es verdadero para todos los valores posibles. ¿Cómo puedes demostrar que el producto de cualquier par de números negativos es un número positivo? Explica tu razonamiento a un compañero.

_____

_____

_____

4. (Indagación) ¿CÓMO pueden usarse las propiedades para demostrar las reglas de multiplicación de los enteros?

_____

_____

Dividir enteros

Conexión con el mundo real

Pregunta esencial

¿QUÉ sucede cuando sumas, restas, multiplicas o divides enteros?

Common Core State Standards

Content Standards
7.NS.2, 7.NS.2b, 7.NS.2c, 7.NS.3

PM **Prácticas matemáticas**
1, 3, 4, 5, 7

Tiburones ¡Un gran tiburón blanco tiene 3,000 dientes! Genera y pierde dientes a menudo a lo largo de su vida. Imagina que un gran tiburón blanco pierde 3 dientes por día durante 5 días, sin que le crezca ninguno. El tiburón ha perdido 15 dientes en total.

1. Escribe una oración de multiplicación para representar esta situación.

_____

2. La división está relacionada con la multiplicación. Escribe dos oraciones de división relacionadas con la oración de multiplicación que escribiste en el Ejercicio 1.

_____

Colabora

Trabaja con un compañero para completar la tabla. La primera fila está hecha y te servirá de ejemplo.

Oración de multiplicación	Oraciones de división	¿Mismo signo o signos diferentes?	Cociente	¿Positivo o negativo?
$2 \times 6 = 12$	$12 \div 6 = 2$	mismo signo	2	positivo
	$12 \div 2 = 6$	mismo signo	6	positivo
3. $2 \times (-4) = -8$				
4. $-3 \times 5 = -15$				
5. $-2 \times (-5) = 10$				

¿Qué Prácticas matemáticas PM usaste?
Sombrea lo que corresponda.

① Perseverar con los problemas   ⑤ Usar las herramientas matemáticas

② Razonar de manera abstracta   ⑥ Prestar atención a la precisión

③ Construir un argumento   ⑦ Usar una estructura

④ Representar con matemáticas   ⑧ Usar el razonamiento repetido

Dividir enteros con diferentes signos

Dato — El cociente de dos enteros con signos diferentes es negativo.

Ejemplos — $33 \div (-11) = -3$ — $-64 \div 8 = -8$

Puedes dividir enteros siempre y cuando el divisor no sea cero. Como las oraciones de multiplicación y división están relacionadas, puedes usarlas para hallar el cociente de enteros con signos diferentes.

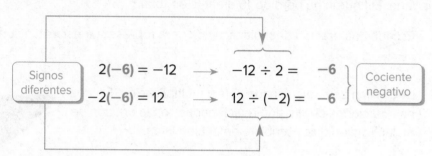

| Signos diferentes | $2(-6) = -12$ | $\rightarrow$ | $-12 \div 2 = -6$ | Cociente negativo |
| | $-2(-6) = 12$ | $\rightarrow$ | $12 \div (-2) = -6$ | |

Ejemplos

Tutor

1. **Halla $80 \div (-10)$.** — Los enteros tienen diferentes signos.

$80 \div (-10) = -8$ — El cociente es negativo.

2. **Halla $\dfrac{-55}{11}$.** — Los enteros tienen diferentes signos.

$\dfrac{-55}{11} = -5$ — El cociente es negativo.

3. **Usa la tabla para hallar la tasa de cambio constante en centímetros por hora.**

La altura de la vela se reduce 2 centímetros por cada hora.

$$\frac{\text{Cambio en la altura}}{\text{Cambio en las horas}} = \frac{-2}{1}$$

Por lo tanto, la tasa de cambio constante es -2 centímetros por hora.

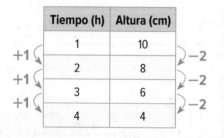

Tiempo (h)	Altura (cm)
1	10
2	8
3	6
4	4

¿Entendiste? Resuelve estos problemas para comprobarlo.

a. $20 \div (-4)$ — **b.** $\dfrac{-81}{9}$ — **c.** $-45 \div 9$

Área de trabajo

División de enteros

Si p y q son enteros y q no es igual a cero,

entonces $-\dfrac{p}{q} = \dfrac{-p}{q} = \dfrac{p}{-q}$.

En el Ejemplo 2, $-\dfrac{55}{11} = \dfrac{-55}{11} = \dfrac{55}{-11}$.

Muestra tu trabajo.

a. _____

b. _____

c. _____

Dividir enteros con el mismo signo

Dato   El cociente de dos enteros con el mismo signo es positivo.

Ejemplos $15 \div 5 = 3$ $-64 \div (-8) = 8$

También puedes usar oraciones de multiplicación y división para hallar cocientes de enteros que tienen el mismo signo.

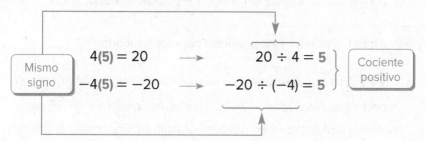

Mismo signo

$4(5) = 20 \longrightarrow 20 \div 4 = 5$

$-4(5) = -20 \longrightarrow -20 \div (-4) = 5$

Cociente positivo

Ejemplos

Tutor

4. **Halla $-14 \div (-7)$.**   Los enteros tienen el mismo signo.

   $-14 \div (-7) = 2$ El cociente es positivo.

5. **Halla $\dfrac{-27}{-3}$.**   Los enteros tienen el mismo signo.

   $\dfrac{-27}{-3} = 9$ El cociente es positivo.

6. **Evalúa $-16 \div x$ si $x = -4$.**

   $-16 \div x = -16 \div (-4)$ Reemplaza x por -4.

   $\quad\quad\quad = 4$ Divide. El cociente es positivo.

¿Entendiste? **Resuelve estos problemas para comprobarlo.**

d. $-24 \div (-4)$ **e.** $-9 \div (-3)$ **f.** $\dfrac{-28}{-7}$

g. Evalúa $a \div b$ si $a = -33$ y $b = -3$.

Muestra tu trabajo.

d. _____

e. _____

f. _____

g. _____

Ejemplo

 Tutor

7. STEM Un año, la población estimada de koalas en Australia era 1,000,000 de animales. Diez años después, había aproximadamente 100,000 koalas. Halla el cambio promedio por año en la población de koalas. Luego, explica su significado.

$$\frac{N - P}{10} = \frac{100,000 - 1,000,000}{10}$$

N es la nueva población, 100,000.
P es la población previa, 1,000,000.

$$= \frac{-900,000}{10}, \text{ o } -90,000$$

Divide.

La población de koalas cambió en −90,000 por año.

¿Entendiste? Resuelve este problema para comprobarlo.

 Muestra tu trabajo.

h. STEM La temperatura promedio para enero en el pueblo de North Pole, Alaska, es −24 °C. Usa la expresión $\frac{9C + 160}{5}$ para hallar la temperatura en grados Fahrenheit. Redondea al grado más cercano. Luego, explica su significado.

h. _____

Práctica guiada

 Comprueba

Divide. (Ejemplos 1, 2, 4 y 5)

 Muestra tu trabajo.

1. $-16 \div 2 =$ _____

2. $\frac{42}{-7} =$ _____

3. $-30 \div (-5) =$ _____

Evalúa las expresiones si $x = 8$ e $y = -5$. (Ejemplo 6)

4. $15 \div y$ _____

5. $xy \div (-10)$ _____

6. $(x + y) \div (-3)$ _____

7. La menor temperatura registrada en Wisconsin fue −55 °F, el 4 de febrero de 1996. Usa la expresión $\frac{5(F - 32)}{9}$ para hallar la temperatura en grados Celsius. Redondea a la décima más cercana. Explica su significado. (Ejemplo 7)

_____

8. **Desarrollar la pregunta esencial** ¿En qué se parece dividir enteros a multiplicar enteros?

_____

_____

¡Califícate!

¿Entendiste cómo dividir enteros? Sombrea lo que corresponda.

Para obtener más ayuda, conéctate y accede a un tutor personal.

 Tutor

FOLDABLES ¡Es hora de que actualices tu modelo de papel!

Nombre _____ Mi tarea _____

Práctica independiente

Conéctate para obtener las soluciones de varios pasos.

Divide. (Ejemplos 1, 2, 4 y 5)

1. $50 \div (-5) =$ _____

2. $-18 \div 9 =$ _____

3 $-15 \div (-3) =$ _____

4. $-100 \div (-10) =$ _____

5. $\dfrac{22}{-2} =$ _____

6. $\dfrac{84}{-12} =$ _____

7. $\dfrac{-26}{13} =$ _____

8. $\dfrac{-21}{-7} =$ _____

Evalúa las expresiones si $r = 12$, $s = -4$ y $t = -6$. (Ejemplo 6)

9. $r \div s$ _____

10. $rs \div 16$ _____

11. $\dfrac{t - r}{3}$ _____

12. $\dfrac{8 - r}{-2}$ _____

13 La distancia que falta recorrer de una excursión de varias horas se muestra en la tabla. Usa la información para hallar la tasa de cambio constante en millas por hora. (Ejemplo 3)

Tiempo (h)	Distancia que queda (mi)
2	480
4	360
6	240
8	120

14. **PM** **Justificar las conclusiones** El año pasado, los ingresos totales del Sr. Engle fueron $52,000, mientras que sus gastos fueron $53,800. Usa la expresión $\dfrac{I - G}{12}$, donde I representa los ingresos y G los gastos, para hallar la diferencia media entre ingresos y gastos cada mes. Luego, explica su significado. (Ejemplo 7)

Evalúa las expresiones si $d = -9$, $f = 36$ y $g = -6$.

15. $\dfrac{-f}{d}$ _____

16. $\dfrac{12 - (-f)}{-g}$ _____

17. $\dfrac{f^2}{d^2}$ _____

18. **STEM** La temperatura en Marte varía ampliamente, entre los $-207\,°F$ y los $80\,°F$. Halla el promedio de las temperaturas extremas de Marte. _____

Problemas S.O.S. Soluciones de orden superior

19. **(PM) Construir un argumento** Sabes que la multiplicación es conmutativa porque $9 \times 3 = 3 \times 9$. ¿Es conmutativa la división? Explica tu respuesta.

_____

_____

(PM) Identificar la estructura Usa las gráficas para hallar la pendiente de cada recta.

20. _____

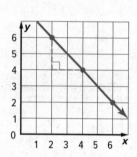

21. _____

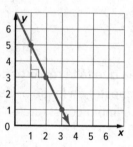

22. **(PM) Identificar la estructura** Halla los valores de x, y y z para que todos los enunciados sean verdaderos.

- $y > x$, $z < y$ y $x < 0$
- $x \div z = -z$
- $z \div 2$ y $z \div 3$ son enteros
- $x \div y = z$

$x =$ _____ $y =$ _____ $z =$ _____

23. **(PM) Razonar de manera inductiva** Se dice que en el caso de los enteros, la suma, la resta y la multiplicación son *cerradas*. Esto significa que cuando sumas, restas o multiplicas enteros, el resultado es otro entero. ¿La división es cerrada en el caso de los enteros? Explica tu respuesta.

_____

_____

Más práctica

Divide.

24. $56 \div (-8) =$ ___-7___

a para
area

$56 \div (-8) = -7$

Los enteros tienen signos
diferentes. El cociente es
negativo.

25. $-36 \div (-4) =$ ___9___

$-36 \div (-4) = 9$

Los enteros tienen el mismo signo.
El cociente es positivo.

26. $32 \div (-8) =$ _____

27. $\dfrac{-16}{-4} =$ _____

28. $\dfrac{-27}{3} =$ _____

29. $\dfrac{-54}{-6} =$ _____

Evalúa las expresiones si $r = 12$, $s = -4$ y $t = -6$.

30. $-12 \div r$ _____

31. $72 \div t$ _____

32. $\dfrac{s + t}{5}$ _____

33. Divide -200 entre -100. _____

34. Halla el cociente de -65 y -13. _____

35. **STEM** Los cambios en la altitud afectan el punto de ebullición del agua. Usa la expresión $\dfrac{-2A}{1,000}$, donde A representa la altitud en pies, para hallar la cantidad de grados Fahrenheit a la que cambia el punto de ebullición del agua a una altitud de 5,000 pies. Luego, explica su significado.

_____

36. **PM** **Usar las herramientas matemáticas** Se muestra el cambio en la altitud de algunos globos aerostáticos con el paso del tiempo. Halla la tasa de cambio de cada uno de los globos medida en pies por minuto.

Globo	Cambio en la altitud (pies)	Tiempo (min)	Tasa de cambio (pies/min)
Expreso de medianoche	-2,700	135	
Luz de neón	480	30	
Vagabundo estelar	-1,500	60	

37. Un ala delta vuela a una altitud de 10,000 pies. Quince minutos después, su altitud es 7,000 pies. ¿Cuál es la media del cambio en la altitud por minuto?

38. La tabla muestra las cantidades de puntos descontados a cada estudiante en la primera prueba de matemáticas. Todas las preguntas de la prueba valían la misma cantidad de puntos cada una. Christopher respondió incorrectamente 6 preguntas. ¿Cuántas preguntas respondieron incorrectamente Nythia, Raúl, Tonya y Michael?

Estudiante	Puntos descontados	Respuestas incorrectas
Christopher	−24	6
Michael	−12	
Nythia	−16	
Raúl	−4	
Tonya	−28	

Otro de los estudiantes respondió incorrectamente 9 preguntas. ¿Cuántos puntos se le descontaron?

CCSS **Estándares comunes: Repaso en espiral**

Escribe el opuesto de cada entero. 6.NS.6a

39. 8 _____

40. 9 _____

41. −7 _____

42. −5 _____

43. Los cereales están en exhibición en forma de una pirámide en la que en la primera fila hay una caja, en la segunda, dos cajas, en la tercera, tres cajas, y así sucesivamente. ¿Cuántas filas de cajas habrá en exhibición, si se ven 45 cajas? 5.OA.3

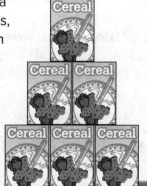

44. Nombra el cuadrante en el que se ubica el punto (−4, −3) en el plano de coordenadas. 6.NS.6b _____

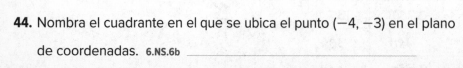

PROFESIÓN DEL SIGLO XXI
en Astronomía

Meteorólogo espacial

¿Sabías que el estado del tiempo en el espacio o las condiciones en el Sol y en el espacio pueden afectar directamente a los sistemas de comunicación y las redes eléctricas aquí en la Tierra? Si te gustan los misterios del espacio, deberías considerar una profesión como esta. Un meteorólogo espacial usa naves espaciales, telescopios, radares y supercomputadoras para monitorear el Sol, los vientos solares y el medioambiente espacial a fin de pronosticar el estado del tiempo en el espacio.

PREPARACIÓN
Profesional
& Universitaria

Explora profesiones y la universidad en ccr.mcgraw-hill.com.

¿Es esta profesión para ti?

¿Te interesa la profesión de meteorólogo espacial? Cursa alguna de las siguientes materias en la escuela preparatoria.

◆ Astronomía
◆ Cálculo
◆ Química
◆ Ciencias de la Tierra
◆ Física

Averigua cómo se relacionan las matemáticas con la profesión de astrónomo.

ⓅⓂ Predicción de tormentas espaciales

Usa la información de la tabla para resolver los problemas.

1. Marca las temperaturas medias de la Tierra, Júpiter, Marte, Mercurio, Neptuno y Saturno en una recta numérica. Rotula los puntos.

2. Las temperaturas en Mercurio oscilan entre −279 °F y 800 °F. ¿Cuál es la diferencia entre la temperatura máxima y la mínima? _____

3. ¿Cuanto mayor es la temperatura media de la Tierra comparada con la temperatura media de Júpiter? _____

4. En una de las lunas de Neptuno, Tritón, la temperatura de la superficie es 61 °F menor que la temperatura media de Neptuno. ¿Cuál es la temperatura en la superficie de Tritón? _____

5. La temperatura en Marte puede alcanzar mínimas de −187 °C. Halla el valor de la expresión $\dfrac{9(-187) + 160}{5}$ para calcular esta temperatura expresada en grados Fahrenheit. _____

Temperaturas medias de los planetas			
Planeta	Temperatura media (°F)	Planeta	Temperatura media (°F)
Tierra	59	Neptuno	−330
Júpiter	−166	Saturno	−220
Marte	−85	Urano	−320
Mercurio	333	Venus	867

ⓅⓂ Proyecto profesional

Es hora de actualizar tu carpeta de profesiones. Investiga los requisitos académicos y el entrenamiento necesarios para dedicarse a la meteorología espacial.

_____

_____

_____

_____

_____

_____

Haz una lista de otras profesiones a las que podría dedicarse alguien interesado en la astronomía.

• _____

• _____

• _____

• _____

• _____

Repaso del capítulo

Comprobación del vocabulario

Completa cada oración con una palabra del vocabulario que está al comienzo del capítulo.

1. La suma de un entero y su inverso _____ es 0.

2. Un entero _____ es mayor que 0.

3. El conjunto de los _____ contiene a todos los números enteros no negativos y a sus opuestos.

4. El valor _____ de un número es la distancia entre el número y 0 en una recta numérica.

5. 5 y −5 son _____.

6. Al combinar una ficha positiva y una ficha negativa se obtiene una _____ de opuestos.

Forma la palabra del vocabulario y su definición con las letras que aparecen debajo de la cuadrícula. Las letras necesarias están desordenadas debajo de cada columna.

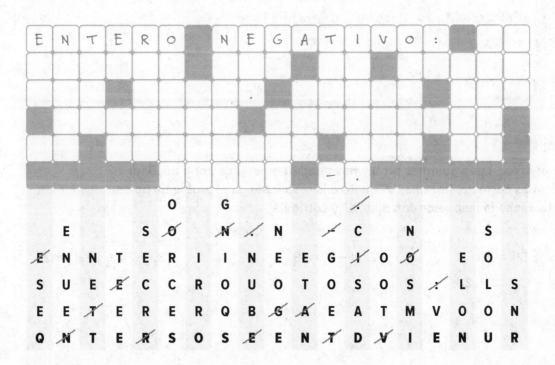

Comprobación de conceptos clave

Usa los FOLDABLES®

Usa tu modelo de papel como ayuda para repasar el capítulo.

Pégalo aquí. →

Operaciones con enteros

¿Cómo sumo enteros con diferente signo?

¿Cómo resto enteros con diferente signo?

¿Cómo multiplico enteros con diferente signo?

¿Cómo divido enteros con diferente signo?

¿Entendiste?

Hallar el error Los siguientes problemas pueden tener un error o no. Si el problema es correcto, haz una "✓" junto a la respuesta. Si el problema no es correcto, tacha la respuesta con una "X" y corrígela.

1. $|-5| + |2| = \cancel{3}$

$|-5| + |2| = 5 + 2, o 7$

 El primero ya está hecho. →

2. $3|-6| = 18$

3. $-24 \div |-2| = 12$

¡Repaso! Tarea para evaluar el desempeño

El pronóstico del tiempo

El servicio meteorológico registra las temperaturas diarias en grados Fahrenheit y publica el informe al final de la semana en el periódico. La siguiente gráfica muestra un informe publicado en enero.

Domingo	Lunes	Martes	Miércoles	Jueves	Viernes	Sábado
Máxima 11	Máxima 7	Máxima 8	Máxima 6	Máxima	Máxima 12	Máxima 3
Mínima 2	Mínima −2	Mínima	Mínima −4	Mínima −1	Mínima	Mínima −8

Escribe tu respuesta en una hoja aparte. Muestra tu trabajo para recibir la máxima calificación.

Parte A

David leyó el periódico mientras desayunaba y manchó con comida parte de la información, que quedó borroneada. Usa la siguiente información para hallar todas las temperaturas máximas y mínimas que faltan de la semana.

- El martes, la temperatura mínima fue 3 grados más fría que el lunes.
- El jueves, la temperatura máxima fue 5 grados más cálida que la mínima.
- El viernes, la temperatura mínima fue 11 grados mayor que la mínima del sábado.

Parte B

Marca cada una de las temperaturas mínimas y máximas en una recta numérica. ¿Cuál es la diferencia entre la máxima más alta y la mínima más baja?

Parte C

Halla las temperaturas máxima y mínima medias para la semana.

Parte D

Debido a las bajas temperaturas, David decide tejer bufandas para vender en una feria. Gasta $5 en los materiales para cada bufanda, y las vende a $12 cada una. Vende 28 bufandas en la feria. ¿Cuál es la ganancia de David? Explica tu respuesta.

Reflexionar

Usa lo que aprendiste sobre los enteros para completar el organizador gráfico. Explica cómo determinar el signo del resultado de cada una de las operaciones.

Suma y resta

Pregunta esencial

¿QUÉ sucede cuando sumas, restas, multiplicas o divides enteros?

Multiplicación y división

 Responder la pregunta esencial ¿QUÉ sucede cuando sumas, restas, multiplicas o divides enteros?

_____

_____

Capítulo 4

Números racionales

Pregunta esencial

¿QUÉ sucede cuando sumas, restas, multiplicas o divides fracciones?

Common Core State Standards

Content Standards
7.NS.1, 7.NS.1b, 7.NS.1c, 7.NS.1d, 7.NS.2, 7.NS.2a, 7.NS.2b, 7.NS.2c, 7.NS.2d, 7.NS.3, 7.RP.3, 7.EE.3

PM **Prácticas matemáticas**
1, 3, 4, 5, 6, 7, 8

Matemáticas en el mundo real

Tenis En el torneo de tenis Abierto de Estados Unidos, se usan 70,000 pelotas de tenis cada año. Esto es solo una pequeña fracción de las 300,000,000 pelotas de tenis que se producen al año. Escribe una fracción en su mínima expresión que compare la cantidad de pelotas de tenis que se usan en el Abierto de Estados Unidos con la cantidad de pelotas producidas al año.

FOLDABLES
Ayudas de estudio

 1 Recorta el modelo de papel de la página FL9 de este libro.

2 Pega tu modelo de papel en la página 338.

 3 Usa este modelo de papel en todo el capítulo como ayuda para aprender sobre los números racionales.

¿Qué herramientas necesitas?

Vocabulario

común denominador	fracciones no semejantes	notación de barra
decimal exacto	fracciones semejantes	números racionales
decimal periódico	mínimo común denominador	

Repaso del vocabulario

Una *fracción impropia* es una fracción en la cual el numerador es mayor que o igual al denominador; por ejemplo, $\frac{21}{4}$. Un *número mixto* es un número compuesto de un número entero no negativo y una fracción; por ejemplo, $5\frac{1}{4}$.

En el organizador de abajo, escribe los números mixtos como fracciones impropias y las fracciones impropias como números mixtos. La primera fila de cada columna está hecha y te servirá de ejemplo.

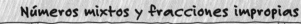

Números mixtos y fracciones impropias

Convierte los números mixtos	Convierte las fracciones impropias
$3\frac{1}{2} = \frac{7}{2}$	$\frac{41}{4} = 10\frac{1}{4}$
$5\frac{1}{3} =$	$\frac{16}{3} =$
$8\frac{2}{5} =$	$\frac{23}{5} =$
$6\frac{4}{9} =$	$\frac{90}{11} =$
$10\frac{3}{8} =$	$\frac{66}{7} =$
$7\frac{3}{4} =$	$\frac{101}{2} =$
$15\frac{5}{6} =$	$\frac{87}{20} =$

Haz una lista de tres cosas que ya sabes acerca de los números racionales en la primera sección. Luego, haz una lista de tres cosas que te gustaría aprender acerca de los números racionales en la segunda sección.

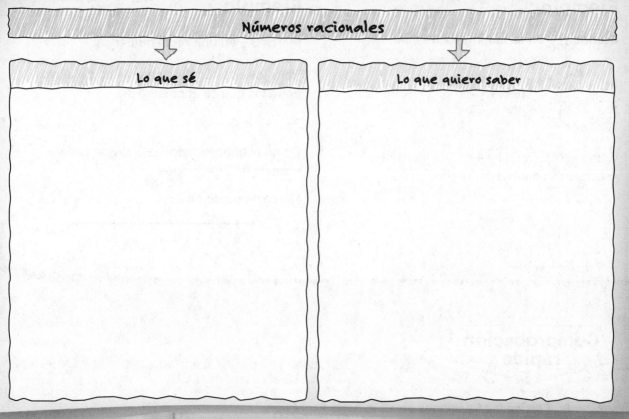

Números racionales

Lo que sé	Lo que quiero saber

¿Cuándo usarás esto?

Aquí tienes algunos ejemplos de cómo se usan los números racionales en el mundo real.

Actividad 1 Usa una cinta métrica para hallar el ancho de un armario de tu casa. ¿Crees que cabrá un estante de $28\frac{3}{4}$ pulgadas de largo en el espacio que mediste? ¿Es demasiado largo o demasiado corto? ¿Qué debes hacer para que entre?

Caitlyn, Theresa, y Aisha en
¡A organizar!

Gracias por venir a ayudarme a organizar mi armario.

De nada.

De nada. Nací para organizar.

_____

_____

Actividad 2 Conéctate a **connectED.mcgraw-hill.com** para leer la historieta *¡A organizar!* ¿Cuáles son las dimensiones de cada caja de almacenamiento?

_____

Resuelve los ejercicios de la sección Comprobación rápida o conéctate para hacer la prueba de preparación.

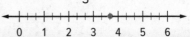

CCSS Repaso rápido

Repaso de los estándares comunes 5.NF.3, 6.NS.6c

Ejemplo 1

Escribe $\frac{25}{100}$ en su mínima expresión.

$$\frac{25}{100} = \frac{1}{4}$$

$\div 25$

Divide el numerador y el denominador entre el M.C.D., 25.

Como el M.C.D. de 1 y 4 es 1, la fracción $\frac{1}{4}$ está en su mínima expresión.

Ejemplo 2

Marca $3\frac{2}{3}$ en una recta numérica.

Halla los dos números enteros no negativos entre los que se encuentra $3\frac{2}{3}$.

$$3 < 3\frac{2}{3} < 4$$

Como el denominador es 3, divide cada espacio en 3 secciones.

Marca un punto en $3\frac{2}{3}$.

```
0   1   2   3   4   5   6
```

Comprobación rápida

Fracciones Escribe las fracciones en su mínima expresión.

Muestra tu trabajo.

1. $\frac{24}{36} = $ _____

2. $\frac{45}{50} = $ _____

3. $\frac{88}{121} = $ _____

Graficar Marca las fracciones o los números mixtos en la recta numérica de abajo.

4. $\frac{1}{2}$

5. $\frac{3}{4}$

6. $1\frac{1}{4}$

7. $2\frac{1}{2}$

¿Cómo te fue?

Sombrea los números de los ejercicios de la sección Comprobación rápida que resolviste correctamente.

① ② ③ ④ ⑤ ⑥ ⑦

Laboratorio de indagación
Números racionales en la recta numérica

 Indagación ¿CÓMO puedes graficar fracciones negativas en una recta numérica?

 Content Standards
Preparación para
7.NS.1

 Prácticas matemáticas
1, 3, 8

El agua se evapora de la Tierra a un promedio de aproximadamente $-\frac{3}{4}$ pulgadas por semana.

Manos a la obra

Marca $-\frac{3}{4}$ en una recta numérica.

Paso 1 Usa la tira de fracciones de abajo que está dividida en cuartos sobre la recta numérica.

Marca 0 en el lado derecho y −1 en el lado izquierdo.

Paso 2 Empezando desde la derecha, sombrea tres cuartos. Rotula la recta numérica con $-\frac{1}{4}$, $-\frac{2}{4}$ y $-\frac{3}{4}$.

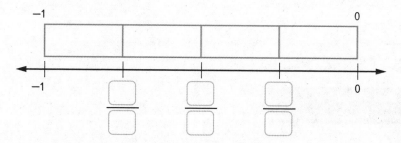

Paso 3 Dibuja la porción de la recta numérica del modelo que se muestra en el paso 2.
Marca un punto en la recta numérica para representar $-\frac{3}{4}$.

Por lo tanto, en una recta numérica, $-\frac{3}{4}$ está entre ☐ y $\frac{☐}{☐}$, o $\frac{☐}{☐}$.

Investigar
Colabora

PM Representar con matemáticas Trabaja con un compañero o una compañera. Marca las fracciones en la recta numérica. Usa una tira de fracciones si es necesario.

1. $-\dfrac{3}{8}$

Muestra tu trabajo.

2. $-1\dfrac{2}{5}$

Analizar y pensar
Colabora

Trabaja con un compañero para completar las tablas. Usa una recta numérica si es necesario.

	< o >	
$\dfrac{7}{8}$	>	$\dfrac{3}{8}$
3. $\dfrac{9}{8}$		$\dfrac{5}{8}$
4. $\dfrac{13}{8}$		$\dfrac{3}{8}$
5. $\dfrac{15}{8}$		$\dfrac{13}{8}$

	< o >	
$-\dfrac{7}{8}$	<	$-\dfrac{3}{8}$
6. $-\dfrac{9}{8}$		$-\dfrac{5}{8}$
7. $-\dfrac{13}{8}$		$-\dfrac{3}{8}$
8. $-\dfrac{15}{8}$		$-\dfrac{13}{8}$

9. **PM Identificar el razonamiento repetido** Compara y contrasta la información de las tablas.

_____

_____

Crear
Por tu cuenta

10. **PM Usar las herramientas matemáticas** Marca $-\dfrac{3}{4}$ y $\dfrac{3}{4}$ en una recta numérica. Luego, usa la gráfica para explicar en qué se diferencian las representaciones de las dos fracciones.

_____

_____

11. **(Indagación)** ¿CÓMO puedes graficar fracciones negativas en una recta numérica?

_____

_____

Decimales exactos y periódicos

Vocabulario inicial

Cualquier fracción puede expresarse como un decimal dividiendo el numerador entre el denominador.

La forma decimal de una fracción se llama **decimal periódico**. Los decimales periódicos pueden representarse usando la **notación de barra**. En la notación de barra, se dibuja una barra solo sobre los dígitos que se repiten.

$$0.3333... = 0.\overline{3} \qquad 0.1212... = 0.\overline{12} \qquad 11.38585... = 11.3\overline{85}$$

Si el dígito que se repite es el cero, el decimal es un **decimal exacto**. El decimal exacto $0.25\overline{0}$ normalmente se escribe como 0.25.

Une los decimales periódicos con las notaciones de barra correctas.

0.1111...	$0.6\overline{1}$
0.61111...	$0.\overline{1}$
0.616161...	$0.\overline{61}$

Conexión con el mundo real

Jamie hizo dos *hits* en las primeras nueve veces que bateó. Para hallar su promedio de bateo, dividió 2 entre 9.

$$2 \div 9 = 0.2222...$$

Escribe 0.2222... en notación de barra. ☐

Redondea 0.2222... a la milésima más cercana. ☐

¿Qué **Prácticas matemáticas** usaste?
Sombrea lo que corresponda.

① Perseverar con los problemas
② Razonar de manera abstracta
③ Construir un argumento
④ Representar con matemáticas
⑤ Usar las herramientas matemáticas
⑥ Prestar atención a la precisión
⑦ Usar una estructura
⑧ Usar el razonamiento repetido

 Pregunta esencial

¿QUÉ sucede cuando sumas, restas, multiplicas o divides fracciones?

 Vocabulario

decimal periódico
notación de barra
decimal exacto

CCSS **Common Core State Standards**

Content Standards
7.NS.2, 7.NS.2d, 7.EE.3
PM Prácticas matemáticas
1, 3, 4, 6, 7

Escribir fracciones como decimales

Nuestro sistema decimal está basado en las potencias de 10, como 10, 100 y 1,000. Si el denominador de una fracción es una potencia de 10, puedes usar el valor de posición para escribir la fracción como decimal.

Completa la tabla. Escribe las fracciones en su mínima expresión.

En palabras	Fracción	Decimal
siete décimos	$\frac{7}{10}$	0.7
diecinueve centésimos		
ciento cinco milésimos		

Si el denominador de una fracción es un factor de 10, 100, 1,000 o cualquier potencia de diez más grande, puedes hacer un cálculo mental y usar el valor de posición.

Ejemplos

Tutor

Escribe las fracciones o los números mixtos como decimales.

1. $\frac{74}{100}$

Usa el valor de posición para escribir el decimal equivalente.

$\frac{74}{100} = 0.74$ · Lee $\frac{74}{100}$ como *setenta y cuatro centésimos*.

Por lo tanto, $\frac{74}{100} = 0.74$.

· ·

2. $\frac{7}{20}$

Muestra tu trabajo.

Piensa. $\overset{\times 5}{\overbrace{\frac{7}{20} = \frac{35}{100}}}_{\times 5}$

Por lo tanto, $\frac{7}{20} = 0.35$.

3. $5\frac{3}{4}$

$5\frac{3}{4} = 5 + \frac{3}{4}$ Piensa en el número como una suma.

$= 5 + 0.75$ Sabes que $\frac{3}{4} = 0.75$.

$= 5.75$ Suma mentalmente.

Por lo tanto, $5\frac{3}{4} = 5.75$.

¿Entendiste? Resuelve estos problemas para comprobarlo.

a. _____

b. _____

c. _____

a. $\frac{3}{10}$ **b.** $\frac{3}{25}$ **c.** $-6\frac{1}{2}$

Ejemplos

Tutor

4. **Escribe** $\frac{3}{8}$ **como decimal.**

$$
\begin{array}{r}
0.375 \\
8\overline{)3.000} \\
-24 \\
\hline
60 \\
-56 \\
\hline
40 \\
-40 \\
\hline
0
\end{array}
$$
Divide 3 entre 8.

La división termina cuando el residuo es 0.

Por lo tanto, $\frac{3}{8} = 0.375$.

5. **Escribe** $-\frac{1}{40}$ **como decimal.**

$$
\begin{array}{r}
0.025 \\
40\overline{)1.000} \\
-80 \\
\hline
200 \\
-200 \\
\hline
0
\end{array}
$$
Divide 1 entre 40.

Por lo tanto, $-\frac{1}{40} = -0.025$.

Notación de barra

Recuerda que puedes usar la notación de barra para indicar un patrón numérico que se repite indefinidamente. $0.333... = 0.\overline{3}$.

6. **Escribe** $\frac{7}{9}$ **como decimal.**

$$
\begin{array}{r}
0.777... \\
9\overline{)7.000} \\
-63 \\
\hline
70 \\
-63 \\
\hline
70 \\
-63 \\
\hline
7
\end{array}
$$
Divide 7 entre 9.

Observa que la división nunca terminará en cero.

Por lo tanto, $\frac{7}{9} = 0.777...$, o $0.\overline{7}$.

¿Entendiste? Resuelve estos problemas para comprobarlo.

Escribe las fracciones o los números mixtos como decimales.
Usa la notación de barra si es necesario.

d. $-\frac{7}{8}$

e. $2\frac{1}{8}$

f. $-\frac{3}{11}$

g. $8\frac{1}{3}$

Muestra tu trabajo.

d. _____

e. _____

f. _____

g. _____

Escribir decimales como fracciones

Todos los decimales exactos pueden escribirse como una fracción con un denominador de 10, 100, 1,000 o una potencia de diez más grande. Usa el valor de posición del dígito final como el denominador.

 Observa | Tutor

Ejemplo

7. **Halla la fracción de los peces que son dorados. Escríbela en su mínima expresión.**

Peces	Cantidad
Pez ángel	0.4
Pez dorado	0.15
Olomina	0.25
Pez molly	0.2

$$0.15 = \frac{15}{100}$$ El dígito 5 está en la posición de las centésimas.

$$= \frac{3}{20}$$ Simplifica.

Por lo tanto, $\frac{3}{20}$ de los peces son peces dorados.

> **¿Entendiste?** Resuelve estos problemas para comprobarlo.

Halla la fracción de los peces de cada especie que hay en la pecera. Escribe las respuestas en su mínima expresión.

h. pez molly   **i.** olomina   **j.** pez ángel

Muestra tu trabajo.

h. _____

i. _____

j. _____

Práctica guiada

Comprueba

Escribe las fracciones o los números mixtos como decimales. Usa la notación de barra si es necesario. (Ejemplos 1 a 6)

Muestra tu trabajo.

1. $\frac{2}{5} =$ _____

2. $-\frac{9}{10} =$ _____

3. $\frac{5}{9} =$ _____

4. Durante un partido de hockey, una pulidora de hielo recorre 0.75 millas. ¿Qué fracción representa esta distancia? (Ejemplo 7)

_____

5. **Desarrollar la pregunta esencial** ¿Cómo puedes escribir una fracción como decimal?

_____

_____

_____

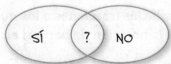

¡Califícate!

¿Estás listo para seguir? Sombrea lo que corresponda.

SÍ   ?   NO

Para obtener más ayuda, conéctate y accede a un tutor personal.

Tutor

Práctica independiente

Conéctate para obtener las soluciones de varios pasos.

Escribe las fracciones o los números mixtos como decimales. Usa la notación de barra si es necesario. (Ejemplos 1 a 6)

1. $\frac{1}{2} =$ _____

2. $-4\frac{4}{25} =$ _____

 $\frac{1}{8} =$ _____

4. $\frac{3}{16} =$ _____

muestra tu trabajo.

5. $-\frac{33}{50} =$ _____

6. $-\frac{17}{40} =$ _____

7. $5\frac{7}{8} =$ _____

8. $9\frac{3}{8} =$ _____

9. $-\frac{8}{9} =$ _____

10. $-\frac{1}{6} =$ _____

11. $-\frac{8}{11} =$ _____

12. $2\frac{6}{11} =$ _____

Escribe los decimales como fracciones o números mixtos en su mínima expresión. (Ejemplo 7)

13. $-0.2 =$ _____

14. $0.55 =$ _____

15. $5.96 =$ _____

16. La pantalla del teléfono nuevo de Brianna mide 2.85 centímetros de largo. ¿Qué número mixto representa la longitud de la pantalla del teléfono? (Ejemplo 7)

_____

17 STEM La mantis religiosa es un insecto interesante que puede girar la cabeza 180 grados. Imagina que la mantis religiosa de la derecha mide 10.5 centímetros de largo. ¿Qué número mixto representa su longitud? (Ejemplo 7)

_____

18. (PM) **Perseverar con los problemas** Imagina que compras un paquete de 1.25 libras de jamón a $5.20 la libra.

a. ¿Qué fracción de una libra compraste?

_____

b. ¿Cuánto dinero gastaste?

_____

Problemas S.O.S. Soluciones de orden superior

19. (PM) **Identificar la estructura** Escribe una fracción que sea equivalente a un decimal exacto entre 0.5 y 0.75.

_____

20. (PM) **Perseverar con los problemas** Las fracciones en su mínima expresión que tienen denominadores de 2, 4, 8, 16 y 32 generan decimales exactos. Las fracciones con denominadores de 6, 12, 18 y 24 generan decimales periódicos. ¿A qué se debe la diferencia? Explica tu respuesta.

_____

_____

_____

21. (PM) **Perseverar con los problemas** El valor de pi (π) es 3.1415926... . El matemático Arquímedes creía que π estaba entre $3\frac{1}{7}$ y $3\frac{10}{71}$. ¿Tenía razón Arquímedes? Explica tu razonamiento.

_____

_____

_____

22. (PM) **Razonar de manera inductiva** Una *fracción unitaria* es una fracción que tiene 1 como numerador. Escribe las cuatro fracciones unitarias más grandes que son decimales periódicos. Luego, escribe las fracciones como decimales.

_____

_____

23. (PM) **Representar con matemáticas** Escribe una situación del mundo real en la cual sería apropiado escribir un valor en forma fraccionaria.

_____

_____

Más práctica

Escribe las fracciones o los números mixtos como decimales. Usa la notación de barra si es necesario.

24. $\dfrac{4}{5} =$ _0.8_

$$\overset{\times 2}{\overset{\frown}{\dfrac{4}{5}}} = \dfrac{8}{10}$$

$$\underset{\times 2}{\underset{\smile}{}}$$

Por lo tanto,
$\dfrac{4}{5} = 0.8.$

25. $-7\dfrac{1}{20} =$ _____

26. $-\dfrac{4}{9} =$ _____

27. $5\dfrac{1}{3} =$ _____

28. La fracción de cobre en una moneda de 10¢ es $\dfrac{12}{16}$. Escribe la fracción como decimal.

_____

Escribe los decimales como fracciones o números mixtos en su mínima expresión.

29. $-0.9 =$ _____

30. $0.34 =$ _____

31. $2.66 =$ _____

Escribe las siguientes cantidades como fracciones impropias.

32. $-13 =$ _____

33. $7\dfrac{1}{3} =$ _____

34. $-3.2 =$ _____

35. (PM) **Responder con precisión** Nicolás practicó tocar el chelo durante 2 horas y 18 minutos. Escribe el tiempo que Nicolás practicó como decimal.

_____

36. En la tabla se muestran las longitudes de cuatro senderos para caminatas. Selecciona el decimal apropiado equivalente a la longitud de cada sendero.

1.2	1.25	1.3	1.$\overline{3}$

1.6	1.$\overline{6}$	1.75

Sendero para caminatas	Longitud del sendero	Equivalentes decimales
Mirador del lago	$1\frac{1}{4}$	
Sendero del bosque	$1\frac{1}{3}$	
Paseo de los gorriones	$1\frac{3}{10}$	
Ascenso a la montaña	$1\frac{2}{3}$	

37. Zoe almorzó con una amiga. Su cuenta fue $12.05 con los impuestos. ¿Cuáles de los siguientes números racionales son equivalentes a esa cantidad? Selecciona todas las opciones que correspondan.

☐ $12\frac{1}{20}$ ☐ $\frac{25}{2}$ ☐ $\frac{241}{20}$ ☐ $12\frac{5}{100}$

Estándares comunes: Repaso en espiral

Redondea los decimales a la posición de las décimas. 5.NBT.4

38. $5.69 \approx$ _____

39. $0.05 \approx$ _____

40. $98.99 \approx$ _____

Marca y rotula las fracciones en la recta numérica de abajo. 6.NS.6

41. $\frac{1}{2}$ **42.** $\frac{3}{4}$ **43.** $\frac{2}{3}$

0   1

44. En la tabla se muestra el descuento en tenis deportivos en dos tiendas de artículos de deportes. ¿Qué tienda ofrece el mayor descuento? Explica tu respuesta. 6.NS.7

Tienda	Descuento
Buenos Deportes	$\frac{1}{5}$
Hora de Empezar	25%

_____

_____

Comparar y ordenar números racionales

Vocabulario inicial

Un **número racional** es un número que puede expresarse como una razón de dos enteros escrita como fracción, en la cual el denominador no es cero. En el diagrama de Venn se muestran distintas maneras de llamar al número 2: número entero no negativo, entero y número racional. El número −1.4444... solo es un número racional.

Las fracciones comunes, los decimales exactos y periódicos, los porcentajes y los enteros son números racionales.

Escribe los números del banco de números en el diagrama.

Conexión con el mundo real

No todos los números son números racionales. La letra griega π (pi) representa un número ni exacto ni periódico cuyos primeros dígitos son 3.14... Este número es un *número irracional*.

Busca en Internet los dígitos de pi. Describe lo

que halles. _____

_____

¿Qué **Prácticas matemáticas** (PM) usaste?
Sombrea lo que corresponda.

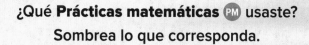

① Perseverar con los problemas   ⑤ Usar las herramientas matemáticas

② Razonar de manera abstracta   ⑥ Prestar atención a la precisión

③ Construir un argumento   ⑦ Usar una estructura

④ Representar con matemáticas   ⑧ Usar el razonamiento repetido

@ **Pregunta esencial**

¿QUÉ sucede cuando sumas, restas, multiplicas o divides fracciones?

 Vocabulario

común denominador
mínimo común denominador
número racional

Common Core State Standards

Content Standards
7.NS.2, 7.NS.2b, 7.EE.3

(PM) **Prácticas matemáticas**
1, 3, 4

¡Qué rico!

Comparar números racionales

Un **común denominador** es un múltiplo común de los denominadores de dos o más fracciones. El **mínimo común denominador**, o **m.c.d.**, es el m.c.m. o mínimo común múltiplo de los denominadores. Puedes usar el m.c.d. para comparar las fracciones. También puedes usar una recta numérica.

Ejemplo

1. Escribe $<$, $>$ o $=$ en cada $\bigcirc$ para que $-1\frac{5}{6}$ $\bigcirc$ $-1\frac{1}{6}$ sea un enunciado verdadero.

Marca los números racionales en una recta numérica.

Marca incrementos de $\frac{1}{6}$ del mismo tamaño entre -2 y -1.

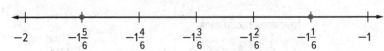

La recta numérica muestra que $-1\frac{5}{6} < -1\frac{1}{6}$.

¿Entendiste? **Resuelve este problema para comprobarlo.**

Muestra tu trabajo.

a. _____

a. Usa la recta numérica para comparar $-5\frac{5}{9}$ y $-5\frac{1}{9}$.

-6 -5

---

m.c.d.

Para hallar el mínimo común denominador de $\frac{7}{12}$ y $\frac{8}{18}$, halla el m.c.d. de 12 y 18.

$12 = 2 \times 2 \times 3$

$18 = 2 \times 3 \times 3$

m.c.d. $= 2 \times 2 \times 3 \times 3$

$= 36$

Ejemplo

2. Escribe $<$, $>$ o $=$ en cada $\bigcirc$ para que $\frac{7}{12}$ $\bigcirc$ $\frac{8}{18}$ sea un enunciado verdadero.

El m.c.d de los denominadores 12 y 18 es 36.

$$\frac{7}{12} = \frac{7 \times 3}{12 \times 3} \qquad \frac{8}{18} = \frac{8 \times 2}{18 \times 2}$$

$$= \frac{21}{36} \qquad\qquad = \frac{16}{36}$$

Como $\frac{21}{36} > \frac{16}{36}$, $\frac{7}{12} > \frac{8}{18}$.

¿Entendiste? **Resuelve estos problemas para comprobarlo.**

b. $\frac{5}{6} \bigcirc \frac{7}{9}$ **c.** $\frac{1}{5} \bigcirc \frac{7}{50}$ **d.** $-\frac{9}{16} \bigcirc -\frac{7}{10}$

Ejemplo

Tutor

3. En la clase del Sr. Huang, el 20% de los estudiantes tiene tenis con rueditas. En la clase de la Sra. Trevino, 5 de 29 estudiantes tiene tenis con rueditas. ¿En qué clase una mayor fracción de estudiantes tiene tenis con rueditas?

Expresa los números como decimales y luego compáralos.

$20\% = 0.2$ $\frac{5}{29} = 5 \div 29$, o aproximadamente 0.1724

Como $0.2 > 0.1724$, $20\% > \frac{5}{29}$

Más estudiantes de la clase del Sr. Huang tienen tenis con rueditas.

> **Porcentajes como decimales**
>
> Para escribir un porcentaje como un decimal, quita el signo de porcentaje y luego mueve el punto decimal dos lugares a la izquierda. Agrega ceros si es necesario.
> $20\% = 0.20$

¿Entendiste? Resuelve este problema para comprobarlo.

Muestra tu trabajo.

e. En una clase de segundo año, al 37.5% de los estudiantes les gusta jugar a los bolos. En una clase de quinto año, a 12 de cada 29 estudiantes les gusta jugar a los bolos. ¿En qué clase les gusta jugar a los bolos a una fracción mayor de los estudiantes?

e. _____

Ordenar números racionales

Puedes ordenar números racionales usando el valor de posición.

Ejemplo

Tutor

4. Ordena el conjunto $\{3.44, \pi, 3.14, 3.\overline{4}\}$ de menor a mayor.

Alinea los puntos decimales y compara usando el valor posicional.

3.14**0**	Agrega un cero.		3.44**0**	Agrega un cero.
3.1**4**15926...	$\pi \approx 3.1415926...$		3.44**4**...	$3.\overline{4} = 3.444...$
Como $0 < 1$, $3.14 < \pi$.			Como $0 < 4$, $3.44 < 3.\overline{4}$.	

Por lo tanto, el orden de los números de menor a mayor es 3.14, π, 3.44 y $3.\overline{4}$.

¿Entendiste? Resuelve este problema para comprobarlo.

Muestra tu trabajo.

f. Ordena el conjunto $\{23\%, 0.21, \frac{1}{4}, \frac{1}{5}\}$ de menor a mayor.

f. _____

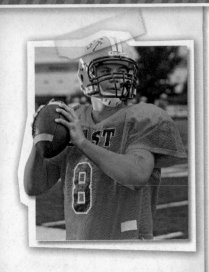

Ejemplo

5. Nolan es el mariscal de campo del equipo de fútbol americano. Hizo el **67%** de los pases en el primer partido. Hizo **0.64**, $\frac{3}{5}$ y **69%** de los pases en los siguientes tres partidos. Enumera los números de pases concretados de Nolan de menor a mayor.

Expresa los números como decimales y luego compáralos.

$67\% = 0.67$ 0.64 $\frac{3}{5} = 0.6$ $69\% = 0.69$

Los números de pases concretados de Nolan de menor a mayor son $\frac{3}{5}$, 0.64, 67% y 69%.

Práctica guiada

Escribe $<$, $>$ o $=$ en cada ◯ para que el enunciado sea verdadero. Usa una recta numérica si es necesario. (Ejemplos 1 y 2)

1. $-\frac{4}{5}$ ◯ $-\frac{1}{5}$

2. $1\frac{3}{4}$ ◯ $1\frac{5}{8}$

−1   0   1   2

3. Elliot y Shanna son arqueros de fútbol: Elliot ataja 3 goles de 4. Shanna ataja 7 goles de 11. ¿Quién tiene el mejor promedio, Elliot o Shanna? Explica tu respuesta. (Ejemplo 3)

_____

_____

4. Las longitudes de cuatro insectos son 0.02 pulgadas, $\frac{1}{8}$ pulgadas, 0.1 pulgadas y $\frac{2}{3}$ pulgadas. Haz una lista de las longitudes en pulgadas de menor a mayor. (Ejemplos 4 y 5)

_____

5. ℗ **Desarrollar la pregunta esencial** ¿Cómo puedes comparar dos fracciones? _____

_____

_____

_____

_____

Práctica independiente

Conéctate para obtener las soluciones de varios pasos.

Escribe <, > o = en cada ◯ para que el enunciado sea verdadero.
Usa una recta numérica si es necesario. (Ejemplos 1 y 2)

1. $-\dfrac{3}{5}$ ◯ $-\dfrac{4}{5}$

2. $-7\dfrac{5}{8}$ ◯ $-7\dfrac{1}{8}$

3. $6\dfrac{2}{3}$ ◯ $6\dfrac{1}{2}$

4. $-\dfrac{17}{24}$ ◯ $-\dfrac{11}{12}$

5. En su primera prueba de Estudios Sociales, Meg respondió el 92% de las preguntas bien. En su segunda prueba, respondió bien 27 de 30 preguntas. ¿En qué prueba Meg obtuvo mayor calificación? (Ejemplo 3)

_____

Ordena los conjuntos de números de menor a mayor. (Ejemplo 4)

6. $\{0.23, 19\%, \dfrac{1}{5}\}$

_____

7. $\{-0.615, -\dfrac{5}{8}, -0.62\}$

_____

8. La escuela media Liberty organizó una recaudación de fondos. Los estudiantes de sexto grado recaudaron el 52% de la cantidad que fijaron como meta. Los de séptimo y octavo grado recaudaron 0.57 y $\dfrac{2}{5}$ de sus metas, respectivamente. Haz una lista de las clases en orden de menor a mayor según lo recaudado de acuerdo a sus metas. (Ejemplo 5)

_____

Escribe <, > o = en cada ◯ para que el enunciado sea verdadero.

9. $1\dfrac{7}{12}$ galones ◯ $1\dfrac{5}{8}$ galones

10. $2\dfrac{5}{6}$ horas ◯ 2.8 horas

11. **(PM) Representar con matemáticas** Consulta la siguiente historieta. Si el organizador para el armario tiene un ancho total de $69\frac{1}{8}$ pulgadas y el armario mide $69\frac{3}{4}$ pulgadas de ancho, ¿cabrá el organizador? Explica tu respuesta.

Problemas S.O.S. Soluciones de orden superior

12. **(PM) Justificar las conclusiones** Identifica la razón que no tiene el mismo valor que las otras tres. Explica tu razonamiento.

| 12 de 15 | 0.08 | 80% | $\frac{4}{5}$ |

13. **(PM) Perseverar con los problemas** Explica cómo sabes qué número, $1\frac{15}{16}$, $\frac{17}{8}$ o $\frac{63}{32}$, está más cerca de 2.

14. **(PM) Razonar de manera inductiva** ¿Las fracciones $\frac{5}{6}$, $\frac{5}{7}$, $\frac{5}{8}$ y $\frac{5}{9}$ están ordenadas de menor a mayor o de mayor a menor? Explica tu respuesta.

15. **(PM) Representar con matemáticas** Escribe un problema del mundo real en el cual compares y ordenes números racionales. Luego, resuélvelo.

Más práctica

Escribe $<$, $>$ o $=$ en cada $\bigcirc$ para que el enunciado sea verdadero. Usa una recta numérica si es necesario.

16. $-\dfrac{5}{7}\; \boxed{<}\; -\dfrac{2}{7}$

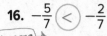

Marca incrementos de igual tamaño, de $\dfrac{1}{7}$, entre -1 y 0.

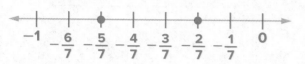

17. $-3\dfrac{2}{3}\; \bigcirc\; -3\dfrac{4}{6}$

18. $\dfrac{4}{7}\; \boxed{<}\; \dfrac{5}{8}$

El m.c.d. de los denominadores 7 y 8 es 56.

$\dfrac{4}{7}=\dfrac{4\times 8}{7\times 8}=\dfrac{32}{56}\;$ y $\;\dfrac{5}{8}=\dfrac{5\times 7}{8\times 7}=\dfrac{35}{56}$

Como $\dfrac{32}{56}<\dfrac{35}{56},\;\dfrac{4}{7}<\dfrac{5}{8}$

19. $2\dfrac{3}{4}\; \bigcirc\; 2\dfrac{2}{3}$

20. Graciela y Jim estaban haciendo tiros libres. Graciela encestó 4 de 15 tiros libres. Jim *erró* 6 de 16 tiros libres. ¿Quién encestó una mayor fracción de los tiros libres? _____

Ordena los conjuntos de números de menor a mayor.

21. $\{7.49,\ 7\dfrac{49}{50},\ 7.5\%\}$

22. $\{-1.4,\ -1\dfrac{1}{25},\ -1.25\}$

_____

_____

23. STEM Usa la tabla en la que se muestran las longitudes de pequeños mamíferos.

   a. ¿Qué animal es el mamífero más pequeño?

   _____

   b. ¿Qué animal es más pequeño que el topo común pero más grande que el ratón de bolsa?

   _____

   c. Ordena los animales de mayor a menor tamaño.

   _____

   _____

Animal	Longitud (pies)
Ardilla rayada del este	$\dfrac{1}{3}$
Topo común	$\dfrac{5}{12}$
Musaraña enmascarada	$\dfrac{1}{6}$
Ratón de bolsa	0.25

24. La tabla muestra las tasas de impuestos sobre las ventas de 4 condados diferentes. Convierte las tasas de impuesto sobre las ventas a decimales. Luego, ordena los condados de menor a mayor según la tasa de impuestos.

Condado	Tasa de impuesto sobre las ventas
Hamilton	$\frac{9}{160}$
Oakland	5.75%
Green	$5\frac{7}{8}\%$
Campbell	$\frac{11}{200}$

	Condado	Tasa de impuesto sobre las ventas (como decimal)
Menor		
Mayor		

¿Qué condado tiene la menor tasa de impuesto sobre las ventas? _____

25. La tabla muestra los cambios diarios en el precio de una acción. Determina si los enunciados son verdaderos o falsos.

Día	Cambio de precio
Lunes	−0.21
Martes	−1.05
Miércoles	−0.23
Jueves	+0.42
Viernes	−1.15

  a. El precio tuvo el mayor aumento el jueves. ☐ Verdadero ☐ Falso

  b. El precio tuvo el mayor descenso el martes. ☐ Verdadero ☐ Falso

  c. El precio tuvo el menor descenso el lunes. ☐ Verdadero ☐ Falso

Estándares comunes: Repaso en espiral

Escribe < o > en cada ◯ para que el enunciado sea verdadero. 6.NS.7

26. −2 ◯ 2 **27.** −4 ◯ −5 **28.** −20 ◯ 20

29. −7 ◯ −8 **30.** −10 ◯ −1 **31.** 50 ◯ −100

32. Victoria, Cooper y Diego están leyendo el mismo libro para su clase de literatura. La tabla muestra la fracción del libro que leyó cada estudiante. ¿Qué estudiante leyó menos? Explica tu razonamiento. 6.NS.7

Estudiante	Cantidad leída
Victoria	$\frac{2}{5}$
Cooper	$\frac{1}{5}$
Diego	$\frac{3}{5}$

_____

_____

_____

Laboratorio de indagación
Sumar y restar en la recta numérica

 indagación ¿CÓMO puedes usar una recta numérica para sumar y restar fracciones semejantes?

CCSS Content Standards
7.NS.1, 7.NS.1b, 7.NS.3

PM Prácticas matemáticas
1, 3, 5

En ocho veces que estuvo al bate, Max hizo 2 dobles, 5 sencillos y fue ponchado 1 vez. Halla la fracción de veces que Max hizo un doble o un sencillo.

Manos a la obra: Actividad 1

Paso 1 Como estuvo 8 veces al bate, haz una recta numérica vertical dividida en octavos.

Paso 2 Marca la fracción de dobles, $\frac{2}{8}$, en la recta numérica.

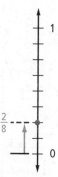

Paso 3 Desde el punto $\frac{2}{8}$, cuenta $\frac{5}{8}$ más en la recta numérica.

Por lo tanto, $\frac{2}{8} + \frac{5}{8} = \dfrac{\square}{\square}$.

Max hizo un *hit* $\dfrac{\square}{\square}$ de las veces que estuvo al bate.

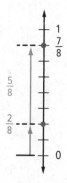

Halla $\frac{3}{6} - \frac{4}{6}$.

Paso 1 Divide una recta numérica en sextos. Como no sabemos si la respuesta es negativa o positiva, incluye fracciones a la izquierda y a la derecha de cero.

Paso 2 Marca $\frac{3}{6}$ en la recta numérica.

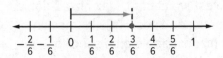

Paso 3 Mueve 4 unidades a la _____ para representar la quita de $\frac{4}{6}$.

Por lo tanto, $\frac{3}{6} - \frac{4}{6} = \dfrac{\boxed{}}{\boxed{}}$.

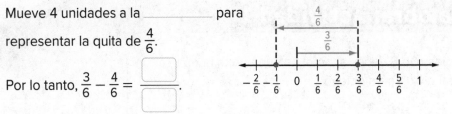

Halla $-\frac{4}{7} - \frac{2}{7}$. **Escribe los números que faltan en el diagrama de abajo.**

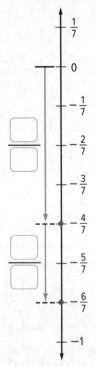

Por lo tanto, $-\frac{4}{7} - \frac{2}{7} = \dfrac{\boxed{}}{\boxed{}}$.

Investigar

Colabora

Trabaja con un compañero o una compañera. Usa una recta numérica para sumar o restar. Escribe la respuesta en su mínima expresión.

1. $\dfrac{1}{5} + \dfrac{2}{5} =$ _____

Muestra tu trabajo.

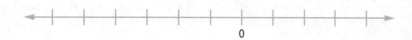
0

2. $-\dfrac{3}{7} + \left(-\dfrac{1}{7}\right) =$ _____

0

3. $-\dfrac{3}{8} + \dfrac{5}{8} =$ _____

0

4. $\dfrac{8}{12} - \dfrac{4}{12} =$ _____

0

5. $-\dfrac{4}{9} + \dfrac{5}{9} =$ _____

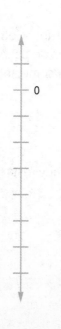
0

6. $\dfrac{4}{7} - \dfrac{6}{7} =$ _____

0

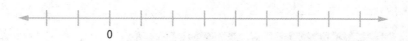

Analizar y pensar

(PM) **Usar las herramientas matemáticas** Trabaja con un compañero para completar la tabla. La primera fila está hecha y te servirá de ejemplo.

	Expresión	Usa solo los numeradores.	Usa una recta numérica para sumar o restar las fracciones.
	$-\dfrac{5}{6} - \left(-\dfrac{1}{6}\right)$	$-5 - (-1) = -4$	
7.	$-\dfrac{5}{6} - \dfrac{1}{6}$	$-5 - 1 = -6$	
8.	$\dfrac{5}{6} - \dfrac{1}{6}$	$5 - 1 = 4$	
9.	$-\dfrac{5}{6} + \dfrac{1}{6}$	$-5 + 1 = -4$	

Crear

10. (PM) **Razonar de manera inductiva** Consulta la tabla de arriba. Compara los resultados de usar solo los numeradores con los resultados de usar una recta numérica. Escribe una regla para sumar y restar fracciones semejantes.

_____

11. **Indagación** ¿CÓMO puedes usar una recta numérica para sumar y restar fracciones semejantes?

_____

_____

_____

Sumar y restar fracciones semejantes

Conexión con el mundo real

Tenis Laura encuestó a diez compañeros de clase para averiguar qué tipo de tenis les gusta usar.

Tipo de tenis	Cantidad
Para entrenamiento combinado	5
Para correr	3
Botas	2

1. ¿A qué fracción de los estudiantes les gusta usar tenis para entrenamiento combinado?

Cantidad que usa tenis para entrenamiento ⟶ ☐

Cantidad total de estudiantes encuestados ⟶ ☐

2. ¿A qué fracción de los estudiantes les gusta usar botas?

Cantidad de estudiantes que usa botas ⟶ ☐

Cantidad total de estudiantes encuestados ⟶ ☐

3. ¿A qué fracción de los estudiantes les gusta usar tenis para entrenamiento combinado o botas?

Cantidad que usa tenis   Cantidad que usa botas
de entrenamiento

Por lo tanto, a _____ de los estudiantes les gusta usar tenis para entrenamiento combinado o botas.

4. Explica como hallar $\frac{3}{10} + \frac{2}{10}$. Luego, halla la suma.

_____

_____

Pregunta esencial

¿QUÉ sucede cuando sumas, restas, multiplicas o divides fracciones?

Vocabulario

fracciones semejantes

Common Core State Standards

Content Standards
7.NS.1, 7.NS.1c, 7.NS.1d, 7.NS.3, 7.EE.3

PM Prácticas matemáticas
1, 3, 4, 7

¿Qué Prácticas matemáticas PM usaste?
Sombrea lo que corresponda.

① Perseverar con los problemas
② Razonar de manera abstracta
③ Construir un argumento
④ Representar con matemáticas
⑤ Usar las herramientas matemáticas
⑥ Prestar atención a la precisión
⑦ Usar una estructura
⑧ Usar el razonamiento repetido

Sumar y restar fracciones semejantes

Datos Para sumar o restar fracciones semejantes, suma o resta los numeradores y escribe el resultado sobre el denominador.

Ejemplos   **Números**   **Álgebra**

$$\frac{5}{10} + \frac{2}{10} = \frac{5+2}{10}, \text{ o } \frac{7}{10}$$ $$\frac{a}{c} + \frac{b}{c} = \frac{a+b}{c}, \text{ donde } c \neq 0$$

$$\frac{11}{12} - \frac{4}{12} = \frac{11-4}{12}, \text{ o } \frac{7}{12}$$ $$\frac{a}{c} - \frac{b}{c} = \frac{a-b}{c}, \text{ donde } c \neq 0$$

Las fracciones que tienen denominadores iguales se llaman **fracciones semejantes**.

Ejemplos

Suma. Escribe las fracciones en su mínima expresión.

1. $\dfrac{5}{9} + \dfrac{2}{9}$

$$\frac{5}{9} + \frac{2}{9} = \frac{5+2}{9}$$ Suma los numeradores.

$$= \frac{7}{9}$$ Simplifica.

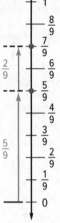

Fracciones negativas

Recuerda que $\frac{1}{2} = \frac{-1}{2} = \frac{1}{-2}$. Normalmente, la forma $\frac{-1}{2}$ se usa cuando se hacen cálculos.

Muestra tu trabajo.

2. $-\dfrac{3}{5} + \left(-\dfrac{1}{5}\right)$

$$-\frac{3}{5} + \left(-\frac{1}{5}\right) = -\frac{3}{5} + \left(\frac{-1}{5}\right)$$

$$= \frac{-3 + (-1)}{5}$$ Suma los numeradores.

$$= \frac{-4}{5}, \text{ o } -\frac{4}{5}$$ Usa las reglas para sumar enteros.

¿Entendiste? **Resuelve estos problemas para comprobarlo.**

a. $\dfrac{1}{3} + \dfrac{2}{3}$ **b.** $-\dfrac{3}{7} + \dfrac{1}{7}$

c. $-\dfrac{2}{5} + \left(-\dfrac{2}{5}\right)$ **d.** $-\dfrac{1}{4} + \dfrac{1}{4}$

a. _____

b. _____

c. _____

d. _____

Ejemplo

Tutor

3. Sofía comió $\frac{3}{5}$ de una pizza de queso. Jack comió $\frac{1}{5}$ de una pizza de queso y $\frac{2}{5}$ de una pizza con salchicha. ¿Cuánta pizza comieron Sofía y Jack en total?

$$\frac{3}{5} + \left(\frac{1}{5} + \frac{2}{5}\right) = \frac{3}{5} + \left(\frac{2}{5} + \frac{1}{5}\right)$$ Propiedad conmutativa de la suma

$$= \left(\frac{3}{5} + \frac{2}{5}\right) + \frac{1}{5}$$ Propiedad asociativa de la suma

$$= 1 + \frac{1}{5}, \text{ o } 1\frac{1}{5}$$ Simplifica.

Por lo tanto, Sofía y Jack comieron $1\frac{1}{5}$ pizzas en total.

¿Entendiste? Resuelve este problema para comprobarlo.

e. Eduardo usó tela para hacer tres trajes. Usó $\frac{1}{4}$ yarda para el primero, $\frac{2}{4}$ yarda para el segundo y $\frac{3}{4}$ yarda para el tercero. ¿Cuánta tela usó Eduardo en total?

Muestra tu trabajo.

e. _____

Ejemplos

Tutor

4. Halla $-\frac{5}{8} - \frac{3}{8}$.

$$-\frac{5}{8} - \frac{3}{8} = -\frac{5}{8} + \left(-\frac{3}{8}\right)$$ Suma $-\frac{3}{8}$.

$$= \frac{-5 + (-3)}{8}$$ Suma los numeradores.

$$= -\frac{8}{8}, \text{ o } -1$$ Simplifica.

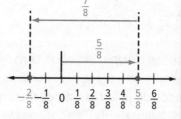

Restar enteros

Para restar un entero, suma su opuesto.

$-9 - (-4) = -9 + 4$

$= -5$

5. Halla $\frac{5}{8} - \frac{7}{8}$.

$$\frac{5}{8} - \frac{7}{8} = \frac{5 - 7}{8}$$ Resta los numeradores.

$$= -\frac{2}{8}, \text{ o } -\frac{1}{4}$$ Simplifica.

$$-\frac{2}{8} \quad -\frac{1}{8} \quad 0 \quad \frac{1}{8} \quad \frac{2}{8} \quad \frac{3}{8} \quad \frac{4}{8} \quad \frac{5}{8} \quad \frac{6}{8}$$

¿Entendiste? Resuelve estos problemas para comprobarlo.

f. $\frac{5}{9} - \frac{2}{9}$ **g.** $-\frac{5}{9} - \frac{2}{9}$ **h.** $-\frac{11}{12} - \left(-\frac{5}{12}\right)$

f. _____

g. _____

h. _____

Elegir una operación

Puedes sumar o restar fracciones semejantes para resolver problemas del mundo real.

Ejemplo

Tutor

6. Aproximadamente $\frac{6}{100}$ de la población de Estados Unidos vive en la Florida. Otros $\frac{4}{100}$ viven en Ohio. Aproximadamente, ¿qué fracción más de la población de EE.UU. vive en la Florida que en Ohio?

$$\frac{6}{100} - \frac{4}{100} = \frac{6-4}{100}$$ Resta los numeradores.

$$= \frac{2}{100}, \text{ o } \frac{1}{50}$$ Simplifica.

Aproximadamente $\frac{1}{50}$ más de la población de Estados Unidos vive en la Florida que en Ohio.

PARA y reflexiona

En el Ejemplo 6, ¿qué palabra o palabras indican que debes restar para resolver el problema? Escribe tu respuesta abajo.

Práctica guiada

Comprueba ✓

Suma o resta. Escribe las fracciones en su mínima expresión. (Ejemplos 1 a 5)

1. $\frac{3}{5} + \frac{1}{5} =$ _____

2. $\frac{2}{7} + \frac{1}{7} =$ _____

3. $\left(\frac{5}{8} + \frac{1}{8}\right) + \frac{3}{8} =$ _____

4. $-\frac{4}{5} - \left(-\frac{1}{5}\right) =$ _____

5. $\frac{5}{14} - \left(-\frac{1}{14}\right) =$ _____

6. $\frac{2}{7} - \frac{6}{7} =$ _____

7. De los 50 estados de Estados Unidos, 14 tienen línea costera sobre el océano Atlántico y 5 sobre el Pacífico. ¿Qué fracción de los estados de Estados Unidos tienen línea costera sobre el océano Atlántico o Pacífico? (Ejemplo 6)

_____

8. ℗ **Desarrollar la pregunta esencial** ¿Cuál es una regla sencilla para sumar y restar fracciones semejantes?

_____

_____

¡Califícate!

¿Entendiste cómo sumar y restar fracciones semejantes? Sombrea lo que corresponda.

☐ ☐ ☐ ☐ ☐

Para obtener más ayuda, conéctate y accede a un tutor personal.

Tutor

FOLDABLES ¡Es hora de que actualices tu modelo de papel!

Práctica independiente

Conéctate para obtener las soluciones de varios pasos.

Suma o resta. Escribe las fracciones en su mínima expresión. (Ejemplos 1, 2, 4 y 5)

1. $\frac{5}{7} + \frac{6}{7} =$ _____

2. $\frac{3}{8} + \left(-\frac{7}{8}\right) =$ _____

3. $-\frac{1}{9} + \left(-\frac{5}{9}\right) =$ _____

4. $\frac{9}{10} - \frac{3}{10} =$ _____

5 $-\frac{3}{4} + \left(-\frac{3}{4}\right) =$ _____

6. $-\frac{5}{9} - \frac{2}{9} =$ _____

7 En la clase del Sr. Navarro, $\frac{17}{28}$ de los estudiantes obtuvieron una A en su primera prueba de matemáticas. En la segunda prueba, $\frac{11}{28}$ de los estudiantes obtuvieron una A. ¿Qué fracción más de los estudiantes obtuvieron una A en la primera prueba que en la segunda? Escribe tu respuesta en su mínima expresión. (Ejemplo 6)

_____

8. Para hacer una tarjeta de felicitación, Bryce usó $\frac{1}{8}$ de hoja de papel rojo, $\frac{3}{8}$ de hoja de papel verde y $\frac{7}{8}$ de hoja de papel blanco. ¿Cuántas hojas de papel usó Bryce? (Ejemplo 3)

_____

9. La tabla muestra las abreviaturas para mensajes instantáneos que más usan los estudiantes de la escuela media Hillside.

Abreviaturas para mensajes instantáneos	
dsps (después)	$\frac{48}{100}$
k rsa! (¡qué risa!)	$\frac{26}{100}$
tki (tengo que irme)	$\frac{19}{100}$
ns vms dsps (nos vemos después)	$\frac{7}{100}$

a. ¿Qué fracción de los estudiantes usa "k rsa!" o "ns vms dsps" cuando usa mensajes instantáneos? _____

b. ¿Qué fracción de los estudiantes usa "dsps" o "tki" cuando usa mensajes instantáneos? _____

c. ¿Qué fracción más de los estudiantes usa "dsps" que "ns vms dsps" cuando usa mensajes instantáneos? _____

10. **(PM) Representar con matemáticas** Tacha la expresión que no pertenece. Explica tu razonamiento.

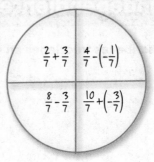

$\frac{2}{7} + \frac{3}{7}$ | $\frac{4}{7} - \left(-\frac{1}{7}\right)$

$\frac{8}{7} - \frac{3}{7}$ | $\frac{10}{7} + \left(-\frac{3}{7}\right)$

Problemas S.O.S. Soluciones de orden superior

11. **(PM) Justificar las conclusiones** Selecciona dos fracciones semejantes con una diferencia de $\frac{1}{3}$ y con denominadores que *no* sean 3. Justifica tu selección.

12. **(PM) Perseverar con los problemas** Simplifica la siguiente expresión.

$$\frac{14}{15} + \frac{13}{15} - \frac{12}{15} + \frac{11}{15} - \frac{10}{15} + \ldots - \frac{4}{15} + \frac{3}{15} - \frac{2}{15} + \frac{1}{15}$$

13. **(PM) Justificar las conclusiones** ¿La diferencia entre una fracción semejante positiva y una fracción semejante negativa es positiva *siempre, a veces* o *nunca*? Justifica tu respuesta con un ejemplo.

14. **(PM) Usar las herramientas matemáticas** Explica cómo podrías hacer cálculos mentales para hallar la siguiente suma. Luego, halla la suma. Justifica tu respuesta con un modelo.

$$1\frac{1}{4} + 2\frac{1}{3} + 3\frac{2}{3} + 4\frac{1}{2} + 5\frac{1}{2} + 6\frac{3}{4}$$

15. **(PM) Perseverar con los problemas** Una empresa de construcción está cambiando la ventana de una casa. La ventana actual tiene 3 pies de ancho por 4 pies de alto. El dueño de la casa quiere agregar $4\frac{1}{2}$ pulgadas a cada lado de la ventana. ¿Cuál es el nuevo perímetro de la ventana en pies? Justifica tu razonamiento.

Más práctica

Suma o resta. Escribe las fracciones en su mínima expresión.

16. $\dfrac{4}{5} + \dfrac{3}{5} = 1\dfrac{2}{5}$

$\dfrac{4}{5} + \dfrac{3}{5} = \dfrac{4+3}{5}$

$= \dfrac{7}{5}, \text{ o } 1\dfrac{2}{5}$

a para tarea

17. $-\dfrac{5}{6} + \left(-\dfrac{5}{6}\right) =$ _____

18. $-\dfrac{15}{16} + \left(-\dfrac{7}{16}\right) =$ _____

19. $\dfrac{5}{8} - \dfrac{3}{8} =$ _____

20. $\dfrac{7}{12} - \dfrac{2}{12} =$ _____

21. $\dfrac{15}{18} - \dfrac{13}{18} =$ _____

22. Dos caracoles miden $\dfrac{5}{16}$ pulgada y $\dfrac{13}{16}$ pulgada de largo.

¿Cuánto más corto es el caracol de $\dfrac{5}{16}$ pulgada? _____

PM **Identificar la estructura Suma. Escribe las fracciones en su mínima expresión.**

23. $\left(\dfrac{81}{100} + \dfrac{47}{100}\right) + \dfrac{19}{100} =$ _____

24. $\dfrac{\frac{1}{3}}{6} + \dfrac{\frac{2}{3}}{6} =$ _____

25. Una receta de panqueques de arándanos lleva $\dfrac{3}{4}$ taza de harina, $\dfrac{1}{4}$ taza de leche y $\dfrac{1}{4}$ taza de arándanos. ¿Cuánta más harina que leche se necesita? Escribe la fracción en su mínima expresión.

_____

26. La gráfica muestra la ubicación de las erupciones volcánicas.

a. ¿Qué fracción representa las erupciones volcánicas de América del Norte y América del Sur?

_____

b. ¿Cuánto más grande es la sección de Asia y el Pacífico Sur que la de Europa? Escribe la fracción en su mínima expresión.

_____

Erupciones volcánicas en todo el mundo

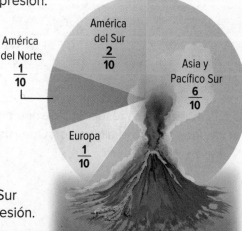

América del Sur $\dfrac{2}{10}$

América del Norte $\dfrac{1}{10}$

Asia y Pacífico Sur $\dfrac{6}{10}$

Europa $\dfrac{1}{10}$

27. Un grupo de amigos compró dos pizzas grandes y comió solo una parte de cada pizza. Los dibujos muestran cuánto quedó. ¿Cuántas pizzas comieron?

Primera pizza   Segunda pizza

28. La tabla muestra los resultados de una encuesta sobre los tipos de películas favoritas de los estudiantes. Selecciona los valores apropiados para completar el modelo para hallar la fracción de estudiantes que prefiere comedias o películas de acción.

Tipo de película	Cantidad de estudiantes
Acción	29
Comedia	42
Drama	14
Terror	15

14	50
15	60
29	80
42	100

$$\frac{\square}{\square} + \frac{\square}{\square} = \frac{\square}{\square}$$

¿Qué fracción de los estudiantes encuestados prefieren comedias o películas de acción?

Escribe $<$, $>$ o $=$ en cada ◯ para que el enunciado sea verdadero. **6.NS.7**

29. $\frac{7}{8}$ ◯ $\frac{3}{4}$

30. $\frac{1}{3}$ ◯ $\frac{7}{9}$

31. $\frac{5}{7}$ ◯ $\frac{4}{5}$

32. $\frac{6}{11}$ ◯ $\frac{9}{14}$

Halla el mínimo común denominador de los pares de fracciones. **6.NS.4**

33. $\frac{1}{2}$ y $\frac{1}{3}$ _____

34. $\frac{4}{7}$ y $\frac{3}{28}$ _____

35. $\frac{1}{5}$ y $\frac{7}{6}$ _____

36. $\frac{13}{15}$ y $\frac{7}{12}$ _____

37. Se muestran los resultados de una encuesta acerca de las opciones preferidas para el almuerzo. ¿Qué almuerzo se eligió con más frecuencia?

6.NS.7

_____

Almuerzo preferido	
Comida	Fracción de estudiantes
Pizza	$\frac{39}{50}$
Perros calientes	$\frac{3}{25}$
Queso a la parrilla	$\frac{1}{10}$

umar y restar fracciones no semejantes

Conexión con el mundo real

 Pregunta esencial

¿QUÉ sucede cuando sumas, restas, multiplicas o divides fracciones?

Vocabulario

fracciones no semejantes

 Common Core State Standards

Content Standards
7.NS.1, 7.NS.1d, 7.NS.3, 7.EE.3

PM Prácticas matemáticas
1, 3, 4

Tiempo La tabla muestra las fracciones de una hora que representan ciertos minutos.

1. ¿Qué fracción de una hora es igual a la suma de 15 minutos y 20 minutos?

15 minutos   20 minutos

$$\frac{\boxed{}}{\boxed{}} + \frac{\boxed{}}{\boxed{}} = \frac{\boxed{}}{\boxed{}}$$

Cantidad de minutos	Fracción de una hora	Fracción simplificada
5	$\frac{5}{60}$	
10	$\frac{10}{60}$	
15	$\frac{15}{60}$	
20	$\frac{20}{60}$	
30	$\frac{30}{60}$	

2. Escribe cada fracción de una hora en su mínima expresión en la tercera columna de la tabla.

3. Explica por qué $\frac{1}{6}$ hora $+ \frac{1}{3}$ hora $= \frac{1}{2}$ hora.

_____

_____

_____

_____

4. Explica por qué $\frac{1}{12}$ hora $+ \frac{1}{2}$ hora $= \frac{7}{12}$ hora.

_____

_____

¿Qué **Prácticas matemáticas** PM usaste?
Sombrea lo que corresponda.

① Perseverar con los problemas   ⑤ Usar las herramientas matemáticas

② Razonar de manera abstracta   ⑥ Prestar atención a la precisión

③ Construir un argumento   ⑦ Usar una estructura

④ Representar con matemáticas   ⑧ Usar el razonamiento repetido

Sumar o restar fracciones no semejantes

Para sumar o restar fracciones con distintos denominadores,

- vuelve a expresar las fracciones usando el mínimo común denominador (m.c.d.).
- suma o resta como lo haces con las fracciones semejantes.
- si es necesario, simplifica la suma o diferencia.

Antes de poder sumar dos **fracciones no semejantes**, o fracciones con distintos denominadores, vuelve a expresar una o ambas fracciones para que tengan un común denominador.

Ejemplo

1. Halla $\frac{1}{2} + \frac{1}{4}$.

Método 1   Usa una recta numérica.

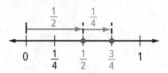

Divide la recta numérica en cuartos porque el m.c.d. es 4.

Método 2   Usa el m.c.d.

El mínimo común denominador de $\frac{1}{2}$ y $\frac{1}{4}$ es 4.

$$\frac{1}{2} + \frac{1}{4} = \frac{1 \times 2}{2 \times 2} + \frac{1 \times 1}{4 \times 1}$$ Vuelve a expresar las fracciones usando el m.c.d., 4.

$$= \frac{2}{4} + \frac{1}{4}$$ Suma las fracciones.

$$= \frac{3}{4}$$ Simplifica.

Usando cualquier método, $\frac{1}{2} + \frac{1}{4} = \frac{3}{4}$.

¿Entendiste?   Resuelve estos problemas para comprobarlo.

Suma. Escribe las fracciones en su mínima expresión.

a. $\frac{1}{6} + \frac{2}{3}$ **b.** $\frac{9}{10} + \left(-\frac{1}{2}\right)$

c. $\frac{1}{4} + \frac{3}{8}$ **d.** $-\frac{1}{3} + \left(-\frac{1}{4}\right)$

Área de trabajo

PARA y reflexiona

Encierra en un círculo los pares de fracciones que son fracciones no semejantes.

$\frac{1}{3}$ y $\frac{5}{3}$ $\frac{1}{7}$ y $\frac{1}{5}$ $\frac{5}{9}$ y $\frac{4}{11}$

Muestra tu trabajo.

a. _____

b. _____

c. _____

d. _____

Ejemplo

2. Halla $\left(-\dfrac{3}{4}+\dfrac{5}{9}\right)+\dfrac{7}{4}$.

$$\left(-\frac{3}{4}+\frac{5}{9}\right)+\frac{7}{4}=\left(\frac{5}{9}+\left(-\frac{3}{4}\right)\right)+\frac{7}{4}\qquad\text{Propiedad conmutativa de la suma}$$

$$=\frac{5}{9}+\left(-\frac{3}{4}+\frac{7}{4}\right)\qquad\text{Propiedad asociativa de la suma}$$

$$=\frac{5}{9}+1,\text{ o }1\frac{5}{9}\qquad\text{Simplifica.}$$

Muestra tu trabajo

¿Entendiste? **Resuelve estos problemas para comprobarlo.**

e. $\dfrac{2}{5}+\left(\dfrac{4}{7}+\dfrac{3}{5}\right)$

f. $\left(-\dfrac{3}{10}+\dfrac{5}{8}\right)+\dfrac{23}{10}$

e. _____

f. _____

Ejemplo

3. Halla $-\dfrac{2}{3}-\dfrac{1}{2}$.

Método 1 **Usa una recta numérica.**

Divide la recta numérica en sextos porque el m.c.d. es 6.

Método 2 **Usa el m.c.d.**

$$-\frac{2}{3}-\frac{1}{2}=-\frac{2\times2}{3\times2}-\frac{1\times3}{2\times3}\qquad\text{Vuelve a expresar usando el m.c.d., 6.}$$

$$=-\frac{4}{6}-\frac{3}{6}\qquad\text{Simplifica.}$$

$$=\frac{-4}{6}-\frac{3}{6}\qquad\text{Vuelve a escribir }-\frac{4}{6}\text{ como }\frac{-4}{6}.$$

$$=\frac{-4-3}{6}\text{ o }\frac{-7}{6}\qquad\text{Resta los numeradores. Simplifica.}$$

Comprueba mediante la suma. $-\dfrac{7}{6}+\dfrac{1}{2}=-\dfrac{7}{6}+\dfrac{3}{6}=-\dfrac{4}{6}\text{, o }-\dfrac{2}{3}$ ✔

Usando cualquier método, $-\dfrac{2}{3}-\dfrac{1}{2}=-\dfrac{7}{6}\text{, o }-1\dfrac{1}{6}$.

Comprobar que sea razonable
Estima la diferencia.
$-\dfrac{2}{3}-\dfrac{1}{2}\approx-\dfrac{1}{2}-\dfrac{1}{2}\text{, o }-1$
Compara $-\dfrac{7}{6}$ con la estimación. $-\dfrac{7}{6}\approx-1$. Por lo tanto, la respuesta es razonable.

¿Entendiste? **Resuelve estos problemas para comprobarlo.**

Resta. Escribe las fracciones en su mínima expresión.

g. $\dfrac{5}{8}-\dfrac{1}{4}$

h. $\dfrac{3}{4}-\dfrac{1}{3}$

i. $\dfrac{1}{2}-\left(-\dfrac{2}{5}\right)$

g. _____

h. _____

i. _____

Elige una operación

Puedes sumar o restar fracciones no semejantes para resolver problemas del mundo real.

 Ejemplo

Tutor

4. **STEM** Usa la tabla para hallar la fracción de la población total que tiene sangre del tipo A o del tipo B.

Frecuencias del tipo de sangre				
Tipo ABO	O	A	B	AB
Fracción	$\frac{11}{25}$	$\frac{21}{50}$	$\frac{1}{10}$	$\frac{1}{25}$

Para hallar la fracción de la población total, suma $\frac{21}{50}$ y $\frac{1}{10}$.

$$\frac{21}{50} + \frac{1}{10} = \frac{21 \times 1}{50 \times 1} + \frac{1 \times 5}{10 \times 5}$$ Vuelve a expresar usando el m.c.d., 50.

$$= \frac{21}{50} + \frac{5}{50}$$ Suma las fracciones.

$$= \frac{26}{50}, \text{ o } \frac{13}{25}$$ Simplifica.

Por lo tanto, $\frac{13}{25}$ de la población tiene sangre del tipo A o del tipo B.

Práctica guiada

Comprueba ✓

Suma o resta. Escribe las fracciones en su mínima expresión. (Ejemplos 1 a 3)

1. $\frac{3}{5} + \frac{1}{10} =$ _____

2. $-\frac{5}{6} + \left(-\frac{4}{9}\right) =$ _____

3. $\left(\frac{7}{8} + \frac{3}{11}\right) + \frac{1}{8} =$ _____

Muestra tu trabajo.

4. $\frac{4}{5} - \frac{3}{10} =$ _____

5. $\frac{3}{8} - \left(-\frac{1}{4}\right) =$ _____

6. $\frac{3}{4} - \frac{1}{3} =$ _____

7. Cassandra recorta $\frac{5}{16}$ pulgada de la parte superior de una foto y $\frac{3}{8}$ pulgada de la parte inferior. ¿Cuánto más corta es la altura total de la foto ahora? Explica tu respuesta. (Ejemplo 4)

_____

_____

8. 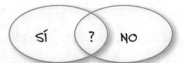 **Desarrollar la pregunta esencial** Compara sumar fracciones no semejantes y sumar fracciones semejantes.

_____

_____

_____

¡Califícate!

¿Estás listo para seguir? Sombrea lo que corresponda.

SÍ   ?   NO

Para obtener más ayuda, conéctate y accede a un tutor personal.

Tutor

FOLDABLES ¡Es hora de que actualices tu modelo de papel!

Práctica independiente

Conéctate para obtener las soluciones de varios pasos.

Suma o resta. Escribe las fracciones en su mínima expresión. (Ejemplos 1 a 3)

1 $\frac{1}{6} + \frac{3}{8} =$ _____

2. $-\frac{1}{15} + \left(-\frac{3}{5}\right) =$ _____

3. $\left(\frac{15}{8} + \frac{2}{5}\right) + \left(-\frac{7}{8}\right) =$

_____

4. $\left(-\frac{7}{10}\right) - \frac{2}{5} =$ _____

5. $\frac{7}{9} - \frac{1}{3} =$ _____

6. $-\frac{7}{12} + \frac{7}{10} =$ _____

7. $-\frac{4}{9} - \frac{2}{15} =$ _____

8. $\frac{5}{8} + \frac{11}{12} =$ _____

9. $\frac{7}{9} + \frac{5}{6} =$ _____

PM **Justificar las conclusiones** Elige una operación para resolver los problemas. Explica tu razonamiento. Luego, resuelve el problema. Escribe la fracción en su mínima expresión. (Ejemplo 4)

10. La Sra. Escalante anduvo en bicicleta por un camino. Después de $\frac{2}{3}$ milla, se dio cuenta de que le faltaban $\frac{3}{4}$ milla para llegar al final del camino. ¿Cuánto mide el camino?

_____

_____

11 Se había organizado que, en una hora, cuatro estudiantes hicieran sus presentaciones sobre los libros que leyeron. Después del primer informe, quedaban $\frac{2}{3}$ hora. Las dos presentaciones siguientes llevaron $\frac{1}{6}$ hora y $\frac{1}{4}$ hora. ¿Qué fracción de la hora quedó?

_____

_____

12. Se encuestó a ciento sesenta usuarios de teléfonos celulares.

a. ¿Qué fracción de los usuarios prefiere usar su teléfono celular para mensajes instantáneos o para jugar juegos? Explica tu respuesta.

_____

b. ¿Qué fracción de los usuarios prefiere usar su teléfono celular para tomar fotos o para mensajes instantáneos?

_____

¿Cómo usa su teléfono celular?

Tomar fotos $\frac{3}{8}$ · Juegos $\frac{1}{4}$ · Mensajes instantáneos $\frac{3}{8}$

13. Pepita y Francisco dedicaron cada uno la misma cantidad de tiempo a sus tareas escolares. La tabla muestra la fracción de tiempo que dedicó cada uno a cada materia. Completa la tabla hallando las fracciones que faltan para cada estudiante.

Tarea	Fracción de tiempo	
	Pepita	Francisco
Matemáticas		$\frac{1}{2}$
Inglés	$\frac{2}{3}$	
Ciencias	$\frac{1}{6}$	$\frac{3}{8}$

14. Chelsie ahorra $\frac{1}{5}$ de su mesada y gasta $\frac{2}{3}$ de su mesada en el centro comercial. ¿Qué fracción de su mesada le queda? Explica tu respuesta.

_____

Problemas S.O.S. Soluciones de orden superior

15. (PM) **Perseverar con los problemas** Las fracciones cuyos numeradores son 1, como $\frac{1}{2}$ o $\frac{1}{3}$, se llaman *fracciones unitarias*. Describe un método que puedas usar para sumar dos fracciones unitarias mentalmente. _____

_____

_____

_____

16. (PM) **Usar un contraejemplo** Da un contraejemplo para el siguiente enunciado.

La suma de tres fracciones con numeradores pares nunca es $\frac{1}{2}$.

_____

17. (PM) **Razonar de manera inductiva** Imagina que se coloca una cubeta debajo de dos llaves de agua. Si se abre solo una llave, la cubeta se llena en 6 minutos. Si se abre solo la otra llave, la cubeta se llena en 4 minutos. ¿Qué fracción de la cubeta se llenará en 1 minuto si se abren las dos llaves al mismo tiempo? Explica tu respuesta.

_____

_____

_____

Más práctica

Suma o resta. Escribe las fracciones en su mínima expresión.

18. $\frac{5}{8} + \frac{1}{4} = \frac{7}{8}$ _____

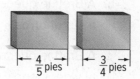 **Ayuda para la tarea**

$$\frac{5}{8} + \frac{1}{4} = \frac{5}{8} + \frac{1 \times 2}{4 \times 2}$$
$$= \frac{5}{8} + \frac{2}{8}$$
$$= \frac{7}{8}$$

19. $\frac{4}{5} - \frac{1}{6} =$ _____

20. $\frac{5}{6} - \left(-\frac{2}{3}\right) =$ _____

21. $\frac{3}{10} - \left(-\frac{1}{4}\right) =$ _____

22. $-\frac{2}{3} + \left(\frac{3}{4} + \frac{5}{3}\right) =$ _____

23. $-\frac{7}{8} + \frac{1}{3} =$ _____

Elige una operación para resolver los problemas. Explica tu razonamiento. Luego, resuelve el problema. Escribe las fracciones en su mínima expresión.

24. Ebony está construyendo un estante para sostener las dos cajas que se muestran. ¿Cuál es el menor ancho posible que deberá tener su estante?

_____

_____

$\xleftarrow{\ \ } \frac{4}{5} \text{ pies} \xrightarrow{\ \ }$ $\xleftarrow{\ } \frac{3}{4} \text{ pies} \xrightarrow{\ }$

25. Makayla compró $\frac{1}{4}$ libra de jamón y $\frac{5}{8}$ libra de pavo. ¿Cuánto más pavo compró? _____

_____

26. (PM) **Perseverar con los problemas** Halla la suma de $\frac{3}{8}$ y $\frac{1}{3}$. Escribe la fracción en su mínima expresión.

_____

27. (PM) **Hallar el error** Theresa halla $\frac{1}{4} + \frac{3}{5}$. Halla su error y corrígelo. Explica tu respuesta.

_____

_____

_____

_____

$$\frac{1}{4} + \frac{3}{5} = \frac{1+3}{4+5}$$

28. La tabla muestra la cantidad de horas que pasó Orlando en la práctica de fútbol americano la semana pasada. Selecciona los números apropiados de abajo para completar el modelo y hallar la cantidad de horas que pasó Orlando practicando el martes y el viernes.

Día	Tiempo (h)
Lunes	$\frac{1}{2}$
Martes	$\frac{3}{4}$
Jueves	$\frac{1}{3}$
Viernes	$\frac{5}{6}$

$$\frac{\square}{\square} + \frac{\square}{\square} = \frac{\square}{\square} + \frac{\square}{\square} = \frac{\square}{\square}$$

1	9
3	10
4	12
5	16
6	19

¿Cuántas horas pasó Orlando practicando el martes y el viernes? ☐

29. A Brett le quedan $\frac{5}{6}$ de sus ingresos mensuales para gastar. Presupuestó $\frac{1}{8}$ de sus ingresos para comprar un nuevo videojuego y $\frac{1}{3}$ de sus ingresos para ahorros. Determina si los enunciados son verdaderos o falsos.

a. A Brett le quedarán $\frac{7}{8}$ de sus ingresos si solo compra el video juego. ☐ Verdadero ☐ Falso

b. A Brett le quedará $\frac{1}{2}$ de sus ingresos si solo suma dinero a sus ahorros. ☐ Verdadero ☐ Falso

c. A Brett le quedarán $\frac{3}{8}$ de sus ingresos después de comprar el videojuego y sumar dinero a sus ahorros. ☐ Verdadero ☐ Falso

Estándares comunes: Repaso en espiral

Escribe las fracciones impropias como números mixtos. 5.NF.3

30. $\frac{7}{5} = $ _____

31. $\frac{14}{3} = $ _____

32. $\frac{101}{100} = $ _____

33. $\frac{22}{9} = $ _____

34. $\frac{77}{10} = $ _____

35. $\frac{23}{8} = $ _____

Sumar y restar números mixtos

Conexión con el mundo real

Hockey Abajo se muestran los palos de hockey para las categorías junior y adultos.

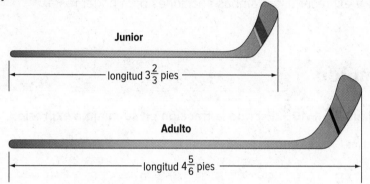

Junior
longitud $3\frac{2}{3}$ pies

Adulto
longitud $4\frac{5}{6}$ pies

Pregunta esencial

¿QUÉ sucede cuando sumas, restas, multiplicas o divides fracciones?

Common Core State Standards

Content Standards
7.NS.1, 7.NS.1d, 7.NS.3, 7.EE.3
PM **Prácticas matemáticas**
1, 3, 4

1. Usa la expresión $4\frac{5}{6} - 3\frac{2}{3}$ para hallar cuánto más largo es el palo de hockey para adultos que el palo de hockey para la categoría junior.

Vuelve a expresar las fracciones usando el m.c.d., 6.

Resta las fracciones. Luego, resta los números enteros no negativos.

$$4\frac{5}{6} - \boxed{}\frac{\boxed{}}{\boxed{}} = \boxed{}\frac{\boxed{}}{\boxed{}}$$

2. Explica cómo hallar $3\frac{7}{10} - 2\frac{2}{5}$. Luego, usa una conjetura para hallar la diferencia.

_____

_____

_____

¿Qué **Prácticas matemáticas** PM usaste?
Sombrea lo que corresponda.

① Perseverar con los problemas

② Razonar de manera abstracta

③ Construir un argumento.

④ Representar con matemáticas

⑤ Usar las herramientas matemáticas

⑥ Prestar atención a la precisión

⑦ Usar una estructura

⑧ Usar el razonamiento repetido

Sumar y restar números mixtos

Para sumar o restar números mixtos, primero suma o resta las fracciones. Si es necesario, vuelve a expresarlas usando el m.c.d. Luego, suma o resta los números enteros no negativos y simplifica si es necesario.

A veces, cuando restas números mixtos, la fracción del primer número mixto es menor que la fracción del segundo número mixto. En ese caso, vuelve a expresar una o ambas fracciones para poder restar.

Ejemplos

Tutor

1. **Halla $7\frac{4}{9} + 10\frac{2}{9}$. Escribe la fracción en su mínima expresión.**

Estima. $7 + 10 = 17$

$$7\frac{4}{9}$$

Suma los números enteros y las fracciones por separado.

$$+ \ 10\frac{2}{9}$$

$$17\frac{6}{9}, \text{o } 17\frac{2}{3}$$ Simplifica.

Comprueba que sea razonable. $17\frac{2}{3} \approx 17$ ✔

---

2. **Halla $8\frac{5}{6} - 2\frac{1}{3}$. Escribe la fracción en su mínima expresión.**

Estima. $9 - 2 = 7$

$$8\frac{5}{6} \qquad \rightarrow \qquad 8\frac{5}{6}$$

$$-2\frac{1}{3} \qquad \rightarrow \qquad -2\frac{2}{6}$$

Vuelve a expresar las fracciones usando el m.c.d. Luego, resta.

$$6\frac{3}{6}, \text{o } 6\frac{1}{2}$$ Simplifica.

Comprueba que sea razonable. $6\frac{1}{2} \approx 7$ ✔

¿Entendiste? **Resuelve estos problemas para comprobarlo.**

Suma o resta. Escribe las fracciones en su mínima expresión.

a. $6\frac{1}{8} + 2\frac{5}{8}$ **b.** $5\frac{1}{5} + 2\frac{3}{10}$ **c.** $1\frac{5}{9} + 4\frac{1}{6}$

d. $5\frac{4}{5} - 1\frac{3}{10}$ **e.** $13\frac{7}{8} - 9\frac{3}{4}$ **f.** $8\frac{2}{3} - 2\frac{1}{2}$

Muestra tu trabajo.

Propiedades

$120\frac{1}{2} + 40\frac{1}{3}$ puede escribirse como $(120 + \frac{1}{2}) + (40 + \frac{1}{3})$. Luego, se pueden usar las propiedades conmutativa y asociativa para reordenar y reagrupar los números para hallar la suma.

a. _____

b. _____

c. _____

d. _____

e. _____

f. _____

Ejemplo

3. Halla $2\frac{1}{3} - 1\frac{2}{3}$.

Método 1 Vuelve a expresar los números mixtos.

Estima. $2 - 1\frac{1}{2} = \frac{1}{2}$

Como $\frac{1}{3}$ es menos que $\frac{2}{3}$, vuelve a expresar $2\frac{1}{3}$ antes de restar.

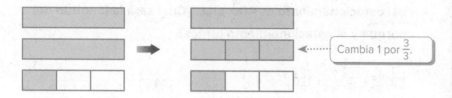

Cambia 1 por $\frac{3}{3}$.

$$2\frac{1}{3} \quad = \quad 1\frac{3}{3} + \frac{1}{3}, \text{ o } 1\frac{4}{3}$$

$2\frac{1}{3} \quad \longrightarrow \quad 1\frac{4}{3}$ Vuelve a expresar $2\frac{1}{3}$ como $1\frac{4}{3}$.

$\dfrac{-1\frac{2}{3}}{} \quad \longrightarrow \quad \dfrac{-1\frac{2}{3}}{\frac{2}{3}}$ Resta los números enteros no negativos y luego las fracciones.

Comprueba que sea razonable. $\frac{2}{3} \approx \frac{1}{2}$ ✔

> **Fracciones mayores que uno**
> Una fracción impropia tiene un numerador que es mayor que o igual al denominador. Algunos ejemplos de fracciones impropias son $\frac{5}{4}$ y $2\frac{6}{5}$.

Método 2 Usa fracciones impropias.

$2\frac{1}{3} \quad \longrightarrow \quad \frac{7}{3}$ Vuelve a escribir $2\frac{1}{3}$ como $\frac{7}{3}$.

$\dfrac{-1\frac{2}{3}}{} \quad \longrightarrow \quad \dfrac{-\frac{5}{3}}{\frac{2}{3}}$ Vuelve a escribir $1\frac{2}{3}$ como $\frac{5}{3}$.

    Simplifica.

Por lo tanto, $2\frac{1}{3} - 1\frac{2}{3} = \frac{2}{3}$.

Usando cualquier método, la respuesta es $\frac{2}{3}$.

¿Entendiste? Resuelve estos problemas para comprobarlo.

Resta. Escribe las fracciones en su mínima expresión.

g. $7 - 1\frac{1}{2}$ **h.** $5\frac{3}{8} - 4\frac{11}{12}$ **i.** $11\frac{2}{5} - 2\frac{3}{5}$

j. $8 - 3\frac{3}{4}$ **k.** $3\frac{1}{4} - 1\frac{3}{4}$ **l.** $16 - 5\frac{5}{6}$

Muestra tu trabajo.

g. _____

h. _____

i. _____

j. _____

k. _____

l. _____

Elegir una operación

Suma o resta fracciones no semejantes para resolver problemas del mundo real.

Ejemplo

Tutor

4. **Un urbanista está diseñando un parque para patinetas. La longitud del parque es $120\frac{1}{2}$ pies. La longitud del estacionamiento es $40\frac{1}{3}$ pies. ¿Cuál será la longitud del parque y el estacionamiento juntos?**

$$120\frac{1}{2} + 40\frac{1}{3} = 120\frac{3}{6} + 40\frac{2}{6}$$

Vuelve a expresar $\frac{1}{2}$ como $\frac{3}{6}$ y $\frac{1}{3}$ como $\frac{2}{6}$.

$$= 160 + \frac{5}{6}$$

Suma los números enteros no negativos y las fracciones por separado.

$$= 160\frac{5}{6}$$

Simplifica.

La longitud total es $160\frac{5}{6}$ pies.

Práctica guiada

Comprueba

Suma o resta. Escribe las fracciones en su mínima expresión. (Ejemplos 1 a 3)

1. $8\frac{1}{2} + 3\frac{4}{5} =$ _____

2. $7\frac{5}{6} - 3\frac{1}{6} =$ _____

3. $11 - 6\frac{3}{8} =$ _____

4. El tanque de gasolina de un carro híbrido tiene capacidad para $11\frac{9}{10}$ galones de gasolina. Ahora tiene $8\frac{3}{4}$ galones de gasolina. ¿Cuánta más gasolina se necesita para llenar el tanque? (Ejemplo 4) _____

5. **Desarrollar la pregunta esencial** ¿Cómo puedes restar números mixtos cuando la fracción del primer número mixto es menor que la fracción del segundo número mixto? _____

_____

_____

_____

¡Califícate!

¿Entendiste cómo sumar y restar números mixtos? Sombrea el círculo en el blanco.

Di en el blanco.

Necesito ayuda.

Para obtener más ayuda, conéctate y accede a un tutor personal.
Tutor

Práctica independiente

Conéctate para obtener las soluciones de varios pasos.

Suma o resta. Escribe las fracciones en su mínima expresión. (Ejemplos 1 a 3)

1. $2\frac{1}{9} + 7\frac{4}{9} =$ _____

2. $8\frac{5}{12} + 11\frac{1}{4} =$ _____

3. $10\frac{4}{5} - 2\frac{1}{5} =$ _____

4. $9\frac{4}{5} - 2\frac{3}{10} =$ _____

5 $11\frac{3}{4} - 4\frac{1}{3} =$ _____

6. $9\frac{1}{5} - 2\frac{3}{5} =$ _____

7. $6\frac{3}{5} - 1\frac{2}{3} =$ _____

8. $14\frac{1}{6} - 7\frac{1}{3} =$ _____

9. $8 - 3\frac{2}{3} =$ _____

PM Justificar las conclusiones En los ejercicios 10 y 11, elige una operación para resolverlos. Explica tu razonamiento. Luego, resuelve el problema. Escribe las respuestas en su mínima expresión. (Ejemplo 4)

10. Si Juliana y Brody recorrieron caminando los dos senderos que muestra la tabla, ¿qué distancia recorrieron?

_____

Sendero	Longitud (mi)
Parque del bosque	$3\frac{2}{3}$
Camino del arroyo del molino	$2\frac{5}{6}$

11 La longitud del jardín de Kasey es $4\frac{5}{8}$ pies. Halla el ancho del jardín de Kasey si es $2\frac{7}{8}$ pies más corto que largo.

_____

12. Karen se levanta a las 6:00 A.M. Tarda $1\frac{1}{4}$ en ducharse, vestirse y peinarse. Tarda $\frac{1}{2}$ hora en desayunar, lavarse los dientes y hacer la cama. ¿A qué hora estará lista para ir a la escuela? _____

Suma o resta. Escribe las fracciones en su mínima expresión.

13. $-3\frac{1}{4} + \left(-1\frac{3}{4}\right) =$ _____

14. $\dfrac{3\frac{1}{2}}{5} + \dfrac{4\frac{2}{3}}{2} =$ _____

15. $6\frac{1}{3} + 1\frac{2}{3} + 5\frac{5}{9} =$ _____

16. $3\frac{1}{4} + 2\frac{5}{6} - 4\frac{1}{3} =$ _____

Problemas S.O.S. Soluciones de orden superior

17. (PM) **Representar con matemáticas** Escribe un problema del mundo real que pueda representarse con la expresión $5\frac{1}{2} - 3\frac{7}{8}$. Luego, resuelve el problema.

_____

_____

_____

18. (PM) **Perseverar con los problemas** Se corta un cordel por la mitad. Una de las mitades se descarta. Se corta un quinto de la mitad que queda y el trozo sobrante mide 8 pies de largo. ¿Cuánto medía el cordel al comienzo? Justifica tu respuesta.

_____

_____

_____

19. (PM) **Representar con matemáticas** Usando tres números mixtos como longitudes de los lados, traza un triángulo equilátero con un perímetro de $8\frac{1}{4}$ pies.

Muestra tu trabajo.

Más práctica

Suma o resta. Escribe las fracciones en su mínima expresión.

20. $6\frac{1}{4} - 2\frac{3}{4} =$ ___ $3\frac{1}{2}$ ___

$$6\frac{1}{4} - 2\frac{3}{4} = 5\frac{5}{4} - 2\frac{3}{4}$$

$$= 3\frac{2}{4}$$

$$= 3\frac{1}{2}$$

a para area

21. $8\frac{3}{8} + 10\frac{1}{3} =$ ___

22. $13 - 5\frac{5}{6} =$ ___

23. $3\frac{2}{7} + 4\frac{3}{7} =$ ___

24. $4\frac{3}{10} - 1\frac{3}{4} =$ ___

25. $12\frac{1}{2} - 6\frac{5}{8} =$ ___

PM **Justificar las conclusiones** Elige una operación para resolver el problema. Explica tu razonamiento. Luego, resuelve el problema. Escribe la respuesta en su mínima expresión.

26. La longitud del cabello de Alana era $9\frac{3}{4}$ pulgadas. Después de cortarse el pelo, la longitud era $6\frac{1}{2}$ pulgadas. ¿Cuántas pulgadas se cortó?

_____

_____

27. Emeril usó $7\frac{1}{4}$ tazas de harina en total para hacer tres pasteles. Usó $2\frac{1}{4}$ tazas de harina para el primero y $2\frac{1}{3}$ tazas para el segundo. ¿Cuánta harina usó para el tercer pastel?

_____

_____

28. Margarita hizo las joyas que se muestran. Si el collar es $10\frac{5}{8}$ pulgadas más largo que el brazalete, ¿cuánto mide el collar?

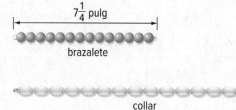

$7\frac{1}{4}$ pulg

brazalete

collar

_____

29. Halla el perímetro de la figura. Escribe tu respuesta en su mínima expresión.

_____

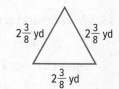

$2\frac{3}{8}$ yd $2\frac{3}{8}$ yd

$2\frac{3}{8}$ yd

30. Imagina que quieres colocar un estante que mide $30\frac{1}{3}$ pulgadas de largo en el centro de una pared que mide $45\frac{3}{4}$ pulgadas de ancho. Aproximadamente, ¿a qué distancia de cada borde de la pared deberías colocar el estante?

_____

31. Una receta para merienda lleva $4\frac{3}{4}$ tazas de cereales. La mezcla también lleva $1\frac{2}{3}$ tazas de cacahuates menos que la cantidad de cereales. Completa las siguientes casillas para que el enunciado sea verdadero.

La receta lleva ☐ tazas de cacahuate. En total, se necesitan

☐ tazas de cacahuates y cereales juntos.

32. María practicó piano durante $2\frac{1}{2}$ horas la semana pasada y $1\frac{3}{4}$ horas esta semana. Usa las secciones del diagrama de barra para hacer un diagrama de barra que represente cuántas horas practicó María en las últimas 2 semanas.

¿Cuántas horas practicó piano María en las últimas dos semanas?

☐

Redondea los números mixtos al número entero no negativo más cercano. Luego, estima los productos. 5.NF.4

33. $5\frac{1}{4} \times 7\frac{2}{3} \approx$ ☐ $\times$ ☐ $\approx$ ☐

34. $1\frac{1}{11} \times 8\frac{14}{15} \approx$ ☐ $\times$ ☐ $\approx$ ☐

35. La velocidad promedio de Zoe cuando corre es aproximadamente $6\frac{4}{5}$ millas por hora. Imagina que Zoe corre durante $1\frac{3}{4}$ horas. Aproximadamente, ¿qué distancia habrá corrido? Explica tu respuesta. 5.NF.4

_____

_____

Investigación para la resolución de problemas
Dibujar un diagrama

Caso #1 Experimento de ciencias

Casey deja caer una pelota desde una altura de 12 pies. Golpea contra el piso y rebota hasta la mitad de la altura desde donde cayó. Esto se repite con cada rebote sucesivo.

¿Qué altura alcanza la pelota después del cuarto rebote?

CCSS Content Standards
7.NS.3, 7.EE.3

PM Prácticas matemáticas
1, 4, 6

Comprende ¿Qué sabes?

Casey dejó caer la pelota desde una altura de 12 pies. Con cada rebote, rebota hasta la mitad de la altura desde donde cae.

Planifica ¿Cuál es tu estrategia para resolver este problema?

Dibujar un diagrama para mostrar la altura de la pelota después de cada rebote.

Resuelve ¿Cómo puedes aplicar la estrategia?

La pelota alcanza una altura de _____ pie después del cuarto rebote.

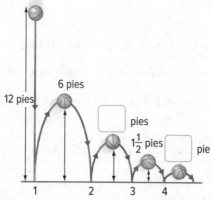

Comprueba ¿Tiene sentido tu respuesta?

Usa la división para comprobarlo. $12 \div 2 = 6, 6 \div 2 = 3, 3 \div 2 = 1.5, 1.5 \div 2 = 0.75$

Analizar la estrategia

PM Responder con precisión Si se deja caer la pelota desde 12 pies y rebota hasta $\frac{2}{3}$ de la altura desde donde cae con cada rebote subsiguiente, ¿cuál es la altura del cuarto rebote?

Caso #2 Viaje

El Sr. García recorrió 60 millas, lo cual equivale a $\frac{2}{3}$ del recorrido a la casa de su hermana.

¿Cuánto más debe conducir para llegar a la casa de su hermana?

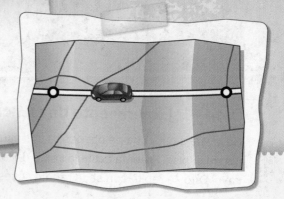

Comprende

Lee el problema. ¿Qué se te pide que halles?

Debo hallar _____ .

¿Qué información conoces?

El Sr. García condujo _____ del camino a la casa de su hermana.

Esto es igual a _____ .

¿Hay alguna información que *no* necesitas saber?

No necesito saber _____ .

Planifica

Elige una estrategia para la resolución de problemas.

Usaré la estrategia _____ .

Resuelve

Usa tu estrategia para la resolución de problemas y resuélvelo.

Usa el diagrama de barra que representa la distancia hasta la casa de su hermana. Sombrea dos de las secciones para representar $\frac{2}{3}$.

|------- 60 millas -------|

☐ de las 3 secciones = 60.

Cada sección es ☐ millas.

La distancia a la casa de su hermana es 60 + ☐ = ☐.

Por lo tanto, al Sr. García le faltan conducir _____ millas.

Comprueba

Usa información del problema para comprobar tu respuesta.

_____

_____

Colabora

Trabaja con un grupo pequeño para resolver los siguientes casos.
Muestra tu trabajo en una hoja aparte.

Caso #3 Fracciones

Marta comió un cuarto de un pastel entero. Edwin comió $\frac{1}{4}$ de lo que quedó.
Luego, Cristina comió $\frac{1}{3}$ de lo que quedó.

¿Qué parte del pastel quedó?

Caso #4 Juego

Ocho miembros de un club de ajedrez juegan un torneo. En la primera ronda,
cada uno jugará un partido de ajedrez contra cada uno de los otros jugadores.

¿Cuántos partidos habrá en la primera ronda del torneo?

Caso #5 Distancia

Alejandro y Pedro van en bicicleta a la escuela. Después de 1 milla,
recorrieron $\frac{5}{8}$ del camino.

¿Cuánto más deben recorrer?

Caso #6 Butacas

La cantidad de butacas que hay en la primera fila de un auditorio es 6. La
segunda fila tiene 9 butacas, la tercera fila tiene 12 butacas y la cuarta fila
tiene 15 butacas.

¿Cuántas butacas habrá en la octava fila?

¡Usa una estrategia!

Repaso de medio capítulo

Comprobación del vocabulario

1. Define *número racional*. Da algunos ejemplos de números racionales escritos de distintas formas. (Lecciones 3 y 4)

_____

_____

_____

2. Completa el espacio en blanco en la oración de abajo con el término correcto. (Lección 1)

   Los decimales periódicos pueden representarse usando _____.

Comprobación y resolución de problemas: Destrezas

Suma o resta. Escribe las fracciones en su mínima expresión. (Lecciones 3 a 5)

3. $\frac{5}{8} + \frac{3}{8} =$ _____

Muestra tu trabajo.

4. $-\frac{1}{9} + \frac{2}{9} =$ _____

5. $-\frac{11}{15} - \frac{1}{15} =$ _____

6. $2\frac{5}{9} + 1\frac{2}{3} =$ _____

7. $8\frac{3}{4} - 2\frac{5}{12} =$ _____

8. $5\frac{1}{6} - 1\frac{1}{3} =$ _____

9. En la tabla de la derecha se muestra la fracción de cada estado que es agua. Ordena los estados de menor a mayor según la fracción de agua. (Lección 2)

   _____

10. La altura máxima de un elefante asiático es 9.8 pies. ¿Qué número mixto representa esta altura? (Lección 1) _____

11. **PM Perseverar con los problemas** La tabla muestra el peso de un bebé durante su primer año. ¿Durante qué trimestre fue mayor el aumento de peso del bebé? (Lección 5) _____

¿Qué parte es agua?	
Alaska	$\frac{3}{41}$
Michigan	$\frac{40}{97}$
Wisconsin	$\frac{1}{6}$

Mes	Peso (lb)
0	$7\frac{1}{4}$
3	$12\frac{1}{2}$
6	$16\frac{5}{8}$
9	$19\frac{4}{5}$
12	$23\frac{3}{20}$

Multiplicar fracciones

Conexión con el mundo real

Almuerzo Hay 12 estudiantes en la mesa del almuerzo. Dos tercios de los estudiantes pidieron una hamburguesa. La mitad de los estudiantes que pidieron una hamburguesa, la pidieron con queso.

Paso 1	Marca con una X los estudiantes que no pidieron una hamburguesa.

Paso 2	Escribe una Q sobre los estudiantes que pidieron una hamburguesa con queso.

1. ¿Qué fracción de los estudiantes en la mesa del almuerzo pidieron una hamburguesa con queso? Escribe la respuesta en su mínima expresión. _____

2. ¿Cuánto es $\frac{1}{2}$ de $\frac{2}{3}$? Escribe la fracción en su mínima expresión. _____

3. Escribe tu propio problema con fracciones que pueda resolverse usando un diagrama como el de arriba.

_____

_____

_____

Pregunta esencial

¿QUÉ sucede cuando sumas, restas, multiplicas o divides fracciones?

Common Core State Standards

Content Standards
7.NS.2, 7.NS.2a, 7.NS.2c, 7.NS.3, 7.EE.3

PM Prácticas matemáticas
1, 3, 4

¿No pedí la hamburguesa con queso?

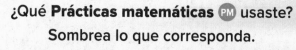

¿Qué Prácticas matemáticas (PM) usaste?
Sombrea lo que corresponda.

① Perseverar con los problemas   ⑤ Usar las herramientas matemáticas

② Razonar de manera abstracta   ⑥ Prestar atención a la precisión

③ Construir un argumento   ⑦ Usar una estructura

④ Representar con matemáticas   ⑧ Usar el razonamiento repetido

Multiplicar fracciones

Datos Para multiplicar fracciones, multiplica los numeradores y multiplica los denominadores.

Ejemplos Números

$$\frac{1}{2} \times \frac{2}{3} = \frac{1 \times 2}{2 \times 3}, \text{ o } \frac{2}{6}$$

Álgebra

$$\frac{a}{b} \cdot \frac{c}{d} = \frac{a \cdot c}{b \cdot d}, \text{ o } \frac{ac}{bd}, \text{ donde } b, d \neq 0$$

Cuando multiplicas dos fracciones, escribe el producto en su mínima expresión. El numerador y el denominador de cualquiera de las fracciones pueden tener factores comunes. Si es así, puedes simplificar antes de multiplicar.

Ejemplos

Multiplica. Escribe las fracciones en su mínima expresión.

1. $\frac{1}{2} \times \frac{1}{3}$

$\frac{1}{2} \times \frac{1}{3} = \frac{1 \times 1}{2 \times 3}$ ← Multiplica los numeradores.
← Multiplica los denominadores.

$\qquad\quad = \frac{1}{6}$ Simplifica.

2. $2 \times \left(-\frac{3}{4}\right)$

$2 \times \left(-\frac{3}{4}\right) = \frac{2}{1} \times \left(\frac{-3}{4}\right)$ Escribe 2 como $\frac{2}{1}$ y $-\frac{3}{4}$ como $\frac{-3}{4}$.

$\qquad\qquad = \frac{2 \times (-3)}{1 \times 4}$ ← Multiplica los numeradores.
← Multiplica los denominadores.

$\qquad\qquad = \frac{-6}{4}, \text{ o } -1\frac{1}{2}$ Simplifica.

3. $\frac{2}{7} \times \left(-\frac{3}{8}\right)$

$\frac{2}{7} \times \left(-\frac{3}{8}\right) = \frac{\overset{1}{\cancel{2}}}{7} \times \left(-\frac{3}{\underset{4}{\cancel{8}}}\right)$ Divide 2 y 8 entre su M.C.D., 2.

$\qquad\qquad = \frac{1 \times (-3)}{7 \times 4}, \text{ o } -\frac{3}{28}$ Multiplica.

¿Entendiste? Resuelve estos problemas para comprobarlo.

Multiplica. Escribe las fracciones en su mínima expresión.

a. $\frac{3}{5} \times \frac{1}{2}$ 　　　　**b.** $\frac{2}{3} \times (-4)$ 　　　　**c.** $-\frac{1}{3} \times \left(-\frac{3}{7}\right)$

Área de trabajo

M.C.D.
En el Ejemplo 3, el M.C.D. representa el mayor de los factores comunes de dos o más números. Ejemplo: El M.C.D. de 8 y 2 es 2.

Muestra tu trabajo.

a. _____

b. _____

c. _____

Multiplicar números mixtos

Cuando multiplicas por un número mixto, puedes volver a expresar el número mixto como una fracción impropia. También puedes multiplicar números mixtos usando la propiedad distributiva y haciendo cálculos mentales.

Ejemplo

4. **Halla $\frac{1}{2} \times 4\frac{2}{5}$. Escribe la respuesta en su mínima expresión.**

Estima $\frac{1}{2} \times 4 = 2$

Método 1 **Vuelve a expresar los números mixtos.**

$\frac{1}{2} \times 4\frac{2}{5} = \frac{1}{\overset{1}{\cancel{2}}} \times \frac{\overset{11}{\cancel{22}}}{5}$ Vuelve a expresar $4\frac{2}{5}$ como una fracción impropia, $\frac{22}{5}$. Divide 2 y 22 entre su M.C.D., 2.

$= \frac{1 \times 11}{1 \times 5}$ Multiplica.

$= \frac{11}{5}$ Simplifica.

$= 2\frac{1}{5}$ Simplifica.

Método 2 **Calcula mentalmente.**

El número mixto $4\frac{2}{5}$ es igual a $4 + \frac{2}{5}$.

Por lo tanto, $\frac{1}{2} \times 4\frac{2}{5} = \frac{1}{2}\left(4 + \frac{2}{5}\right)$. Usa la propiedad distributiva para multiplicar y luego suma mentalmente.

$\frac{1}{2}\left(4 + \frac{2}{5}\right) = 2 + \frac{1}{5}$ Piensa. La mitad de 4 es 2 y la mitad de 2 quintos es 1 quinto.

$= 2\frac{1}{5}$ Vuelve a escribir la suma como un número mixto.

Comprueba que sea razonable. $2\frac{1}{5} \approx 2$ ✓

Por lo tanto, $\frac{1}{2} \times 4\frac{2}{5} = 2\frac{1}{5}$

Usando cualquier método, la respuesta es $2\frac{1}{5}$.

¿Entendiste? **Resuelve estos problemas para comprobarlo.**

Multiplica. Escribe las fracciones en su mínima expresión.

    d. $\frac{1}{4} \times 8\frac{4}{9}$ **e.** $5\frac{1}{3} \times 3$ **f.** $-1\frac{7}{8} \times \left(-2\frac{2}{5}\right)$

> **Simplificar**
>
> Si te olvidas de simplificar antes de multiplicar, siempre puedes simplificar la respuesta final. Sin embargo, normalmente es más fácil simplificar antes de multiplicar.

Muestra tu trabajo.

d. _____

e. _____

f. _____

Ejemplo

5. Los seres humanos duermen aproximadamente $\frac{1}{3}$ del día. Sea que un año es igual a $365\frac{1}{4}$ días. Halla cuántos días en un año duerme el ser humano promedio.

Tutor

Halla $\frac{1}{3} \times 365\frac{1}{4}$.

Estima. $\frac{1}{3} \times 360 = 120$

$\frac{1}{3} \times 365\frac{1}{4} = \frac{1}{3} \times \frac{1{,}461}{4}$ Vuelve a expresar como fracción impropia.

$= \frac{1}{\overset{1}{\cancel{3}}} \times \frac{\overset{487}{\cancel{1{,}461}}}{4}$ Divide 3 y 1,461 entre su M.C.D., 3.

$= \frac{487}{4}$, o $121\frac{3}{4}$ Multiplica. Vuelve a escribir como número mixto.

Comprueba que sea razonable. $121\frac{3}{4} \approx 120$ ✔

El ser humano promedio duerme $121\frac{3}{4}$ días al año.

El significado de la multiplicación

Recuerda que uno de los significados de 3×4 es tres grupos con 4 en cada grupo. En el Ejemplo 5, hay $365\frac{1}{4}$ grupos con $\frac{1}{3}$ en cada grupo.

Práctica guiada

Comprueba ✓

Multiplica. Escribe las fracciones en su mínima expresión. (Ejemplos 1 a 4)

1. $\frac{2}{3} \times \frac{1}{3} =$ _____

 Muestra tu trabajo.

2. $-\frac{1}{4} \times \left(-\frac{8}{9}\right) =$ _____

3. $2\frac{1}{4} \times \frac{2}{3} =$ _____

4. **STEM** El peso de un objeto en Marte es aproximadamente $\frac{2}{5}$ de su peso en la Tierra. ¿Cuánto pesaría un perro de $80\frac{1}{2}$ libras en Marte? (Ejemplo 5) _____

5. **Desarrollar la pregunta esencial** ¿En qué se diferencia el proceso de multiplicar fracciones del proceso de sumar fracciones?

_____

_____

_____

_____

¡Califícate!

¿Entendiste cómo multiplicar fracciones? Encierra en un círculo la imagen que corresponda.

No tengo dudas.   Tengo algunas dudas.   Tengo muchas dudas.

Para obtener más ayuda, conéctate y accede a un tutor personal.

FOLDABLES ¡Es hora de que actualices tu modelo de papel!

Práctica independiente

Conéctate para obtener las soluciones de varios pasos.

Ayuda en línea

Multiplica. Escribe las fracciones en su mínima expresión. (Ejemplos 1 a 4)

1. $\frac{3}{4} \times \frac{1}{8} =$ _____

2. $\frac{2}{5} \times \frac{2}{3} =$ _____

3. $-9 \times \frac{1}{2} =$ _____

 Muestra tu trabajo.

4. $-\frac{1}{5} \times \left(-\frac{5}{6}\right) =$ _____

5. $\frac{2}{3} \times \frac{1}{4} =$ _____

6. $-\frac{1}{12} \times \frac{2}{5} =$ _____

7. $\frac{2}{5} \times \frac{15}{16} =$ _____

8. $\frac{4}{7} \times \frac{7}{8} =$ _____

9. $\left(-1\frac{1}{2}\right) \times \frac{2}{3} =$ _____

10. El ancho de una huerta es $\frac{1}{3}$ su longitud. Si la longitud de la huerta es $7\frac{3}{4}$ pies, ¿cuál es el ancho en su mínima expresión? (Ejemplo 5)

_____

11. Una noche, $\frac{2}{3}$ de los estudiantes de la clase de Rick miraron televisión. De esos estudiantes, $\frac{3}{8}$ miraron una telenovela. De los estudiantes que miraron ese programa, $\frac{1}{4}$ de ellos lo grabó. ¿Qué fracción de los estudiantes de la clase de Rick miraron y grabaron la telenovela?

_____

Escribe las expresiones numéricas. Luego, evalúalas.

12. un medio de menos cinco octavos

_____

13. un tercio de once dieciseisavos

_____

14. **(PM) Representar con matemáticas** Consulta la siguiente historieta.

a. La altura del armario es 96 pulgadas y Aisha quisiera tener 4 filas de organizadores. ¿Cuál es la altura máxima que puede tener cada organizador?

b. Aisha quisiera apilar 3 cajas de zapatos una sobre la otra en la parte inferior del armario. La altura de cada caja de zapatos es $4\frac{1}{2}$ pulgadas. ¿Cuál es la altura total de las 3 cajas?

Problemas S.O.S. Soluciones de orden superior

15. **(PM) Representar con matemáticas** Escribe un problema del mundo real que requiera hallar el producto de $\frac{3}{4}$ y $\frac{1}{8}$.

16. **(PM) Perseverar con los problemas** Se multiplican dos fracciones impropias positivas. ¿El producto es menor que 1 *a veces*, *siempre* o *nunca*? Explica tu respuesta.

17. **(PM) Razonar de manera inductiva** Halla dos fracciones que cumplan los siguientes criterios.
    a. cada una es mayor que $\frac{2}{5}$ y su producto es menor que $\frac{2}{5}$

    b. cada una es mayor que $\frac{1}{2}$ y su producto es mayor que $\frac{1}{2}$

Más práctica

Multiplica. Escribe las fracciones en su mínima expresión.

18. $\dfrac{4}{5} \times (-6) = \underline{-4\frac{4}{5}}$

$$\dfrac{4}{5} \times (-6) = \dfrac{4}{5} \times \left(-\dfrac{6}{1}\right)$$

$$= \dfrac{4 \times (-6)}{5 \times 1}$$

$$= \dfrac{-24}{5}, \text{ o } -4\dfrac{4}{5}$$

* da para tarea*

19. $-\dfrac{4}{9} \times \left(-\dfrac{1}{4}\right) = \underline{\hspace{2cm}}$

20. $3\dfrac{1}{3} \times \left(-\dfrac{1}{5}\right) = \underline{\hspace{2cm}}$

21. $\dfrac{1}{3} \times \dfrac{3}{4} = \underline{\hspace{2cm}}$

22. $\dfrac{4}{9} \times \left(-\dfrac{1}{8}\right) = \underline{\hspace{2cm}}$

23. $\dfrac{5}{6} \times 2\dfrac{3}{5} = \underline{\hspace{2cm}}$

24. Cada caja para DVD mide aproximadamente $\dfrac{1}{5}$ pulgada de ancho. ¿Cuál será la altura de 12 cajas que se venden juntas? Escríbela en su mínima expresión.

_____

25. Mark dejó $\dfrac{3}{8}$ de una pizza en el refrigerador. El viernes, comió $\dfrac{1}{2}$ de la pizza que quedaba. ¿Qué fracción de toda la pizza comió el viernes?

_____

Multiplica. Escribe las fracciones en su mínima expresión.

26. $\left(\dfrac{1}{4}\right)^2 = \underline{\hspace{2cm}}$

27. $\left(-\dfrac{2}{3}\right)^3 = \underline{\hspace{2cm}}$

28. $\dfrac{1\frac{1}{3}}{\frac{1}{4}} \times \dfrac{\frac{2}{5}}{\frac{1}{2}} = \underline{\hspace{2cm}}$

29. **(PM) Justificar las conclusiones** Elena quiere hacer una receta y media de la ensalada de fideos que se muestra a la derecha. ¿Cuánto necesitará Elena de cada ingrediente? Explica cómo resolviste el problema.

_____

_____

_____

Receta para ensalada de fideos	
Ingrediente	Cantidad
Brócoli	$1\dfrac{1}{4}$ tz
Fideos cocidos	$3\dfrac{3}{4}$ tz
Condimento para ensaladas	$\dfrac{2}{3}$ tz
Queso	$1\dfrac{1}{3}$ tz

30. Philip anduvo en bicicleta a una velocidad de $9\dfrac{1}{2}$ millas por hora. Si anduvo durante $\dfrac{3}{4}$ de hora, ¿cuántas millas recorrió, en su mínima expresión? _____

31. De las muñecas que forman la colección de muñecas de Marjorie, $\frac{2}{5}$ tienen cabello pelirrojo. De esas muñecas, $\frac{1}{4}$ tienen ojos verdes, $\frac{2}{3}$ tienen ojos azules y $\frac{1}{12}$ tienen ojos marrones. Determina si los enunciados son verdaderos o falsos.

a. $\frac{1}{10}$ de la colección de muñecas de Marjorie tiene cabello pelirrojo y ojos verdes.

☐ Verdadero   ☐ Falso

b. $\frac{4}{15}$ de la colección de muñecas de Marjorie tiene cabello pelirrojo y ojos azules.

☐ Verdadero   ☐ Falso

c. $\frac{29}{60}$ de la colección de muñecas de Marjorie tiene cabello pelirrojo y ojos marrones.

☐ Verdadero   ☐ Falso

32. La tabla muestra cuántas cucharaditas de esencia de vainilla se necesitan para hacer diferentes cantidades de tandas de galletas.

Recetas	1	2	3	4	5	n
Vainilla (cdta)	$\frac{1}{4}$	$\frac{1}{2}$	$\frac{3}{4}$	1	$1\frac{1}{4}$	

Selecciona una casilla de cada fila para describir cómo hallar cuántas cucharaditas de vainilla se necesitan para hacer n tandas de galletas.

Fila 1 | Resta | Suma | Multiplica | Divide |

Fila 2 | 4 | n | $\frac{1}{4}$ |

Fila 3 | a | por | de |

Fila 4 | 4 | n | $\frac{1}{4}$ |

¿Cuántas cucharaditas de vainilla se necesitan para hacer $6\frac{1}{2}$ tandas de galletas? ☐

CCSS **Estándares comunes: Repaso en espiral**

Por cada oración de multiplicación, escribe dos oraciones de división relacionadas. 5.NBT.5

33. $3 \times 4 = 12$

34. $\frac{1}{6} \times \frac{1}{3} = \frac{1}{18}$

35. $2\frac{2}{5} \times 4\frac{1}{2} = 10\frac{4}{5}$

36. $5\frac{5}{8} \times 1\frac{1}{5} = 6\frac{3}{4}$

Conversiones entre sistemas

 Conexión con el mundo real Observa

Carrera de 5K Para recaudar dinero para una organización de salud, la familia de Matthews participa de una carrera de 5K. Una carrera de 5K tiene 5 kilómetros.

1. ¿Cuántos metros de largo tiene la carrera?

5 kilómetros = ☐ metros

2. Una milla es aproximadamente 1.6 kilómetros. ¿Aproximadamente cuántas millas se corren en la carrera?

5 kilómetros ≈ ☐ millas

3. Un kilómetro es una unidad de longitud del sistema métrico de medidas. Una milla es la medida de longitud del sistema usual. Escribe las siguientes unidades de longitud debajo del sistema correcto de medida.

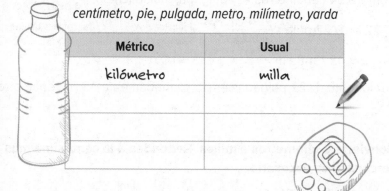

centímetro, pie, pulgada, metro, milímetro, yarda

Métrico	Usual
kilómetro	milla

¿Qué Prácticas matemáticas PM usaste?
Sombrea lo que corresponda.

① Perseverar con los problemas

② Razonar de manera abstracta

③ Construir un argumento

④ Representar con matemáticas

⑤ Usar las herramientas matemáticas

⑥ Prestar atención a la precisión

⑦ Usar una estructura

⑧ Usar el razonamiento repetido

Convertir entre los sistemas de medida

Puedes multiplicar por fracciones para convertir entre unidades usuales y métricas. La tabla enumera relaciones comunes entre medidas usuales y métricas.

Relaciones entre medidas usuales y métricas		
Tipo de medida	Usual →	Métrica
Longitud	1 pulgada (pulg) ≈ 1 pie ≈ 1 yarda (yd) ≈ 1 milla (mi) ≈	2.54 centímetros (cm) 0.30 metros (m) 0.91 metros (m) 1.61 kilómetros (km)
Peso/Masa	1 libra (lb) ≈ 1 libra (lb) ≈ 1 tonelada (T) ≈	453.6 gramos (g) 0.4536 kilogramos (kg) 907.2 kilogramos (kg)
Capacidad	1 taza (tz) ≈ 1 pinta (pt) ≈ 1 cuarto (ct) ≈ 1 galón (gal) ≈	236.59 mililitros (mL) 473.18 mililitros (mL) 946.35 mililitros (mL) 3.79 litros (L)

Ejemplos

1. Convierte 17.22 pulgadas a centímetros. Redondea a la centésima más cercana si es necesario.

Como 2.54 centímetros ≈ 1 pulgada, multiplica por $\frac{2.54 \text{ cm}}{1 \text{ pulg}}$.

$17.22 \approx 17.22 \text{ pulg} \cdot \frac{2.54 \text{ cm}}{1 \text{ pulg}}$ Multiplica por $\frac{2.54 \text{ cm}}{1 \text{ pulg}}$. Cancela las unidades comunes.

$\approx 43.7388 \text{ cm}$ Simplifica.

Por lo tanto, 17.22 pulgadas es aproximadamente 43.74 centímetros.

2. Convierte 5 kilómetros a millas. Redondea a la centésima más cercana si es necesario.

Como 1 milla ≈ 1.61 kilómetros, multiplica $\frac{1 \text{ mi}}{1.61 \text{ km}}$.

$5 \text{ km} \approx 5 \text{ km} \cdot \frac{1 \text{ mi}}{1.61 \text{ km}}$ Multiplica por $\frac{1 \text{ mi}}{1.61 \text{ km}}$. Cancela las unidades comunes.

$\approx \frac{5 \text{ mi}}{1.61}$, o 3.11 mi   Simplifica.

Por lo tanto, 5 kilómetros es aproximadamente 3.11 millas.

¿Entendiste? Resuelve estos problemas para comprobarlo.

Completa. Redondea a la centésima más cercana si es necesario.

a. 6 yd ≈ ■ m   **b.** 1.6 cm ≈ ■ pulg   **c.** 17 m ≈ ■ yd

Muestra tu trabajo.

PARA y reflexiona

¿Qué unidad métrica de medida corresponde a millas? ¿Y a libras? Escribe tus respuestas abajo.

a. _____

b. _____

c. _____

Ejemplos

3. **Convierte 828.5 mililitros a tazas. Redondea a la centésima más cercana si es necesario.**

Como 1 taza ≈ 236.59 mililitros, multiplica por $\frac{1\,tz}{236.59\,mL}$.

$828.5\ mL \approx 828.5\ \cancel{mL} \cdot \dfrac{1\,tz}{236.59\,\cancel{mL}}$ Multiplica por $\frac{1\,tz}{236.59\,mL}$. Cancela las unidades comunes.

$\approx \dfrac{828.5\ tz}{236.59}$, o 3.50 tz   Simplifica.

Por lo tanto, 828.5 mililitros es aproximadamente 3.50 tazas.

- -

4. **Convierte 3.4 cuartos a mililitros. Redondea a la centésima más cercana si es necesario.**

Como 946.35 mililitros ≈ 1 cuarto, multiplica por $\frac{946.35\,mL}{1\,ct}$.

$3.4\ ct \approx 3.4\ \cancel{ct} \cdot \dfrac{946.35\,mL}{1\,\cancel{ct}}$ Multiplica por $\frac{946.35}{1\,ct}$. Cancela las unidades comunes.

$\approx 3{,}217.59\ mL$ Simplifica.

Por lo tanto, 3.4 cuartos es aproximadamente 3,217.59 mililitros.

- -

5. **Convierte 4.25 kilogramos a libras. Redondea a la centésima más cercana si es necesario.**

Como 1 libra ≈ 0.4536 kilogramos, multiplica por $\frac{1\,lb}{0.4536\,kg}$.

$4.25\ kg \approx 4.25\ \cancel{kg} \cdot \dfrac{1\,lb}{0.4536\,\cancel{kg}}$ Multiplica por $\frac{1\,lb}{0.4536\,kg}$. Cancela las unidades comunes.

$\approx \dfrac{4.25\ lb}{0.4536}$, o 9.37 lb   Simplifica.

Por lo tanto, 4.25 kilogramos es aproximadamente 9.37 libras.

¿Entendiste? **Resuelve estos problemas para comprobarlo.**

Completa. Redondea a la centésima más cercana si es necesario.

- **d.** 7.44 tz ≈ ▇ mL
- **e.** 22.09 lb ≈ ▇ kg
- **f.** 35.85 L ≈ ▇ gal

d. _____

e. _____

f. _____

Análisis dimensional

Recuerda que el análisis dimensional es el proceso de incluir unidades de medida cuando haces los cálculos.

Muestra tu trabajo.

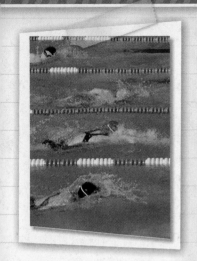

Tutor

Ejemplo

6. **Una piscina olímpica mide 50 metros de largo. Aproximadamente, ¿cuántos pies de largo mide la piscina?**

Como 1 pie ≈ 0.30 metros, usa la razón $\frac{1 \text{ pie}}{0.30 \text{ m}}$.

50 m ≈ 50 m · $\frac{1 \text{ pie}}{0.30 \text{ m}}$ Multiplica por $\frac{1 \text{ pie}}{0.30 \text{m}}$.

≈ 50 m̶ · $\frac{1 \text{ pie}}{0.30 \text{ m̶}}$ Cancela las unidades comunes y deja la unidad deseada, pies.

≈ $\frac{50 \text{ pies}}{0.30}$, o 166.67 pies   Divide.

Una piscina de tamaño olímpico mide unos 166.67 pies de largo.

Práctica guiada

Comprueba ✓

Completa. Redondea a la centésima más cercana si es necesario. (Ejemplos 1 a 5)

1. 3.7 yd ≈ _____ m

2. 11.07 pt ≈ _____ mL

3. 650 lb ≈ _____ kg

Muestra tu trabajo.

4. Aproximadamente, ¿qué distancia en pies corre un equipo de atletas en una carrera de 1,600 metros con relevos? (Ejemplo 6) _____

5. Raheem compró 3 libras de plátanos. Aproximadamente, ¿cuántos kilogramos compró? (Ejemplos 6) _____

6. 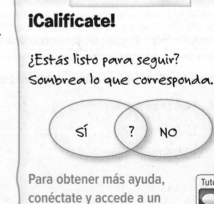 **Desarrollar la pregunta esencial** ¿Cómo puedes usar el análisis dimensional para convertir entre los sistemas de medidas?

_____
_____
_____

¡Califícate!

¿Estás listo para seguir?
Sombrea lo que corresponda.

SÍ   ?   NO

Para obtener más ayuda, conéctate y accede a un tutor personal.

Tutor

Práctica independiente

Conéctate para obtener las soluciones de varios pasos.

Ayuda
en línea

Completa. Redondea a la centésima más cercana si es necesario. (Ejemplos 1 a 5)

1. 5 pulg ≈ _____ cm

2. 2 ct ≈ _____ mL

3 58.14 kg ≈ _____ lb

muestra tu trabajo.

4. 4 L ≈ _____ gal

5. 10 mL ≈ _____ tz

6. 63.5 T ≈ _____ kg

7. 4.725 m ≈ _____ pies

8. 3 T ≈ _____ kg

9. 680.4 g ≈ _____ lb

10. Una computadora portátil tiene una masa de 2.25 kilogramos. Aproximadamente, ¿cuántas libras pesa la computadora? (Ejemplo 6)

_____

11. Una botella de vidrio contiene 3.75 tazas de agua. Aproximadamente, ¿cuántos mililitros de agua caben en la botella? (Ejemplo 6)

_____

12. Un palmito tiene una altura de 80 pies. ¿Cuál es la altura aproximada de la palmera en metros? (Ejemplo 6)

_____

PM Perseverar con los problemas Determina la mayor cantidad para cada situación.

13 ¿Qué caja es mayor: una caja de 1.5 libras de pasas o una caja de 650 gramos de pasas?

_____

14. ¿Cuál es más grande: un recipiente de jugo de 2.75 galones o un recipiente de jugo de 12 litros?

_____

Problemas S.O.S. Soluciones de orden superior

15. PM Razonar de manera inductiva Un gramo de agua tiene un volumen de 1 mililitro. ¿Cuál es el volumen del agua si tiene una masa de 1 kilogramo?

_____

16. PM Perseverar con los problemas La distancia entre la Tierra y el Sol es aproximadalente 93 millones de millas. Aproximadamente, ¿cuántos gigámetros son? Redondea a la centésima más cercana. (*Pista: En 1 gigámetro, hay aproximadamente 621,118.01 millas*).

_____

PM Responder con precisión Ordena los conjuntos de medidas de mayor a menor

17. 1.2 cm, 0.6 pulg, 0.031 m, 0.1 pies

_____

18. 2 lb, 891 g, 1 kg, 0.02 T

_____

19. $1\frac{1}{4}$ tz, 0.4 L, 950 mL, 0.7 gal

_____

20. 4.5 pies, 48 pulg, 1.3 m, 120 cm

_____

21. PM Representar con matemáticas Convierte $2\frac{1}{8}$ pulgadas y $2\frac{5}{8}$ pulgadas a centímetros. Redondea a la centésima más cercana. Luego, traza un segmento cuya longitud esté entre estas dos medidas.

_____

Más práctica

Completa. Redondea a la centésima más cercana si es necesario.

22. 15 cm ≈ _5.91_ pulg

$$15 \text{ cm} \approx 15 \text{ cm} \cdot \frac{1 \text{ pulg}}{2.54 \text{ cm}}$$

Ayuda para la tarea →

$$\approx 15 \text{ cm} \cdot \frac{1 \text{ pulg}}{2.54 \text{ cm}}$$

$$\approx \frac{15 \text{ pulg}}{2.54} \approx 5.91 \text{ pulg}$$

23. 350 lb ≈ _158.76_ kg

$$350 \text{ lb} \approx 350 \text{ lb} \cdot \frac{0.4536 \text{ kg}}{1 \text{ lb}}$$

$$\approx 350 \text{ lb} \cdot \frac{0.4536 \text{ kg}}{1 \text{ lb}}$$

$$\approx 158.76 \text{ kg}$$

24. 17 mi ≈ _____ km

25. 32 gal ≈ _____ L

26. 50 mL ≈ _____ oz líq

27. 19 kg ≈ _____ lb

28. La torre Willis mide 1,451 pies. ¿Cuál es la altura estimada del edificio en metros? _____

29. ¿Qué botella tiene más capacidad, una de 64 onzas líquidas o una de 2 litros? _____

30. (PM) **Usar las herramientas matemáticas** Una panadería usa 900 gramos de duraznos en una tarta de frutas. Aproximadamente, ¿cuántas libras de duraznos usa la panadería en una tarta de frutas?

_____

Determina qué cantidad es mayor.

31. 3 gal, 10 L _____

32. 14 oz, 0.4 kg _____

33. 4 mi, 6.2 km _____

34. La velocidad es una tasa que suele expresarse en pies o metros por segundo. ¿Cómo te ayudan las unidades a calcular la velocidad usando la distancia que recorre un carro y el tiempo registrado? _____

_____

35. El diagrama muestra la longitud de un tenedor de la cafetería. ¿Qué medidas son aproximadamente iguales a la longitud del tenedor? Selecciona todas las opciones que correspondan.

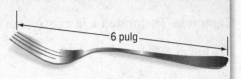

6 pulg

☐ 15.2 cm   ☐ 0.152 m   ☐ 152 cm   ☐ 1.52 m

36. La tabla muestra las masas de 4 animales diferentes de un zoológico. Convierte cada medida a libras. Luego, ordena los animales de menor a mayor peso.

Animal	Masa (kg)
Oso pardo	272.16
Jirafa	1,134.0
León	226.8
Rinoceronte	1,587.6

	Animal	Peso (lb)
Menor		
Mayor		

¿Cuántas libras más pesado es el animal más pesado que el animal más liviano?

Explica cómo puedes usar las unidades para estar seguro de que estás multiplicando por la fracción correcta cuando conviertes de un sistema de medida a otro. Da un ejemplo.

Convierte las medidas. Redondea a la décima más cercana si es necesario. 5.MD.1

37. 17 pies = _____ yd

38. 82 pulg = _____ pies

39. 3 mi = _____ pies

40. Un rascacielos mide 0.484 kilómetros de alto. ¿Cuál es la altura del rascacielos en metros? 5.MD.1 _____

Dividir fracciones

Conexión con el mundo real

 Pregunta esencial

¿QUÉ sucede cuando sumas, restas, multiplicas o divides fracciones?

 Common Core State Standards

Content Standards
7.NS.2, 7.NS.2c, 7.NS.3, 7.EE.3
PM Prácticas matemáticas
1, 3, 4, 5

Naranjas Deandre tiene tres naranjas y cada naranja está dividida en cuartos. Completa los pasos de abajo para hallar $3 \div \frac{1}{4}$.

Paso 1 Dibuja tres naranjas. La primera está hecha y te servirá de ejemplo.

Paso 2 Imagina que cortas cada naranja en cuartos. Dibuja los gajos de cada naranja.

Por lo tanto, $3 \div \frac{1}{4} = 12$. Deandre tendrá ☐ gajos de naranja.

1. Halla $3 \div \frac{1}{2}$. Usa un diagrama. _____

2. ¿Qué es verdadero acerca de $3 \div \frac{1}{2}$ y 3×2? _____

¿Qué **Prácticas matemáticas** PM usaste?
Sombrea lo que corresponda.

① Perseverar con los problemas
② Razonar de manera abstracta
③ Construir un argumento
④ Representar con matemáticas
⑤ Usar las herramientas matemáticas
⑥ Prestar atención a la precisión
⑦ Usar una estructura
⑧ Usar el razonamiento repetido

Dividir fracciones

Área de trabajo

Datos Para dividir entre una fracción, multiplica por su inverso multiplicativo, o recíproco.

Ejemplos Números Álgebra

$$\frac{7}{8} \div \frac{3}{4} = \frac{7}{8} \cdot \frac{4}{3}$$ $$\frac{a}{b} \div \frac{c}{d} = \frac{a}{b} \cdot \frac{d}{c}, \text{ donde } b, c, d \neq 0$$

Dividir 3 entre $\frac{1}{4}$ es lo mismo que multiplicar 3 por el recíproco de $\frac{1}{4}$, que es 4.

Recíprocos

$$3 \div \frac{1}{4} = 12 \qquad 3 \cdot 4 = 12$$

El mismo resultado

PARA y reflexiona

¿Cuál es el recíproco de $\frac{2}{3}$? ¿Y de 15? ¿Y de $-\frac{4}{9}$? Escribe tus respuestas abajo.

¿Este patrón es verdadero para cualquier expresión de división?

Analiza $\frac{7}{8} \div \frac{3}{4}$, que puede volverse a expresar como $\dfrac{\frac{7}{8}}{\frac{3}{4}}$.

$$\frac{\frac{7}{8}}{\frac{3}{4}} = \frac{\frac{7}{8} \times \frac{4}{3}}{\frac{3}{4} \times \frac{4}{3}}$$ Multiplica el numerador y el denominador por el recíproco de $\frac{3}{4}$, que es $\frac{4}{3}$.

$$= \frac{\frac{7}{8} \times \frac{4}{3}}{1} \qquad \frac{3}{4} \times \frac{4}{3} = 1$$

$$= \frac{7}{8} \times \frac{4}{3}$$

Por lo tanto, $\frac{7}{8} \div \frac{3}{4} = \frac{7}{8} \times \frac{4}{3}$. El patrón es verdadero en este caso.

Ejemplos

Tutor

1. Halla $\frac{1}{3} \div 5$.

$$\frac{1}{3} \div 5 = \frac{1}{3} \div \frac{5}{1}$$ Un número entero puede volverse a escribir como una fracción sobre 1.

$$= \frac{1}{3} \times \frac{1}{5}$$ Multiplica por el recíproco de $\frac{5}{1}$, que es $\frac{1}{5}$.

$$= \frac{1}{15}$$ Multiplica.

2. Halla $\dfrac{3}{4} \div \left(-\dfrac{1}{2}\right)$. **Escribe la fracción en su mínima expresión.**

Estima. $1 \div \left(-\dfrac{1}{2}\right) = \boxed{}$

$$\dfrac{3}{4} \div \left(-\dfrac{1}{2}\right) = \dfrac{3}{4} \cdot \left(-\dfrac{2}{1}\right)$$ Multiplica por el recíproco de $-\dfrac{1}{2}$, que es $-\dfrac{2}{1}$.

$$= \dfrac{3}{\overset{2}{\cancel{4}}} \cdot \left(-\dfrac{\overset{1}{\cancel{2}}}{1}\right)$$ Divide 4 y 2 entre su M.C.D., 2.

$$= -\dfrac{3}{2}, \text{ o } -1\dfrac{1}{2}$$ Multiplica.

Comprueba que sea razonable. $-1\dfrac{1}{2} \approx -2$ ✔

¿Entendiste? Resuelve estos problemas para comprobarlo.

Divide. Escribe las fracciones en su mínima expresión.

a. $\dfrac{3}{4} \div \dfrac{1}{4}$ **b.** $-\dfrac{4}{5} \div \dfrac{8}{9}$ **c.** $-\dfrac{5}{6} \div \left(-\dfrac{2}{3}\right)$

Muestra tu trabajo.

a. _____

b. _____

c. _____

Dividir números mixtos

Para dividir entre un número mixto, primero vuelve a expresar el número mixto como una fracción mayor que uno. Luego, multiplica la primera fracción por el recíproco, o inverso multiplicativo, de la segunda fracción.

Ejemplo

 Tutor

3. Halla $\dfrac{2}{3} \div 3\dfrac{1}{3}$. **Escribe la fracción en su mínima expresión.**

$$\dfrac{2}{3} \div 3\dfrac{1}{3} = \dfrac{2}{3} \div \dfrac{10}{3}$$ Vuelve a expresar $3\dfrac{1}{3}$ como una fracción mayor que uno.

$$= \dfrac{2}{3} \cdot \dfrac{3}{10}$$ Multiplica por el recíproco de $\dfrac{10}{3}$, que es $\dfrac{3}{10}$.

$$= \dfrac{\overset{1}{\cancel{2}}}{\underset{1}{\cancel{3}}} \cdot \dfrac{\overset{1}{\cancel{3}}}{\underset{5}{\cancel{10}}}$$ Cancela los factores comunes.

$$= \dfrac{1}{5}$$ Multiplica.

¿Entendiste? Resuelve estos problemas para comprobarlo.

Divide. Escribe las fracciones en su mínima expresión.

d. $5 \div 1\dfrac{1}{3}$ **e.** $-\dfrac{3}{4} \div 1\dfrac{1}{2}$ **f.** $2\dfrac{1}{3} \div 5$

d. _____

e. _____

f. _____

Ejemplo

4. Las piezas laterales de una jaula para mariposas miden $8\frac{1}{4}$ pulgadas de largo. ¿Cuántas piezas laterales se pueden cortar de una tabla que mide $49\frac{1}{2}$ pulgadas de largo?

Para hallar cuántas piezas laterales se pueden cortar, divide $49\frac{1}{2}$ entre $8\frac{1}{4}$.

Estima. Usa números compatibles. $48 \div 8 = 6$

$49\frac{1}{2} \div 8\frac{1}{4} = \frac{99}{2} \div \frac{33}{4}$ Vuelve a expresar los números mixtos como fracciones mayores que uno.

$= \frac{99}{2} \cdot \frac{4}{33}$ Multiplica por el recíproco de $\frac{33}{4}$, que es $\frac{4}{33}$.

$= \frac{\overset{3}{99}}{2} \cdot \frac{\overset{2}{4}}{\underset{1}{33}}$ Cancela los factores comunes.
$\quad\;\; \underset{1}{}$

$= \frac{6}{1}$, o 6 Multiplica.

Por lo tanto, se pueden cortar 6 piezas laterales.

Comprueba que sea razonable. Compara con la estimación. $6 = 6$ ✓

Práctica guiada

Comprueba ✓

Divide. Escribe las fracciones en su mínima expresión. (Ejemplos 1 a 3)

1. $\frac{1}{8} \div \frac{1}{3} =$ _____

2. $-3 \div \left(-\frac{6}{7}\right) =$ _____

3. $-\frac{7}{8} \div \frac{3}{4} =$ _____

Muestra tu trabajo.

4. El sábado, Lindsay caminó $3\frac{1}{2}$ millas en $1\frac{2}{5}$ horas. ¿Cuál fue su velocidad al caminar en millas por hora? Escríbela en su mínima expresión. (Ejemplo 4) _____

5. ℮ **Desarrollar la pregunta esencial** ¿Cómo se relaciona dividir fracciones con la multiplicación? _____

¡Califícate!

¿Estás listo para seguir? Sombrea lo que corresponda.

Tengo algunas dudas. | Estoy listo para seguir
Tengo muchas dudas.

Tutor

Para obtener más ayuda, conéctate y accede a un tutor personal

FOLDABLES ¡Es hora de que actualices tu modelo de papel!

Práctica independiente

Conéctate para obtener las soluciones de varios pasos.

Divide. Escribe las fracciones en su mínima expresión. (Ejemplos 1 a 3)

1. $\frac{3}{8} \div \frac{6}{7} =$ _____

2. $-\frac{2}{3} \div \left(-\frac{1}{2}\right) =$ _____

3 $\frac{1}{2} \div 7\frac{1}{2} =$ _____

4. $6 \div \left(-\frac{1}{2}\right) =$ _____

5. $-\frac{4}{9} \div (-2) =$ _____

6. $\frac{2}{3} \div 2\frac{1}{2} =$ _____

7 Cheryl está organizando su colección de películas. Si cada caja mide $\frac{3}{4}$ pulgadas de ancho, ¿cuántas películas cabrán en un estante de $5\frac{1}{4}$ pulgadas de ancho? (Ejemplo 4)

_____

8. Usa la tabla para resolver los problemas. Escribe las respuestas en su mínima expresión.

a. ¿Cuántas veces más pesada es el águila dorada que el aguililla cola roja? _____

b. ¿Cuántas veces más pesada es el águila dorada que el águila cabeza blanca del norte? _____

Ave	Peso máximo (lb)
Águila dorada	$13\frac{9}{10}$
Águila cabeza blanca del norte	$9\frac{9}{10}$
Aguililla cola roja	$3\frac{1}{2}$

9. **PM** **Representar con matemáticas** Dibuja una representación de la expresión verbal de abajo y luego evalúa la expresión. Explica cómo el modelo representa el proceso de división.

un medio dividido entre dos quintos _____

_____

_____

_____

_____

Copia y resuelve **En los ejercicios 10 y 11, muestra tu trabajo
en una hoja aparte.**

10. **PM Representaciones múltiples** Jorge anotó en la tabla la distancia a la
que viven cinco de sus amigos respecto de su casa.

Amigo	Millas
Lucía	$5\frac{1}{2}$
Lon	$8\frac{2}{3}$
Sam	$12\frac{5}{6}$
Jamal	$2\frac{7}{9}$
Tye	$17\frac{13}{18}$

  a. **Números** Aproximadamente, ¿cuántas veces más lejos vive Tye que
     Jamal?

  b. **Álgebra** La media es la suma de los datos dividida entre la cantidad de
     elementos en el conjunto de datos. Escribe y resuelve una ecuación para
     hallar la media de la cantidad de millas a la que viven los amigos de Jorge
     de su casa. Escribe tu respuesta en su mínima expresión.

  c. **Representación** Dibuja un diagrama de barra que pueda usarse para
     hallar cuántas millas más que Lucía viaja Lon para llegar a la casa de Jorge.

11. Sara compró una docena de carpetas. Tomó $\frac{1}{3}$ de la docena y luego dividió
    las carpetas restantes en partes iguales entre sus cuatro amigos. ¿Qué
    fracción de la docena recibió cada uno de sus cuatro amigos? ¿A cuántas
    carpetas por personas equivale esto?

Problemas S.O.S. Soluciones de orden superior

12. **PM Hallar el error** Blake está hallando $\frac{4}{5} \div \frac{6}{7}$. Halla su
    error y corrígelo.

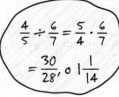

$$\frac{4}{5} \div \frac{6}{7} = \frac{5}{4} \cdot \frac{6}{7}$$
$$= \frac{30}{28}, \text{ o } 1\frac{1}{14}$$

13. **PM Perseverar con los problemas** Si se divide $\frac{5}{6}$ entre una determinada
    fracción $\frac{a}{b}$, el resultado es $\frac{1}{4}$. ¿Cuál es la fracción $\frac{a}{b}$? _____

14. **PM Razonar de manera inductiva** Hasta el momento, la familia Rabun
    recorrió 30 millas en $\frac{1}{2}$ hora. Si ahora son las 3:00 P.M. y están a 75 millas de su
    destino, ¿a qué hora llegará la familia Rabun a su destino? Explica cómo
    resolviste el problema.

Más práctica

Divide. Escribe las fracciones en su mínima expresión.

15. $\dfrac{5}{9} \div \dfrac{5}{6} = \underline{\dfrac{2}{3}}$

$$\dfrac{5}{9} \div \dfrac{5}{6} = \dfrac{5}{9} \times \dfrac{6}{5}$$

$$= \dfrac{\overset{1}{\cancel{5}}}{\underset{3}{\cancel{9}}} \times \dfrac{\overset{2}{\cancel{6}}}{\underset{1}{\cancel{5}}}$$

$$= \dfrac{1 \times 2}{3 \times 1}$$

$$= \dfrac{2}{3}$$

Ayuda para la tarea

16. $-5\dfrac{2}{7} \div \left(-2\dfrac{1}{7}\right) = \underline{\hphantom{xxxx}}$

17. $-5\dfrac{1}{5} \div \dfrac{2}{3} = \underline{\hphantom{xxxx}}$

18. Vinh compró $4\dfrac{1}{2}$ galones de helado. Si una pinta es $\dfrac{1}{8}$ galón, ¿cuántas porciones de una pinta puede servir? _____

19. William tiene $8\dfrac{1}{4}$ tazas de jugo de fruta. Si divide el jugo en porciones de $\dfrac{3}{4}$ taza, ¿cuántas porciones tendrá? _____

20. (PM) **Justificar las conclusiones** Hasta el momento, una tormenta recorrió 35 millas en $\dfrac{1}{2}$ hora. Si ahora son las 5:00 P.M. y la tormenta está a 105 millas de distancia de ti, ¿a qué hora te alcanzará la tormenta? Explica cómo resolviste el problema.

_____

_____

_____

21. Halla $\dfrac{1\frac{2}{3}}{9} \div \dfrac{1\frac{1}{9}}{3}$. Escribe la fracción en su mínima expresión. _____

22. (PM) **Usar las herramientas matemáticas** Escribe la letra de cada enunciado de abajo en la sección de cualquiera de las operaciones para la cual el enunciado es verdadero.

A Se usa un común denominador.

B Se multiplica por el inverso multiplicativo.

C Se escribe el resultado en su mínima expresión.

23. Tracy tiene $94\frac{1}{4}$ pulgadas de cordel que usa para hacer brazaletes. Usa $7\frac{1}{4}$ pulgadas de cordel para hacer cada brazalete. ¿Cuántos brazaletes puede hacer Tracy?

24. Una tienda de alimentos ofrece 4 cajas de cacahuates de diferentes tamaños, como se muestra abajo.

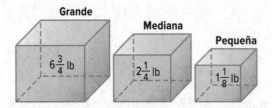

Grande $6\frac{3}{4}$ lb · Mediana $2\frac{1}{4}$ lb · Pequeña $1\frac{1}{8}$ lb

Escribe "grande", "mediana" o "pequeña" en cada casilla para que el enunciado sea verdadero.

La caja [   ] es 3 veces más grande que la caja [   ] .

La caja [   ] es 6 veces más grande que la caja [   ] .

La caja [   ] es 2 veces más grande que la caja [   ] .

CCSS Estándares comunes: Repaso en espiral

Suma o resta. Escribe las fracciones en su mínima expresión. 5.NF.2

25. $\frac{1}{5} + \frac{1}{4} =$ _____

26. $\frac{1}{3} - \frac{1}{6} =$ _____

27. $\frac{4}{9} + \frac{2}{7} =$ _____

28. $\frac{11}{15} - \frac{3}{20} =$ _____

29. Las porristas hicieron prendedores para el equipo de basquetbol. Usaron cintas rojas y azules. ¿Cuánta cinta de los dos colores usaron en total? 5.NF.2

Cinta	
Azul	**Roja**
$\frac{3}{8}$ pies	$\frac{3}{8}$ pies

30. ¿Cuánto más largo es un cordel de $2\frac{1}{2}$ pulgadas de largo que uno de $\frac{2}{5}$ pulgadas? 5.NF.2 _____

PROFESIÓN DEL SIGLO XXI
en Diseño de moda

Diseñador de moda

¿Te gusta leer las revistas de moda, estar siempre con las últimas tendencias y crear tu propio sentido único del estilo? Podrías considerar una profesión en el diseño de moda. Los diseñadores de moda crean nuevos diseños para ropa, accesorios y zapatos. Además de ser creativos y conocer las tendencias actuales de la moda, los diseñadores de moda necesitan ser capaces de tomar medidas con precisión y calcular los talles sumando, restando o dividiendo medidas.

PREPARACIÓN
Profesional & Universitaria

Explora profesiones y la universidad en ccr.mcgraw-hill.com.

¿Es esta profesión para ti?

¿Te interesa la profesión de diseñador de modas? Cursa alguna de las siguientes materias en la escuela preparatoria.

◆ Álgebra
◆ Arte
◆ Diseño digital
◆ Geometría

Averigua cómo se relacionan las matemáticas con el diseño de moda.

PM iUn estilo para la moda!

Usa la información de la tabla para resolver los problemas. Escribe las fracciones en su mínima expresión.

1. Para la talla 8, ¿qué modelo de vestido lleva más tela: el modelo A o el modelo B? Explica tu respuesta. _____

_____

2. ¿Cuántas yardas de tela se necesitan para hacer el modelo A en las tallas 8 y 14? _____

3. Estima cuántas yardas de tela se necesitan para hacer el modelo B en cada una de las tallas que se muestran. Luego, halla la cantidad exacta de tela. _____

_____

4. Para el modelo B, ¿cuánta más tela se necesita para la talla 14 que para la talla 12?

_____

5. Un diseñador tiene la mitad de la tela que se necesita para hacer un vestido del modelo A en talla 10. ¿Cuánta tela tiene? _____

6. De un rollo de tela quedan $12\frac{1}{8}$ yardas de tela. ¿Cuántos vestidos del modelo B en talla 12 se podrían hacer con ella? ¿Cuánta tela quedará?

_____

Cantidad de tela necesaria (yardas)				
Modelo de vestido	Talla 8	Talla 10	Talla 12	Talla 14
A	$3\frac{3}{8}$	$3\frac{1}{2}$	$3\frac{3}{4}$	$3\frac{7}{8}$
B	$3\frac{1}{4}$	$3\frac{1}{2}$	$3\frac{7}{8}$	4

PM Proyecto profesional

Es hora de actualizar tu carpeta de profesiones. Usa blogs y páginas de Internet de diseñadores de moda para responder algunas de estas preguntas: ¿Dónde estudiaron? ¿Cuál fue su primer trabajo? Según ellos, ¿cuál es la parte más difícil de ser un diseñador de moda? ¿Qué los inspira para crear sus diseños? ¿Qué consejos les dan a los nuevos diseñadores?

_____

_____

_____

Imagina que eres un empleador que necesita contratar a un diseñador de moda. ¿Qué preguntas le harías a un posible empleado?

• _____

• _____

_____

Repaso del capítulo

Comprobación del vocabulario

Ordena las letras para formar las pistas. Luego, usa las letras numeradas para hallar un término del vocabulario que se relaciona con todos los demás.

TONNÓCIA ED RARAB
⬜⬜⬜⬜⬜⬜⬜⬜ ⬜⬜ ⬜⬜⬜⬜⬜⬜
          7   1

CAOXTE
⬜⬜⬜⬜⬜⬜
    3

CEDAIML ÓIRCEPIDO
⬜⬜⬜⬜⬜⬜⬜ ⬜⬜⬜⬜⬜⬜⬜⬜
          8   4

CASORFICEN JESAMENETS
⬜⬜⬜⬜⬜⬜⬜⬜⬜⬜⬜⬜⬜⬜⬜⬜⬜⬜
          5

ON TANSESMEJE
⬜⬜ ⬜⬜⬜⬜⬜⬜⬜⬜
              6

OCÚNM NDOEIDMOARN
⬜⬜⬜⬜⬜ ⬜⬜⬜⬜⬜⬜⬜⬜⬜⬜
                      2

⬜⬜⬜⬜⬜⬜⬜⬜
1 2 3 4 5 6 7 8

Completa las oraciones usando las palabras ordenadas de arriba.

1. Poner una línea sobre los dígitos de un decimal periódico se llama _____.

2. Las fracciones cuyos denominadores son diferentes se llaman fracciones _____.

3. El mínimo común múltiplo de los denominadores se llama el mínimo _____.

4. La forma decimal de una fracción es un _____ .

5. Un decimal _____ es un decimal en el cual el dígito que se repite es el cero.

6. Las fracciones que tienen el mismo denominador se llaman _____.

Usa los FOLDABLES

Usa tu modelo de papel como ayuda para repasar el capítulo.

Pégalo aquí. ↓

Pégalo aquí. ↓

Operaciones con fracciones

Pestaña 1

Pestaña 2

Regla

Regla

Regla

Regla

¿Entendiste?

Encierra en un círculo el término o el número correcto que completa las oraciones.

1. $\frac{1}{5}$ y $\left(\frac{1}{3}, \frac{3}{5}\right)$ son fracciones semejantes.

2. Para sumar fracciones semejantes, suma los (numeradores denominadores).

3. Para sumar fracciones no semejantes, vuelve a expresar las fracciones usando el mínimo común (numerador, denominador).

4. El recíproco de $\frac{1}{3}$ es $(-3, 3)$.

5. Para dividir entre una fracción, (multiplica, divide) por su recíproco.

6. El mínimo común denominador de $\frac{1}{5}$ y $\frac{1}{10}$ es $(10, 50)$.

¡Repaso! Tarea para evaluar el desempeño

Administrar el dinero

Hace poco tiempo Tamiko comenzó a administrar su propio dinero. Lleva un registro de sus débitos y sus ingresos, así como los regalos que recibe de sus familiares. A continuación se incluye una lista de sus transacciones recientes.

Transacción	Cantidad ($)
Pedí dinero prestado a un amigo.	43.75
Papá me dio un regalo.	50.00
Gasté dinero en almuerzos.	62.50
Recibí mi mesada.	20.00

Escribe tu respuesta en una hoja aparte. Muestra tu trabajo para recibir la máxima calificación.

Parte A

¿Qué número racional representa el resultado neto de las transacciones que se muestran en la tabla? Explica lo que representa tu respuesta.

Parte B

La semana siguiente, Tamiko recibió un cheque de $109.60 por trabajar en un restaurante de comidas rápidas local y un cheque por una pequeña cantidad adicional de $34.15. Halla el resultado neto de sus transacciones usando el resultado de la Parte A. Ella quiere ahorrar $\frac{3}{5}$ de esta cantidad. ¿Cuánto ahorrará?

Parte C

El mes siguiente, Tamiko crea un presupuesto con sus ingresos. Un cuarto de su ingreso lo asigna al seguro del carro, $\frac{1}{10}$ del ingreso lo asigna a gasolina, $\frac{2}{5}$ del ingreso lo asigna a ahorros y el resto es el dinero que puede gastar. Ella gana $234.80 por su trabajo en el restaurante de comidas rápidas, $64 por cuidar niños y $20 de mesada. ¿Qué cantidad de su ingreso mensual total puede gastar, según su presupuesto?

Reflexionar

Usa lo que aprendiste sobre las operaciones con números racionales para completar el organizador gráfico. Describe un proceso para hacer cada operación.

Sumar

Restar

Pregunta esencial

¿QUÉ sucede cuando sumas, restas, multiplicas o divides fracciones?

Multiplicar

Dividir

 Responder la pregunta esencial ¿QUÉ sucede cuando sumas, restas, multiplicas o divides fracciones?

PROYECTO DE LA UNIDAD

Explorar las profundidades del océano Para este proyecto, imagina que el trabajo de tus sueños es ser oceanógrafo. En este proyecto, harás lo siguiente:

- **Colaborar** con tus compañeros de clase para investigar acerca del océano.
- **Compartir** los resultados de tu investigación de una manera creativa.
- Ⓟ **Reflexionar** sobre cómo pueden representarse las ideas matemáticas.

Colaborar

Conéctate Trabaja con tu grupo para investigar y completar las actividades. Usarás tus resultados en la sección Compartir de la página siguiente.

1. Aproximadamente $\frac{2}{3}$ de la Tierra están cubiertos de océanos. Investiga los cinco océanos del planeta y crea una tabla que muestre qué fracción aproximada de esos $\frac{2}{3}$ corresponde a cada océano.

2. ¿Cuál es la mayor profundidad oceánica? Averígualo y luego muéstralo en una recta numérica vertical junto con otros datos acerca de lo que puedes hallar en diferentes profundidades oceánicas.

3. Los bancos de coral albergan muchas criaturas del océano. Busca algunos datos sobre el estado actual de los bancos de coral en el mundo y muéstralos de una manera creativa.

4. Elige tres tipos diferentes de ballenas que vivan en el océano. Compara aspectos, como su tamaño, la cantidad de alimento que comen o el clima en el que viven. Organiza la información en una tabla o gráfica.

5. Investiga uno de los icebergs más grandes del océano Ártico. Haz un dibujo del iceberg junto a una recta numérica vertical que muestre las partes superior e inferior aproximadas del iceberg. Recuerda: aproximadamente $\frac{7}{8}$ de un iceberg están sumergidos.

Compartir

Colabora

Con tu grupo, decide una manera de compartir lo que han aprendido acerca de las profundidades del océano. Abajo se enumeran algunas sugerencias, pero también puedes pensar en otras maneras creativas de presentar la información. ¡Recuerda mostrar cómo usaste las matemáticas en este proyecto!

- Usa un programa para hacer presentaciones para organizar lo que has aprendido en este proyecto. Comparte la presentación con la clase.

- Imagina que necesitas solicitar fondos para realizar una exploración de las profundidades del océano. Escribe una carta persuasiva o un discurso que ponga en relieve la importancia de estudiar las profundidades del océano.

Consulta la nota de la derecha para relacionar este proyecto con otras materias.

Conectar con Ciencias

Conocimientos sobre el medio ambiente Investiga acerca de un animal que vive en el océano y que esté en la lista de especies en peligro de extinción. Haz una presentación para tu clase en la que respondas las siguientes preguntas:

- ¿Cuáles son algunas de las causas por las cuales los animales están en la lista de especies en peligro de extinción?

- ¿Qué esfuerzos se están realizando actualmente para proteger al animal que elegiste?

Reflexionar

Por tu cuenta

6. Ⓔ **Responder la pregunta esencial** ¿CÓMO pueden representarse las ideas matemáticas?

   a. ¿Cómo representaste ideas matemáticas relacionadas con enteros en la información que descubriste sobre los océanos?

   _____

   _____

   _____

   _____

   b. ¿Cómo representaste ideas matemáticas relacionadas con números racionales en la información que descubriste sobre los océanos?

   _____

   _____

   _____

   _____

Glosario/Glossary

El glosario en línea contiene palabras y definiciones en los siguientes 13 idiomas:

Árabe	Coreano	Hmong	Ruso	Urdu
Bengalí	Criollo haitiano	Inglés	Tagalo	Vietnamita
Cantonés	Español	Portugués brasileño		

Español		English

al cuadrado El producto de un número por sí mismo. 36 es el cuadrado de 6.

square The product of a number and itself. 36 is the square of 6.

al cubo El producto de un número por sí mismo, tres veces. Dos al cubo es 8, porque $2 \times 2 \times 2 = 8$.

cubed The product in which a number is a factor three times. Two cubed is 8 because $2 \times 2 \times 2 = 8$.

aleatorio Los resultados ocurren aleatoriamente si cada resultado ocurre por casualidad. Por ejemplo, sacar un número en un dado ocurre al azar.

random Outcomes occur at random if each outcome occurs by chance. For example, rolling a number on a number cube occurs at random.

álgebra Lenguaje matemático que usa símbolos, incluyendo variables.

algebra A mathematical language of symbols, including variables.

altura inclinada Altura de cada cara lateral.

slant height The height of each lateral face.

ampliación Imagen más grande que la original.

enlargement An image larger than the original.

análisis dimensional Proceso que incluye las unidades de medida al hacer cálculos.

dimensional analysis The process of including units of measurement when you compute.

ángulo Dos semirrectas con un extremo común forman un ángulo. Las semirrectas y el vértice se usan para nombrar el ángulo.

angle Two rays with a common endpoint form an angle. The rays and vertex are used to name the angle.

∠ABC, ∠CBA, o ∠B

∠ABC, ∠CBA, or ∠B

ángulo agudo Ángulo que mide más de 0° y menos de 90°.

acute angle An angle with a measure greater than 0° and less than 90°.

ángulo llano Ángulo que mide exactamente 180°.

straight angle An angle that measures exactly 180°.

ángulo obtuso Cualquier ángulo que mide más de 90°, pero menos de 180°.

obtuse angle Any angle that measures greater than 90° but less than 180°.

ángulo recto Ángulo que mide exactamente 90°.

right angle An angle that measures exactly 90°.

ángulos adyacentes Ángulos que comparten el mismo vértice y tienen un lado en común, pero que no se superponen.

adjacent angles Angles that have the same vertex, share a common side, and do not overlap.

ángulos alternos externos Ángulos en lados opuestos de la trasversal y afuera de las rectas paralelas.

alternate exterior angles Angles that are on opposite sides of the transversal and outside the parallel lines.

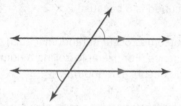 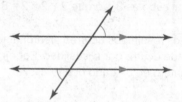

ángulos alternos internos Ángulos en lados opuestos de la trasversal y dentro de las rectas paralelas.

alternate interior angles Angles that are on opposite sides of the transversal and inside the parallel lines.

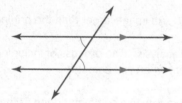 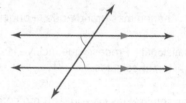

ángulos complementarios Dos ángulos son complementarios si la suma de sus medidas es 90°.

complementary angles Two angles are complementary if the sum of their measures is 90°.

∠1 y ∠2 son complementarios.

∠1 and ∠2 are complementary angles.

ángulos congruentes Ángulos que tienen la misma medida.

congruent angles Angles that have the same measure.

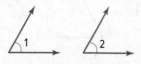

∠1 y ∠2 son congruentes.

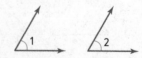

∠1 and ∠2 are congruent angles.

ángulos correspondientes Ángulos que están en la misma posición sobre rectas paralelas en relación con una transversal.

corresponding angles Angles in the same position on parallel lines in relation to a transversal.

ángulos opuestos por el vértice Ángulos opuestos formados por la intersección de dos rectas. Los ángulos opuestos por el vértice son congruentes.

vertical angles Opposite angles formed by the intersection of two lines. Vertical angles are congruent.

∠1 y ∠2 son ángulos opuestos por el vértice.

∠1 and ∠2 are vertical angles.

ángulos suplementarios Dos ángulos son suplementarios si la suma de sus medidas es 180°.

supplementary angles Two angles are supplementary if the sum of their measures is 180°.

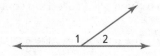

∠1 y ∠2 son suplementarios.

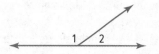

∠1 and ∠2 are supplementary angles.

área total La suma de las áreas de todas las superficies (caras) de una figura de tres dimensiones.

surface area The sum of the areas of all the surfaces (faces) of a three-dimensional figure.

área total lateral Suma de las áreas de todas las caras laterales de un cuerpo geométrico.

lateral surface area The sum of the areas of all of the lateral faces of a solid.

Bb

base En una potencia, el número que se usa como factor. En 10^3, la base es 10. Por lo tanto, $10^3 = 10 \times 10 \times 10$.

base In a power, the number used as a factor. In 10^3, the base is 10. That is, $10^3 = 10 \times 10 \times 10$.

base Una de las dos caras paralelas congruentes de un prisma.

base One of the two parallel congruent faces of a prism.

borde Segmento de recta donde se cruzan dos caras de un poliedro.

edge The line segment where two faces of a polyhedron intersect.

Cc

capital Cantidad de dinero que se deposita o toma prestado.

principal The amount of money deposited or borrowed.

cara Una superficie plana.

face A flat surface.

Cara

Face

cara lateral   En un poliedro, las caras que no forman las bases.

lateral face   In a polyhedron, a face that is not a base.

centro   Punto del cual equidistan todos los puntos de un círculo.

center   The point from which all points on a circle are the same distance.

cilindro   Una figura de tres dimensiones con dos bases circulares congruentes que son paralelas y están unidas por una superficie curva.

cylinder   A three-dimensional figure with two parallel congruent circular bases connected by a curved surface.

círculo   Conjunto de todos los puntos en un plano que equidistan de un punto dado llamado centro.

circle   The set of all points in a plane that are the same distance from a given point called the center.

circunferencia   La distancia alrededor de un círculo.

circumference   The distance around a circle.

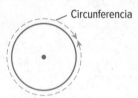

Circunferencia

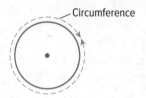

Circumference

coeficiente   Factor numérico de un término que tiene una variable.

coefficient   The numerical factor of a term that contains a variable.

común denominador   Múltiplo común de los denominadores de dos o más fracciones. 24 es un común denominador para $\frac{1}{3}, \frac{5}{8}$ y $\frac{3}{4}$, porque 24 es el m.c.m. de 3, 8 y 4.

common denominator   A common multiple of the denominators of two or more fractions. 24 is a common denominator for $\frac{1}{3}, \frac{5}{8}$, and $\frac{3}{4}$ because 24 is the LCM of 3, 8, and 4.

cono   Figura de tres dimensiones que tiene una base circular que se une con una superficie curva a un solo vértice.

cone   A three-dimensional figure with one circular base connected by a curved surface to a single vertex.

Vértice

Vertex

constante   Un término que no varía.

constant   A term without a variable.

constante de proporcionalidad   Razón constante o tasa unitaria de dos cantidades variables. También se llama constante de variación.

constant of proportionality   A constant ratio or unit rate of two variable quantities. It is also called the constant of variation.

constante de variación   Razón constante en una variación directa. También se llama constante de proporcionalidad.

constant of variation   The constant ratio in a direct variation. It is also called the constant of proportionality.

contraejemplo Caso específico que demuestra la falsedad de un enunciado.

coordenada *x* El primer número de un par ordenado. Corresponde a un número en el eje *x*.

coordenada *y* El segundo número de un par ordenado. Corresponde a un número en el eje *y*.

coplanar Líneas o puntos situados en el mismo plano.

cuadrado Paralelogramo con cuatro ángulos rectos y cuatro lados congruentes.

cuadrado Producto de un número por sí mismo. 36 es el cuadrado de 6.

cuadrados perfectos Números cuya raíces cuadradas son números enteros no negativos. 25 es un cuadrado perfecto, porque la raíz cuadrada de 25 es 5.

cuadrantes Una de las cuatro partes en que dos rectas numéricas perpendiculares dividen el plano de coordenadas.

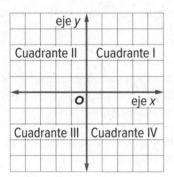

cuadrilátero Figura cerrada que tiene cuatro lados y cuatro ángulos.

cuartiles Valores que dividen un conjunto de datos en cuatro partes iguales.

cuerpos geométricos semejantes Cuerpos geométricos con la misma forma. Sus medidas lineales correspondientes son proporcionales.

counterexample A specific case which proves a statement false.

***x*-coordinate** The first number of an ordered pair. It corresponds to a number on the *x*-axis.

***y*-coordinate** The second number of an ordered pair. It corresponds to a number on the *y*-axis.

coplanar Lines or points that lie in the same plane.

square A parallelogram having four right angles and four congruent sides.

square The product of a number and itself. 36 is the square of 6.

perfect square Numbers with square roots that are whole numbers. 25 is a perfect square because the square root of 25 is 5.

quadrants One of the four regions into which the two perpendicular number lines of the coordinate plane separate the plane.

quadrilateral A closed figure having four sides and four angles.

quartiles Values that divide a data set into four equal parts.

similar solids Solids with the same shape. Their corresponding linear measures are proportional.

datos continuos Datos que asumen cualquier valor numérico real. Pueden determinarse al considerar qué números son razonables como parte del dominio.

datos discretos Cuando las soluciones de una función son solo valores enteros. Pueden hallarse considerando

continuous data Data that take on any real number value. It can be determined by considering what numbers are reasonable as part of the domain.

discrete data When solutions of a function are only integer values. It can be determined by considering

qué números son razonables como parte del dominio.

what numbers are reasonable as part of the domain.

decágono   Polígono que tiene diez lados.

decagon   A polygon having ten sides.

decimal exacto   Un decimal periódico que tiene un dígito que se repite que es 0.

terminating decimal   A repeating decimal which has a repeating digit of 0.

decimal periódico   Forma decimal de un número racional.

repeating decimal   The decimal form of a rational number.

definir una variable   Elegir una variable y una cantidad que esté representada por la variable en una expresión o ecuación.

defining a variable   Choosing a variable a quantity for the variable to represent in an expression or equation.

descuento   Cantidad que se le rebaja al precio regular de un artículo.

discount   The amount by which the regular price of an item is reduced.

desigualdad   Enunciado abierto que usa $<$, $>$, $\neq$, $\leq$ o $\geq$ para comparar dos cantidades.

inequality   An open sentence that uses $<$, $>$, $\neq$, $\leq$, or $\geq$ to compare two quantities.

desigualdad de dos pasos   Desigualdad que contiene dos operaciones.

two-step inequality   An inequality than contains two operations.

desviación media absoluta   Medida de variación en un conjunto de datos numéricos que se calcula sumando las distancias entre el valor de cada dato y la media, y, luego, dividiendo entre la cantidad de valores.

mean absolute deviation   A measure of variation in a set of numerical data, computed by adding the distances between each data value and the mean, then dividing by the number of data values.

diagonal   Segmento de recta que une dos vértices no consecutivos de un polígono.

diagonal   A line segment that connects two nonconsecutive vertices.

diagrama de árbol   Diagrama que se usa para mostrar el espacio muestral.

tree diagram   A diagram used to show the sample space.

diagrama de caja   Método para mostrar visualmente una distribución de valores usando la mediana, los cuartiles y el mínimo y máximo del conjunto de datos. Una caja muestra el 50% del medio de los datos.

box plot   A method of visually displaying a distribution of data values by using the median, quartiles, and extremes of the data set. A box shows the middle 50% of the data.

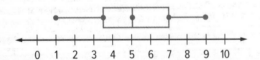

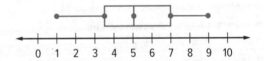

diagrama de caja doble   Dos diagramas de caja sobre la misma recta numérica.

double box plot   Two box plots graphed on the same number line.

diagrama de dispersión   Diagrama en que dos conjuntos de datos relacionados aparecen graficados como pares ordenados en la misma gráfica.

scatter plot   In a scatter plot, two sets of related data are plotted as ordered pairs on the same graph.

Tiempo para llegar a la escuela

Distancia a la escuela (mi)

School Commute

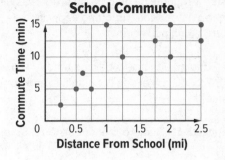

Distance From School (mi)

diagrama de puntos doble Método para mostrar visualmente la distribución de dos conjuntos de valores en los que cada valor se muestra como un punto arriba de una recta numérica.

double dot plot A method of visually displaying a distribution of two sets of data values where each value is shown as a dot above a number line.

diámetro Distancia a través de un círculo que pasa por el centro.

diameter The distance across a circle through its center.

Diámetro

Diameter

dibujo a escala Dibujo que se usa para representar objetos que son demasiado grandes o demasiado pequeños como para dibujarlos en tamaño natural.

scale drawing A drawing that is used to represent objects that are too large or too small to be drawn at actual size.

dominio Conjunto de valores de entrada de una función.

domain The set of input values for a function.

Ee

ecuación Oración matemática que muestra que dos expresiones son iguales. Una ecuación tiene el signo igual, =, indicando que dos cantidades son iguales.

equation A mathematical sentence showing two expressions are equal. An equation contains an equal sign, =, stating that two quantities are equal.

ecuación de dos pasos Ecuación que contiene dos operaciones distintas.

two-step equation An equation having two different operations.

ecuación porcentual Ecuación que describe la relación entre la parte, el todo y el porcentaje.

$$\text{parte} = \text{porcentaje} \cdot \text{todo}$$

percent equation An equation that describes the relationship between the part, whole, and percent.

$$\text{part} = \text{percent} \cdot \text{whole}$$

ecuaciones equivalentes Dos o más ecuaciones con la misma solución.

equivalent equations Two or more equations with the same solution.

eje x La recta numérica horizontal en el plano de coordenadas.

x-axis The horizontal number line in a coordinate plane.

eje y La recta numérica vertical en el plano de coordenadas.

y-axis The vertical number line in a coordinate plane.

encuesta Pregunta o conjunto de preguntas diseñadas para reunir datos sobre un grupo específico de personas, o una población.

survey A question or set of questions designed to collect data about a specific group of people, or population.

entero Cualquier número del conjunto {... −4, −3, −2, −1, 0, 1, 2, 3, 4...} en el que "..." significa que continúa infinitamente.

integer Any number from the set {... −4, −3, −2, −1, 0, 1, 2, 3, 4 ...} where ... means continues without end.

entero negativo Número menor que cero. Se escriben con el signo −.

negative integer An integer that is less than zero. Negative integers are written with a − sign.

entero positivo Número mayor que cero. Puede escribirse con o sin el signo +.

positive integer A number that is greater than zero. It can be written with or without a + sign.

equiangular En un polígono, todos los ángulos son congruentes.

equiangular In a polygon, all of the angles are congruent.

equilátero En un polígono, todos los lados son congruentes.

equilateral In a polygon, all of the sides are congruent.

escala Razón que compara las medidas de un dibujo o modelo a las medidas del objeto real.

scale The scale that gives the ratio that compares the measurements of a drawing or model to the measurements of the real object.

espacio muestral Conjunto de todos los resultados posibles de un experimento probabilístico.

sample space The set of all possible outcomes of a probability experiment.

estadística Estudio que consiste en reunir, organizar e interpretar datos.

statistics The study of collecting, organizing, and interpreting data.

evaluar Calcular el valor de una expresión.

evaluate To find the value of an expression.

evento compuesto Evento que está compuesto por dos o más eventos simples.

simple event One outcome or a collection of outcomes.

evento simple Resultado o una colección de resultados.

compound event An event consisting of two or more simple events.

eventos complementarios Los eventos de un resultado que ocurre y ese resultado que no ocurre. La suma de las probabilidades de un evento y su complemento es 1, o 100%. En símbolos $P(A) + P(no\ A) = 1$.

complementary events The events of one outcome happening and that outcome not happening. The sum of the probabilities of an event and its complement is 1 or 100%. In symbols, $P(A) + P(not\ A) = 1$.

eventos dependientes Dos o más eventos en los que el resultado de uno de ellos afecta al resultado de los otros.

dependent events Two or more events in which the outcome of one event affects the outcome of the other event(s).

eventos disjuntos Eventos que no pueden ocurrir al mismo tiempo.

disjoint events Events that cannot happen at the same time.

eventos independientes Dos o más eventos en los cuales el resultado de uno de ellos no afecta el resultado de los otros eventos.

independent events Two or more events in which the outcome of one event does not affect the outcome of the other events.

exponente En una potencia, es el número que indica las veces que la base se usa como factor. En 5^3, 3 es el exponente. Por lo tanto, $5^3 = 5 \times 5 \times 5$.

exponent In a power, the number that tells how many times the base is used as a factor. In 5^3, the exponent is 3. That is, $5^3 = 5 \times 5 \times 5$.

exponente negativo   Cualquier número distinto de cero a la potencia negativa de n. Es el inverso multiplicativo de su enésima potencia.

negative exponent   Any nonzero number to the negative n power. It is the multiplicative inverse of its nth power.

expresión algebraica   Combinación de variables, números y, por lo menos, una operación.

algebraic expression   A combination of variables, numbers, and at least one operation.

expresión lineal   Expresión algebraica en la cual la variable se eleva a la primera potencia.

linear expression   An algebraic expression in which the variable is raised to the first power

expresión numérica   Combinación de números y operaciones.

numerical expression   A combination of numbers and operations.

expresiones equivalentes   Expresiones que tienen el mismo valor.

equivalent expressions   Expressions that have the same value.

---

factor de escala   Escala escrita como una razón sin unidades en su mínima expresión.

scale factor   A scale written as a ratio without units in simplest form.

factores   Dos o más números que se multiplican entre sí para formar un producto.

factors   Two or more numbers that are multiplied together to form a product.

factorizar   Escribir un número como el producto de sus factores.

factor   To write a number as a product of its factors.

figura compuesta   Figura formada por dos o más figuras de tres dimensiones.

composite figure   A figure that is made up of two or more three-dimensional figures.

figura de tres dimensiones   Figura que tiene largo, ancho y alto.

three-dimensional figure   A figure with length, width, and height.

figuras congruentes   Figuras que tienen el mismo tamaño y la misma forma; los lados y los ángulos correspondientes tienen la misma medida.

congruent figures   Figures that have the same size and same shape; corresponding sides and angles have equal measures.

figuras semejantes   Figuras que tienen la misma forma, pero no necesariamente el mismo tamaño.

similar figures   Figures that have the same shape but not necessarily the same size.

forma estándar   Números escritos sin exponentes.

standard form   Numbers written without exponents.

forma exponencial   Números escritos usando exponentes.

exponential form   Numbers written with exponents.

forma factorizada   Una expresión que se expresa como el producto de sus factores.

factored form   An expression expressed as the product of its factors.

fórmula Ecuación que muestra la relación entre ciertas cantidades.

fracción compleja Una fracción $\frac{A}{B}$ en la cual A o B son fracciones y B no es igual a cero.

fracciones no semejantes Fracciones cuyos denominadores son diferentes.

fracciones semejantes Fracciones que tienen los mismos denominadores.

frecuencia relativa Razón que compara la frecuencia de cada categoría al total.

función Relación que asigna exactamente un valor de salida a un valor de entrada.

función lineal Función cuya gráfica es una recta.

función no lineal Función cuya gráfica no es una línea recta.

formula An equation that shows the relationship among certain quantities.

complex fraction A fraction $\frac{A}{B}$ where A or B are fractions and B does not equal zero.

unlike fractions Fractions with different denominators.

like fractions Fractions that have the same denominators.

relative frequency A ratio that compares the frequency of each category to the total.

function A relationship that assigns exactly one output value to one input value.

linear function A function for which the graph is a straight line.

nonlinear function A function for which the graph is not a straight line.

Gg

grados La unidad más común para medir ángulos. Si un círculo se divide en 360 partes iguales, cada parte tiene una medida angular de 1 grado.

gráfica circular Gráfica que muestra los datos como partes de un todo. En una gráfica circular, los porcentajes suman 100.

degrees The most common unit of measure for angles. If a circle were divided into 360 equal-sized parts, each part would have an angle measure of 1 degree.

circle graph A graph that shows data as parts of a whole. In a circle graph, the percents add up to 100.

Área de los océanos

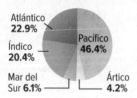

Atlántico 22.9%
Índico 20.4%
Pacífico 46.4%
Mar del Sur 6.1%
Ártico 4.2%

Area of Oceans

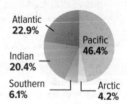

Atlantic 22.9%
Indian 20.4%
Pacific 46.4%
Southern 6.1%
Arctic 4.2%

gráfica lineal Tipo de gráfica estadística que usa rectas para mostrar cómo cambian los valores durante un período de tiempo.

line graph A type of statistical graph using lines to show how values change over a period of time.

Caminata de 6 millas

Distancia recorrida (mi) / Tiempo (h)

6-Mile Hike

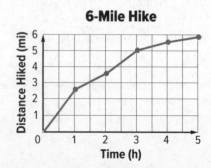

Distance Hiked (mi) / Time (h)

graficar Proceso de dibujar o trazar un punto en una recta numérica o en un plano de coordenadas en su ubicación correcta.

gramo Unidad de masa del sistema métrico que equivale a 0.001 kilogramo. La cantidad de materia que puede contener un objeto.

gratificación También conocida como propina. Es una cantidad pequeña de dinero en retribución por un servicio.

graph The process of placing a point on a number line or on a coordinate plane at its proper location.

gram A unit of mass in the metric system equivalent to 0.001 kilogram. The amount of matter an object can hold.

gratuity Also known as a tip. It is a small amount of money in return for a service.

Hh

---

heptágono Polígono con siete lados.

heptagon A polygon having seven sides.

hexágono Polígono con seis lados.

hexagon A polygon having six sides.

histograma Tipo de gráfica de barras que se usa para mostrar datos numéricos que se han organizado en intervalos iguales.

histogram A type of bar graph used to display numerical data that have been organized into equal intervals.

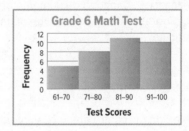

Ii

---

impuesto sobre las ventas Cantidad de dinero adicional que se cobra por los artículos que se compran.

interés simple Cantidad que se paga o que se gana por el uso del dinero. La fórmula para calcular el interés simple es $I = Cit$.

inverso aditivo Dos enteros opuestos. La suma de un entero y su inverso aditivo es cero.

inverso multiplicativo Dos números cuyo producto es 1. Por ejemplo, el inverso multiplicativo de $\frac{2}{3}$ es $\frac{3}{2}$.

sales tax An additional amount of money charged on items that people buy.

simple interest The amount paid or earned for the use of money. The formula for simple interest is $I = prt$.

additive inverse Two integers that are opposites. The sum of an integer and its additive inverse is zero.

multiplicative inverse Two numbers with a product of 1. For example, the multiplicative inverse of $\frac{2}{3}$ is $\frac{3}{2}$.

Glosario/Glossary

juego injusto Juego en el que cada jugador no tiene la misma posibilidad de ganar.

unfair game A game where there is not a chance of each player being equally likely to win.

juego justo Juego en el que cada jugador tiene la misma posibilidad de ganar.

fair game A game where each player has an equally likely chance of winning.

kilogramo Unidad básica de masa del sistema métrico. Un kilogramo equivale a 1,000 gramos.

kilogram The base unit of mass in the metric system. One kilogram equals 1,000 grams.

lados correspondientes Lados de figuras semejantes que están en la misma posición.

corresponding sides The sides of similar figures that are in the same relative position.

litro Unidad básica de capacidad del sistema métrico. La cantidad de materia líquida o sólida que puede contener un objeto.

liter The base unit of capacity in the metric system. The amount of dry or liquid material an object can hold.

Mm

margen de ganancia Cantidad de aumento en el precio de un artículo por encima del precio que paga la tienda por dicho artículo.

markup The amount the price of an item is increased above the price the store paid for the item.

media Suma de los datos dividida entre la cantidad total de elementos de un conjunto de datos dado.

mean The sum of the data divided by the number of items in the data set.

mediana Medida del centro en un conjunto de datos numéricos. La mediana de una lista de valores es el valor que aparece en el centro de una versión ordenada de la lista, o la media de dos valores centrales si la lista contiene una cantidad par de valores.

median A measure of the center in a set of numerical data. The median of a list of values is the value appearing at the center of a sorted version of the list—or the mean of the two central values, if the list contains an even number of values.

medición indirecta Hallar una medición usando figuras semejantes para calcular el largo, el ancho o la altura de objetos que son difíciles de medir directamente.

indirect measurement Finding a measurement using similar figures to find the length, width, or height of objects that are too difficult to measure directly.

medidas de centro Números que se usan para describir el centro de un conjunto de datos. Estas medidas incluyen la media, la mediana y la moda.

measures of center Numbers that are used to describe the center of a set of data. These measures include the mean, median, and mode.

medidas de variación Medida usada para describir la distribución de los datos.

measures of variation A measure used to describe the distribution of data.

metro Unidad de longitud básica del sistema métrico.

meter The base unit of length in the metric system.

mínima expresión Expresión en su forma más simple cuando es reemplazada por una expresión equivalente que no tiene términos similares ni paréntesis.

simplest form An expression is in simplest form when it is replaced by an equivalent expression having no like terms or parentheses.

mínimo común denominador (m.c.d.) El mínimo común múltiplo de los denominadores de dos o más fracciones. Puedes usar el m.c.d. para comparar fracciones.

least common denominator (LCD) The least common multiple of the denominators of two or more fractions. You can use LCD to compare fractions.

moda El número o números que aparecen con más frecuencia en un conjunto de datos. Si hay dos o más números que ocurren con más frecuencia, todos ellos son modas.

mode The number or numbers that appear most often in a set of data. If there are two or more numbers that occur most often, all of them are modes.

modelo a escala Representación de un objeto real, el cual es demasiado grande o demasiado pequeño como para construirlo en tamaño natural.

scale model A model used to represent objects that are too large or too small to be built at actual size.

modelo de probabilidad Un modelo usado para asignar probabilidades a resultados de un proceso aleatorio examinando la naturaleza del proceso.

probability model A model used to assign probabilities to outcomes of a chance process by examining the nature of the process.

modelo de probabilidad uniforme Modelo de probabilidad que asigna igual probabilidad a todos los resultados.

uniform probability model A probability model which assigns equal probability to all outcomes.

modelo plano Figura de dos dimensiones que sirve para hacer una figura de tres dimensiones.

net A two-dimensional figure that can be used to build a three-dimensional figure.

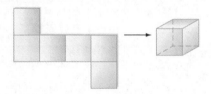

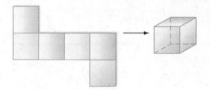

monomio Número, variable o producto de un número y una o más variables.

monomial A number, variable, or product of a number and one or more variables.

muestra Grupo escogido al azar o aleatoriamente que se usa con el propósito de reunir datos.

sample A randomly selected group chosen for the purpose of collecting data.

muestra aleatoria simple Muestra no sesgada en la cual los elementos o las personas de una población tienen la misma probabilidad de ser elegidos.

simple random sample An unbiased sample where each item or person in the population is as likely to be chosen as any other.

muestra aleatoria sistemática Muestra en la que los elementos o personas se eligen según un intervalo de tiempo o un elemento específico.

systematic random sample A sample where the items or people are selected according to a specific time or item interval.

muestra de conveniencia Muestra que incluye miembros de una población fácilmente accesibles.

convenience sample A sample which consists of members of a population that are easily accessed.

muestra de respuesta voluntaria Muestra que involucra solo a aquellos que quieren participar en el muestreo.

voluntary response sample A sample which involves only those who want to participate in the sampling.

muestra no sesgada Muestra representativa de la población entera.

unbiased sample A sample representative of the entire population.

muestra sesgada   Muestra que favorece a una o más partes de una población.

biased sample   A sample drawn in such way that one or more parts of the population are favored over others.

Nn

nonágono   Polígono que tiene nueve lados.

nonagon   A polygon having nine sides.

no proporcional   Relación entre dos razones cuya tasa o razón no es constante.

nonproportional   The relationship between two ratios with a rate or ratio that is not constant.

notación de barra   En los decimales periódicos es la línea, o barra, que se coloca sobre los dígitos que se repiten. Por ejemplo, $2.\overline{63}$ indica que los dígitos 63 se repiten.

bar notation   In repeating decimals, the line or bar placed over the digits that repeat. For example, $2.\overline{63}$ indicates that the digits 63 repeat.

número irracional   Número que no puede expresarse como la razón entre dos enteros.

irrational number   A number that cannot be expressed as the ratio of two integers.

números racionales   Conjunto de números que puede escribirse en la forma $\frac{a}{b}$, donde a y b son números enteros y $b \neq 0$.

Ejemplos: $1 = \frac{1}{1}, \frac{2}{9}, -2.3 = -2\frac{3}{10}$

rational numbers   The set of numbers that can be written in the form $\frac{a}{b}$, where a and b are integers and $b \neq 0$.

Examples: $1 = \frac{1}{1}, \frac{2}{9}, -2.3 = -2\frac{3}{10}$

números reales   Conjunto de números racionales e irracionales.

real numbers   A set made up of rational and irrational numbers.

Oo

octágono   Polígono que tiene ocho lados.

octagon   A polygon having eight sides.

opuestos   Dos enteros son opuestos si, en la recta numérica, se representan con puntos que equidistan de cero en direcciones opuestas. La suma de dos opuestos es cero.

opposites   Two integers are opposites if they are represented on the number line by points that are the same distance from zero, but on opposite sides of zero. The sum of two opposites is zero.

orden de las operaciones   Reglas que establecen qué operación debes realizar primero, cuando hay más de una operación involucrada.

1. Primero resuelve todas las operaciones dentro de los símbolos de agrupado, como paréntesis.
2. Calcula el valor de las potencias.
3. Multiplica y divide en orden de izquierda a derecha.
4. Suma y resta en orden de izquierda a derecha.

order of operations   The rules that tell which operation to perform first when more than one operation is used.

1. Simplify the expressions inside grouping symbols, like parentheses.
2. Find the value of all powers.
3. Multiply and divide in order from left to right.
4. Add and subtract in order from left to right.

origen   Punto de intersección de los ejes axiales en un plano de coordenadas. El origen está ubicado en (0, 0).

origin   The point of intersection of the *x*-axis and *y*-axis on a coordinate plane. The origin is at (0, 0).

Pp

par nulo   Resultado de hacer coordinar una ficha positiva con una negativa. El valor de un par nulo es 0.

zero pair   The result when one positive counter is paired with one negative counter. The value of a zero pair is 0.

par ordenado   Par de números que se utiliza para ubicar un punto en un plano de coordenadas. Un par ordenado se escribe de la siguiente forma: (coordenada *x*, coordenada *y*).

ordered pair   A pair of numbers used to locate a point on the coordinate plane. The ordered pair is written in the form (*x*-coordinate, *y*-coordinate).

paralelogramo   Cuadrilátero cuyos lados opuestos son paralelos y congruentes.

parallelogram   A quadrilateral with opposite sides parallel and opposite sides congruent.

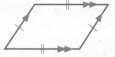

pendiente   Razón de cambio entre cualquier par de puntos en una recta. Es la razón del cambio vertical al cambio horizontal. La pendiente indica el grado de inclinación de la recta.

slope   The rate of change between any two points on a line. It is the ratio of vertical change to horizontal change. The slope tells how steep the line is.

pentágono   Polígono que tiene cinco lados.

pentagon   A polygon having five sides.

permutación   Disposición o lista de objetos en la cual el orden es importante.

permutation   An arrangement, or listing, of objects in which order is important.

pi   Relación entre la circunferencia de un círculo y su diámetro. La letra griega π representa este número. El valor de pi es 3.1415926... Se lo puede expresar aproximadamente como $\frac{22}{7}$.

pi   The ratio of the circumference of a circle to its diameter. The Greek letter π represents this number. The value of pi is 3.1415926... Approximations for pi are 3.14 and $\frac{22}{7}$.

pirámide   Poliedro con una base que es un polígono y tres o más caras triangulares que se encuentran en un vértice común.

pyramid   A polyhedron with one base that is a polygon and three or more triangular faces that meet at a common vertex.

pirámide regular   Pirámide cuya base es un polígono regular y en la cual el segmento desde el vértice hasta el centro de la base es la altura.

regular pyramid   A pyramid whose base is a regular polygon and in which the segment from the vertex to the center of the base is the altitude.

plano de coordenadas Plano en el que una recta numérica horizontal y una recta numérica vertical se intersecan en sus puntos cero. También se lo conoce como sistema de coordenadas.

coordinate plane A plane in which a horizontal number line and a vertical number line intersect at their zero points. Also called a coordinate grid

plano Superficie de dos dimensiones que se extiende en todas direcciones.

plane A two-dimensional flat surface that extends in all directions.

población El grupo total de elementos o individuos del cual se toman las muestras para hacer estudios.

population The entire group of items or individuals from which the samples under consideration are taken.

poliedro Una figura de tres dimensiones con caras que son polígonos.

polyhedron A three-dimensional figure with faces that are polygons.

polígono Figura cerrada simple formada por tres o más segmentos de recta.

polygon A simple closed figure formed by three or more straight line segments.

polígono regular Polígono con todos los lados y todos los ángulos congruentes.

regular polygon A polygon that has all sides congruent and all angles congruent.

porcentaje de incremento Porcentaje de cambio positivo.

percent of increase A positive percent of change.

porcentaje de cambio Razón que compara el cambio en una cantidad con la cantidad original.

$$\text{porcentaje de cambio} = \frac{\text{cantidad del cambio}}{\text{cantidad original}}$$

percent of change A ratio that compares the change in a quantity to the original amount.

$$\text{percent of change} = \frac{\text{amount of change}}{\text{original amount}}$$

porcentaje de disminución Porcentaje de cambio negativo.

percent of decrease A negative percent of change.

porcentaje de error Razón que compara la inexactitud de una estimación (cantidad del error) con la cantidad real.

percent error A ratio that compares the inaccuracy of an estimate (amount of error) to the actual amount.

potencias Números que se expresan con exponentes. La potencia 3^2 se lee tres a la segunda potencia, o tres al cuadrado.

powers Numbers expressed using exponents. The power 3^2 is read three to the second power, or three squared.

precisión Capacidad que tiene una medición de poder reproducirse consistentemente.

precision The ability of a measurement to be consistently reproduced.

primer cuartil En un conjunto de datos con la mediana *M*, el primer cuartil es la mediana de los valores menores que *M*.

first quartile For a data set with median *M*, the first quartile is the median of the data values less than *M*.

principio fundamental de conteo Este principio usa la multiplicación de la cantidad de formas en las que puede ocurrir cada evento en un experimento para calcular la cantidad de resultados posibles en un espacio muestral.

Fundamental Counting Principle Uses multiplication of the number of ways each event in an experiment can occur to find the number of possible outcomes in a sample space.

prisma Poliedro con dos caras congruentes paralelas llamadas bases.

prism A polyhedron with two parallel congruent faces called bases.

prisma rectangular Prisma cuyas bases son rectangulares.

rectangular prism A prism that has rectangular bases.

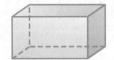

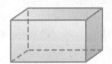

prisma triangular Prisma cuyas bases son triangulares.

triangular prism A prism that has triangular bases.

probabilidad Posibilidad de que suceda un evento. Es la razón de la cantidad de resultados favorables a la cantidad de resultados posibles.

probability The chance that some event will happen. It is the ratio of the number of favorable outcomes to the number of possible outcomes.

probabilidad experimental Probabilidad estimada que se basa en la frecuencia relativa de los resultados positivos que ocurren durante un experimento. Se basa en lo que en realidad ocurre durante dicho experimento.

experimental probability An estimated probability based on the relative frequency of positive outcomes occurring during an experiment. It is based on what actually occurred during such an experiment.

probabilidad teórica Razón de la cantidad de maneras en que puede ocurrir un evento a la cantidad de resultados posibles. Se basa en lo que debería suceder cuando se lleva a cabo un experimento probabilístico.

theoretical probability The ratio of the number of ways an event can occur to the number of possible outcomes. It is based on what should happen when conducting a probability experiment.

producto cruzado Producto del numerador de una razón por el denominador de otra. Los productos cruzados de cualquier proporción son iguales.

cross product The product of the numerator of one ratio and the denominator of the other ratio. The cross products of any proportion are equal.

progresión Lista ordenada de números, como 0, 1, 2, 3 o 2, 4, 6, 8.

sequence An ordered list of numbers, such as 0, 1, 2, 3 or 2, 4, 6, 8.

progresión aritmética Progresión en la cual la diferencia entre dos términos consecutivos es la misma.

arithmetic sequence A sequence in which the difference between any two consecutive terms is the same.

propiedad asociativa Forma en la que se agrupan los números que no altera su suma o producto.

Associative Property The way in which numbers are grouped does not change the sum or product.

propiedad conmutativa   La manera en la que se suman o multiplican dos números no altera la suma o el producto.

Commutative Property   The order in which two numbers are added or multiplied does not change the sum or product.

propiedad de desigualdad en la división   Cuando divides cada lado de una desigualdad entre un número negativo, el símbolo de desigualdad debe invertirse para que la desigualdad siga siendo verdadera.

Division Property of Inequality   When you divide each side of an inequality by a negative number, the inequality symbol must be reversed for the inequality to remain true.

propiedad de desigualdad en la multiplicación   Cuando multiplicas cada lado de una desigualdad por un número negativo, el símbolo de desigualdad debe invertirse para que la desigualdad siga siendo verdadera.

Multiplication Property of Inequality   When you multiply each side of an inequality by a negative number, the inequality symbol must be reversed for the inequality to remain true.

propiedad de desigualdad en la resta   Si se resta el mismo número a cada lado de una desigualdad, la desigualdad seguirá siendo verdadera.

Multiplication Property of Inequality   When you multiply each side of an inequality by a negative number, the inequality symbol must be reversed for the inequality to remain true.

propiedad de desigualdad en la suma   Si se suma el mismo número a cada lado de una desigualdad, la desigualdad seguirá siendo verdadera.

Addition Property of Inequality   If you add the same number to each side of an inequality, the inequality remains true.

propiedad de identidad de la multiplicación   El producto de cualquier número y uno es el mismo número.

Multiplicative Identity Property   The product of any number and one is the number.

propiedad de identidad de la suma   La suma de cualquier número y cero da como resultado el mismo número.

Additive Identity Property   The sum of any number and zero is the number.

propiedad de identidad del cero   La suma de un sumando y cero es igual al sumando. Ejemplo: $5 + 0 = 5$.

Identity Property of Zero   The sum of an addend and zero is the addend. Example: $5 + 0 = 5$.

propiedad de igualdad en la división   Si divides ambos lados de una ecuación entre el mismo número que sea diferente de cero, ambos lados permanecerán iguales.

Division Property of Equality   If you divide each side of an equation by the same nonzero number, the two sides remain equal.

propiedad de igualdad en la multiplicación   Si multiplicas ambos lados de una ecuación por el mismo número diferente de cero, lo lados permanecerán iguales.

Multiplication Property of Equality   If you multiply each side of an equation by the same nonzero number, the two sides remain equal.

propiedad de igualdad en la resta   Si restas el mismo número a ambos lados de una ecuación, los dos lados permanecerán iguales.

Subtraction Property of Equality   If you subtract the same number from each side of an equation, the two sides remain equal.

propiedad de igualdad en la suma   Si sumas el mismo número en ambos lados de una ecuación, los dos lados permanecerán iguales.

Addition Property of Equality   If you add the same number to each side of an equation, the two sides remain equal.

propiedad del cero en la multiplicación   El producto de cualquier número y cero es cero.

Multiplicative Property of Zero   The product of any number and zero is zero.

propiedad distributiva   Cuando se quiere multiplicar una suma por un número, hay que multiplicar cada sumando por el número que está fuera del paréntesis. Para cualquier número a, b, y c, $a(b + c) = ab + ac$ y $a(b - c) = ab - ac$.

Distributive Property   To multiply a sum by a number, multiply each addend of the sum by the number outside the parentheses. For any numbers a, b, and c, $a(b + c) = ab + ac$ and $a(b - c) = ab - ac$.

Ejemplo: $2(5 + 3) = (2 \cdot 5) + (2 \cdot 3)$ y
$2(5 - 3) = (2 \cdot 5) - (2 \cdot 3)$

Example: $2(5 + 3) = (2 \times 5) + (2 \times 3)$ and
$2(5 - 3) = (2 \times 5) - (2 \times 3)$

propiedades Enunciados que son verdaderos para cualquier número o variable.

properties Statements that are true for any number or variable.

propina También conocida como gratificación; es una cantidad pequeña de dinero que se da en recompensa por un servicio.

tip Also known as a gratuity, it is a small amount of money in return for a service.

proporción Ecuación que indica que dos razones o tasas son equivalentes.

proportion An equation stating that two ratios or rates are equivalent.

proporción porcentual Razón o fracción que compara la parte de una cantidad con el total. La otra razón es el porcentaje equivalente escrito como fracción con 100 de denominador.

percent proportion One ratio or fraction that compares part of a quantity to the whole quantity. The other ratio is the equivalent percent written as a fraction with a denominator of 100.

$$\frac{\text{parte}}{\text{todo}} = \frac{\text{porcentaje}}{100}$$

$$\frac{\text{part}}{\text{whole}} = \frac{\text{percent}}{100}$$

proporcional Relación entre dos razones que tienen una tasa o razón constante.

proportional The relationship between two ratios with a constant rate or ratio.

Rr

radio Distancia desde el centro de un círculo hasta cualquier punto del mismo.

radius The distance from the center to any point on the circle.

Radio

Radius

raíz cuadrada Factores multiplicados para formar cuadrados perfectos.

squared root The factors multiplied to form perfect squares.

raíz cúbica Uno de tres factores iguales de un número. Si $a^3 = b$, a es la raíz cúbica de b. La raíz cúbica de 125 es 5, dado que $5^3 = 125$.

cube root One of three equal factors of a number. If $a^3 = b$, then a is the cube root of b. The cube root of 125 is 5 since $5^3 = 125$.

rango Conjunto de valores de salida para una función.

range The set of output values for a function.

rango Diferencia entre el número mayor y el menor en un conjunto de datos.

range The difference between the greatest and least data value.

rango intercuartil Medida de variación en un conjunto de datos numéricos; es la distancia entre el primer y el tercer cuartil del conjunto de datos.

interquartile range A measure of variation in a set of numerical data; the interquartile range is the distance between the first and third quartiles of the data set.

razón unitaria Tasa unitaria en la que el denominador es la unidad.

unit ratio A unit rate where the denominator is one unit.

razones equivalentes Dos razones que tienen el mismo valor.

equivalent ratios Two ratios that have the same value.

rebaja Cantidad por la cual el precio original de un artículo se reduce.

markdown An amount by which the regular price of an item is reduced.

recíproco El inverso multiplicativo de un número.

reciprocal The multiplicative inverse of a number.

rectángulo Paralelogramo con cuatro ángulos rectos.

rectangle A parallelogram having four right angles.

rectas alabeadas Rectas que no se intersecan y que no son coplanares.

skew lines Lines that do not intersect and are not coplanar.

rectas paralelas Rectas en un plano que nunca se intersecan.

parallel lines Lines in a plane that never intersect.

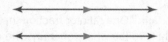

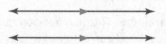

rectas perpendiculares Rectas que al encontrarse o cruzarse forman ángulos rectos.

perpendicular lines Lines that meet or cross each other to form right angles.

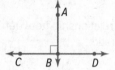

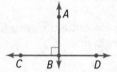

reducción Imagen más pequeña que la original.

reduction An image smaller than the original.

regla de función Operación que se efectúa en el valor de entrada de una función.

function rule The operation performed on the input of a function.

relación Cualquier conjunto de pares ordenados.

relation Any set of ordered pairs.

relación lineal Relación para la cual la gráfica es una línea recta.

linear relationship A relationship for which the graph is a straight line.

resultado Cualquiera de los resultados posibles de una acción. Por ejemplo, 4 puede ser un resultado al lanzar un dado.

outcome one of the possible results of an action. For example, 4 is an outcome when a number cube is rolled.

rombo Paralelogramo que tiene cuatro lados congruentes.

rhombus A parallelogram having four congruent sides.

Ss

sección transversal Intersección de un cuerpo geométrico con un plano.

cross section The cross section of a solid and a plane.

segmentos congruentes Lados con la misma longitud.

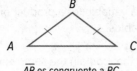

$\overline{AB}$ es congruente a $\overline{BC}$.

congruent segments Sides with the same length.

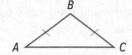

Side $\overline{AB}$ is congruent to side $\overline{BC}$.

semicírculo Medio círculo. La fórmula para el área de un semicírculo es $A = \frac{1}{2}\pi r^2$.

semicircle Half of a circle. The formula for the area of a semicircle is $A = \frac{1}{2}\pi r^2$.

signo radical Símbolo que se usa para indicar una raíz cuadrada no negativa, $\sqrt{\ }$.

radical sign The symbol used to indicate a nonnegative square root, $\sqrt{\ }$.

simplificar Escribir una expresión en su mínima expresión.

simplify Write an expression in simplest form.

simulación Experimento diseñado para representar la acción en una situación dada.

simulation An experiment that is designed to model the action in a given situation.

sistema métrico Sistema decimal de medidas. Los prefijos más comunes son *kilo-*, *centi-* y *mili-*.

metric system A decimal system of measures. The prefixes commonly used in this system are *kilo-*, *centi-*, and *milli-*.

solución Valor de reemplazo de la variable en un enunciado abierto. Valor de la variable que hace que una ecuación sea verdadera. Ejemplo: La solución de $12 = x + 7$ es 5.

solution A replacement value for the variable in an open sentence. A value for the variable that makes an equation true. Example: The solution of $12 = x + 7$ is 5.

superposición visual Demostración visual que compara los centros de dos distribuciones con su variación o dispersión.

visual overlap A visual demonstration that compares the centers of two distributions with their variation, or spread.

tabla de funciones Tabla que organiza las entradas, las salidas y la regla de la función.

function table A table used to organize the input numbers, output numbers, and the function rule.

tasa Razón que compara dos cantidades que tienen diferentes tipos de unidades.

rate A ratio comparing two quantities with different kinds of units.

tasa de cambio Tasa que describe cómo cambia una cantidad con respecto a otra. Por lo general, se expresa como tasa unitaria.

rate of change A rate that describes how one quantity changes in relation to another. A rate of change is usually expressed as a unit rate.

tasa de cambio constante Tasa de cambio en una relación lineal.

constant rate of change The rate of change in a linear relationship.

tasa unitaria Tasa simplificada para que tenga un denominador igual a 1.

unit rate A rate that is simplified so that it has a denominator of 1 unit.

tercer cuartil Para un conjunto de datos con la mediana *M*, el tercer cuartil es la mediana de los valores mayores que *M*.

third quartile For a data set with median *M*, the third quartile is the median of the data values greater than *M*.

término   Cada número de una secuencia.

término   Número, variable, producto o cociente de números y variables.

términos semejantes   Términos que contienen las mismas variables elevadas a la misma potencia. Ejemplo: 5^x y 6^x son términos semejantes.

transversal   Tercera recta que se forma cuando se intersecan dos rectas paralelas.

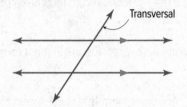
Transversal

trapecio   Cuadrilátero con un único par de lados paralelos.

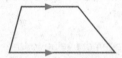

triángulo   Figura con tres lados y tres ángulos.

triángulo acutángulo   Triángulo con tres ángulos agudos.

triángulo equilátero   Triángulo con tres lados congruentes.

triángulo escaleno   Triángulo sin lados congruentes.

triángulo isósceles   Triángulo que tiene por lo menos dos lados congruentes.

term   Each number in a sequence.

term   A number, a variable, or a product or quotient of numbers and variables.

like terms   Terms that contain the same variables raised to the same power. Example: 5^x and 6^x are like terms.

transversal   The third line formed when two parallel lines are intersected.

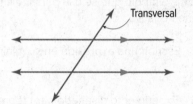
Transversal

trapezoid   A quadrilateral with one pair of parallel sides.

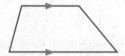

triangle   A figure with three sides and three angles.

acute triangle   A triangle having three acute angles.

equilateral triangle   A triangle having three congruent sides.

scalene triangle   A triangle having no congruent sides.

isosceles triangle   A triangle having at least two congruent sides.

triángulo obtusángulo   Triángulo que tiene un ángulo obtuso.

obtuse triangle   A triangle having one obtuse angle.

triángulo rectángulo   Triángulo que tiene un ángulo recto.

right triangle   A triangle having one right angle.

unidad derivada   Unidad que deriva de una unidad básica de un sistema de medidas, como la longitud, la masa o el tiempo.

derived unit   A unit that is derived from a measurement system base unit, such as length, mass, or time.

valor absoluto   Distancia a la que está un número del cero en un recta numérica.

absolute value   The distance the number is from zero on a number line.

valor extremo   Valor de los datos que es mucho mayor o mucho menor que la mediana.

outlier   A data value that is either much greater or much less than the median.

variable   Símbolo, por lo general una letra, que se usa para representar un número en expresiones o enunciados matemáticos.

variable   A symbol, usually a letter, used to represent a number in mathematical expressions or sentences.

variable dependiente   Variable en una relación cuyo valor depende del valor de la variable independiente.

dependent variable   The variable in a relation with a value that depends on the value of the independent variable.

variable independiente   Variable en una función cuyo valor está sujeto a elección.

independent variable   The variable in a function with a value that is subject to choice.

variación directa   Relación entre las cantidades de dos variables que tienen una tasa constante.

direct variation   The relationship between two variable quantities that have a constant ratio.

variación inversa   Relación en la cual el producto de x e y es una constante k. A medida que el valor de x aumenta, el valor de y disminuye o a medida que el valor de y disminuye, el valor de x aumenta.

inverse variation   A relationship where the product of x and y is a constant k. As x increases in value, y decreases in value, or as y decreases in value, x increases in value.

vértice   El vértice de un ángulo es el extremo común de las semirrectas que lo forman.

vertex   A vertex of an angle is the common endpoint of the rays forming the angle.

Vértice

Vertex

vértice   Punto donde tres o más caras de un poliedro se cruzan.

vértice   Punto en la punta de un cono.

volumen   Cantidad de unidades cúbicas que se requieren para llenar el espacio que ocupa un cuerpo geométrico.

vertex   The point where three or more faces of a polyhedron intersect.

vertex   The point at the tip of a cone.

volume   The number of cubic units needed to fill the space occupied by a solid.

Capítulo 1 Razones y razonamiento proporcional

Página 6   Capítulo 1   Antes de seguir

1. $\frac{2}{15}$ **3.** $\frac{1}{51}$ **5.** No; $\frac{12}{20} = \frac{3}{5}$, $\frac{15}{30} = \frac{1}{2}$

Páginas 13 y 14   Lección 1-1   Práctica independiente

1. 60 mi/h   **3** 3.5 m/s   **5.** ejemplo de respuesta: Aproximadamente $0.50 por par   **7.** 510 palabras

9 a. 20.04 mi/h   **b.** aproximadamente 1.5h   **13.** A veces; **una** razón que compara dos medidas con unidades diferentes es una tasa, como $\frac{2 \text{ millas}}{10 \text{ minutos}}$.   **15.** $6.40; ejemplo de respuesta: La tasa unitaria para el envase de 96 oz es $0.05 por onza. Por lo tanto, 128, onzas deberían costar $0.05 × 128, o $6.40.

Páginas 15 y 16   Lección 1-1   Más práctica

17. 203.75 calorías por porción   **19.** 32 mi/gal
21. $108.75 ÷ 15 = $7.25, $7.25 × 18 = $130.50

23.

	Horas trabajadas	Cantidad ganada ($)	Tarifa por hora ($)	¿Mayor tarifa por hora?
Caleb	5	36.25	7.25	
Jeremy	7.5	65.25	8.70	✓
Maria	4.25	34.00	8.00	
Rosa	8	54.00	6.75	

25. $\frac{2}{7}$ **27.** $\frac{2}{3}$

Páginas 21 y 22   Lección 1-2   Práctica independiente

1. $1\frac{1}{2}$ **3** $\frac{4}{27}$ **5.** $\frac{2}{25}$ **7** $6 por yarda   **9.** $\frac{5}{6}$ de página por minuto   **11.** $\frac{39}{250}$ **13.** $\frac{11}{200}$ **15.** Ejemplo de respuesta: Si uno de los números de la razón es una fracción, entonces la razón puede ser una fracción compleja.   **17.** $\frac{1}{2}$ **19.** $12\frac{1}{2}$ mi/h

Páginas 23 y 24   Lección 1-2   Más práctica

21. 20   **23.** 2   **25.** $\frac{3}{2}$, o $1\frac{1}{2}$ **27.** 3,000 pies cuadrados por hora   **29.** $\frac{31}{400}$ **31.** Ejemplo de respuesta: Escribo $1\frac{1}{4}$ sobre 100. Escribo $1\frac{1}{4}$ como una fracción impropia. Luego, divido el numerador entre el denominador.

33.

	Ciclista	Velocidad (mi/h)
Más lenta	Julio	$8\frac{1}{6}$
	Elena	$9\frac{1}{9}$
	Kevin	$12\frac{2}{5}$
Más rápida	Lorena	$14\frac{1}{4}$

35. 10,000   **37.** 100   **39.** 1,000

Páginas 29 y 30   Lección 1-3   Práctica independiente

1 115 mi/h   **3** 322,000 m/h   **5.** 6.1 mi/h   **7.** 7,200 Mb/h
9. 500 pies/min; Ejemplo de respuesta: Todas las otras tasas equivalen a 60 millas por hora.   **11.** 461.5 yd/h

Páginas 31 y 32   Lección 1-3   Más práctica

13. 1,760   **15.** 66   **17.** 35.2   **19a.** 6.45 pies/s
19b. 2,280 veces   **19c.** 0.11 mi   **19d.** 900,000 veces
21.

Animal	Velocidad máxima (mi/h)
Guepardo	70
Alce	45
León	50
Caballo cuarto de milla	55

el guepardo
23. Sí; como las tasas unitarias son iguales, $\frac{1 \text{ cartel}}{3 \text{ estudiantes}}$, las tasas son equivalentes.

Páginas 37 y 38   Lección 1-4   Práctica independiente

1

Tiempo (días)	1	2	3	4
Agua (L)	225	450	675	900

Sí; las razones del tiempo al agua son iguales a $\frac{1}{225}$.
3. La tabla que muestra los tiempos de Desmond muestra una relación proporcional. La razón del tiempo a la cantidad de vueltas es siempre 73.
5 a. Sí; ejemplo de respuesta:

Longitud de lado (unidades)	1	2	3	4
Perímetro (unidades)	4	8	12	16

La razón de longitud de lado a perímetro para lados cuyas longitudes sean 1, 2, 3 y 4 unidades es $\frac{1}{4}$; $\frac{2}{8}$, o $\frac{1}{4}$; $\frac{3}{12}$, o $\frac{1}{4}$; $\frac{4}{16}$, o $\frac{1}{4}$. Como estas razones son iguales a $\frac{1}{4}$, la medida de la longitud de lado de un cuadrado es proporcional a su perímetro.

b. No; ejemplo de respuesta:

Longitud de lado (unidades)	1	2	3	4
Área (unidades^2)	1	4	9	16

La razón de la longitud de lado a área para lados cuyas longitudes sean 1, 2, 3 y 4 unidades es $\frac{1}{1}$, o 1; $\frac{2}{4}$, o $\frac{1}{2}$; $\frac{3}{9}$, o $\frac{1}{3}$; $\frac{4}{16}$, o $\frac{1}{4}$. Como estas razones no son iguales, la medida de la longitud de lado de un cuadrado no es proporcional al área de ese cuadrado. **7.** Es no proporcional, porque las razones de las vueltas al tiempo no son iguales; $\frac{4}{1} \neq \frac{6}{2} \neq \frac{8}{3} \neq \frac{10}{4}$. **9.** Ejemplo de respuesta: En la tienda Ramos Hermosos usan 2 flores rojas por cada 8 flores rosadas en un ramo. En la tienda Flores Eternas usan 3 flores rosadas más que la cantidad de flores rojas. Los ramos de Ramos Hermosos tienen una relación proporcional, mientras que los de Flores Eternas tienen una relación no proporcional.

Páginas 39 y 40   Lección 1-4   Más práctica

11.

Grados Celsius	0	10	20	30
Grados Fahrenheit	32	50	68	86

No; las razones de grados Celsius a grados Fahrenheit no son todas iguales. **13a.** No; las razones de costo de compra a boletos no son iguales. **13b.** No; ejemplo de respuesta: El aumento del costo de compra no es siempre el mismo. La tabla muestra un aumento de $4.50 de 5 a 10 boletos, un aumento de $4 de 10 a 15 boletos y un aumento de $2.50 de 15 a 20 boletos. **15a.** Sí. **15b.** No. **15c.** No. **17.** 20 **19.** 12 **21.** 3

Página 43   Investigación para la resolución de problemas
Plan de cuatro pasos

Caso 3. $360 **Caso 5.** Se suma 2 al primer término, se suma 3 al segundo, se suma 4 al tercero, y así sucesivamente; 15, 21, 28.

Páginas 49 y 50   Lección 1-5   Práctica independiente

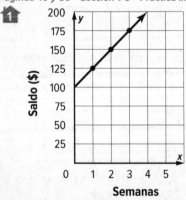

No proporcional; la gráfica no pasa por el origen.
3 Planta B; la gráfica es una línea recta que pasa por el origen. **5.** Es proporcional; ejemplo de respuesta: Los pares ordenados serían (0, 0), (1, 35), (2, 70). Esto sería una línea recta que pasa por el origen.

7.

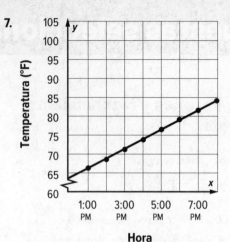

Hora

No proporcional; la gráfica no pasa por el origen.

Páginas 51 y 52   Lección 1-5   Más práctica

9.

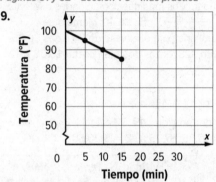

No proporcional; la gráfica no pasa por el origen.

11.

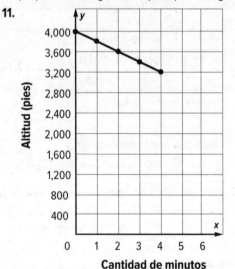

No proporcional; la gráfica no pasa por el origen.
13a. Sí. **13b.** No. **13c.** Sí. **15.** $\frac{2}{3}$ **17.** $\frac{1}{3}$

Páginas 59 y 60   Lección 1-6   Práctica independiente

1 40 **3.** 3.5 **5.** $\frac{2}{5} = \frac{x}{20}$; 8 onzas **7** $c = 0.50p$; $4.00 **9.** $\frac{360}{3} = \frac{n}{7}$; 840 visitantes **11.** 256 t; ejemplo de respuesta: La razón de tazas de polvo para mezclar a tazas de agua es 1:8, lo que significa que la proporción $\frac{1}{8} = \frac{32}{x}$ es verdadera y puede resolverse. **13.** 18 **15.** Ejemplo de respuesta: El producto de la longitud y el ancho es constante. La longitud no es proporcional al ancho. Las proporciones no son iguales.

Páginas 61 y 62 Lección 1-6 Más práctica

17. 7.2 **19.** $\frac{6}{7} = \frac{c}{40}$; aproximadamente 34 pacientes
21. $a = 45s$; $360 **23.** 11.25 tz **25.** No; ejemplo de
respuesta: $\frac{12.50}{1} \neq \frac{20}{2} \neq \frac{27.50}{3} \neq \frac{35}{4}$. **27.** 20 mi/gal

Páginas 69 y 70 Lección 1-7 Práctica independiente

1 6 m por s **3** $9 por camiseta; ejemplo de respuesta:
El punto (0, 0) representa comprar 0 camisetas y gastar
0 dólares. El punto (1, 9) representa gastar 9 dólares en
1 camiseta. **5.** 10 pulgadas por hora
7. ejemplo de respuesta:

Pies	Pulgadas
3	18
6	36
9	54
12	72

9. $x = 8$, $y = 16$, $z = 24$

Páginas 71 y 72 Lección 1-7 Más práctica

11. $0.03 por minuto **13.** Josh; ejemplo de respuesta: La tasa
unitaria de Ramona es $9 por hora. La tasa unitaria de Josh es
$10 por hora. **15.** 195 mi

17.

Entrada	Sumar 4	Salida
1	1 + 4	5
2	2 + 4	6
3	3 + 4	7
4	4 + 4	8

19.

Entrada	Multiplicar por 2	Salida
1	1 × 2	2
2	2 × 2	4
3	3 × 2	6
4	4 × 2	8

Páginas 77 y 78 Lección 1-8 Práctica independiente

1

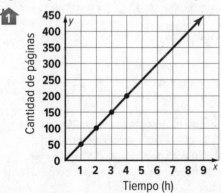

Tiempo (h)

$\frac{50}{1}$, o 50. Adriano lee 50 páginas por hora.

3 **a.** Representa que el carro A recorre 120 millas
en 2 horas. **b.** Representa que el carro B recorre 67.5 millas
en 1.5 horas. **c.** la velocidad de cada carro en ese momento

d. la velocidad promedio del carro **e.** El carro A; la pendiente
es más empinada. **5.** Marisol halló $\frac{\text{distancia horizontal}}{\text{distancia vertical}}$. Su
respuesta debería ser $\frac{3}{2}$. **7.** No; ejemplo de respuesta: la
pendiente de $\overline{AB}$ es $\frac{0-1}{1-5}$, o $\frac{1}{4}$, y la pendiente de $\overline{BC}$ es
$\frac{3-0}{3-1}$, o $\frac{3}{2}$. Si los puntos formaran parte de la misma línea, las
pendientes serían iguales.

Páginas 79 y 80 Lección 1-8 Más práctica

9.

Cantidad de cajas

$\frac{8}{1}$; Por lo tanto, hay 8 marcadores por cada caja.

11.

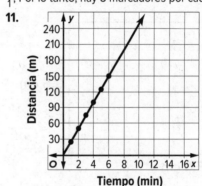

Tiempo (min)

13.

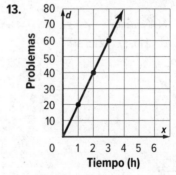

Tiempo (h)

15. 12 **17.** No; ejemplo de respuesta: $\frac{3.50}{1} \neq \frac{4.50}{2}$.
19. Sí; ejemplo de respuesta: $\frac{7.50}{1} = \frac{15}{2} = \frac{22.5}{3} = \frac{30}{4}$.

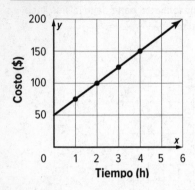 30 lb por bolsa

3.

Tiempo (h)	1	2	3	4
Tarifa ($)	75	100	125	150

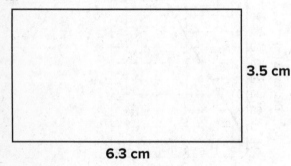

No; ejemplo de respuesta: $\frac{75}{1} \neq \frac{100}{2}$; como no hay una razón constante y la recta no pasa por el origen, no hay variación directa. No.   **7.** No.   **9.** $y = \frac{7}{4}x$; 21   **11.** $y = \frac{1}{4}x$; 28
13. ejemplos de respuestas: 9; $5\frac{1}{2}$; 36; 22
15.

3.5 cm

6.3 cm

19.6 cm

17. 7 tz   **19.** Sí; 0.2.   **21a.** No.   **21b.** Sí.   **21c.** Sí.
21d. No.
23.

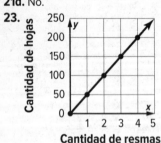

Cantidad de resmas

1. tasa   **3.** ordenado   **5.** compleja   **7.** pendiente
9. proporción   **11.** dimensional

1. denominador   **3.** cambio vertical a cambio horizontal

Capítulo 2 Porcentajes

1. 48   **3.** $70   **5.** 72.5%   **7.** 92%

1. 120.9   **3.** $147.20   **5** 17.5   **7.** 1.3   **9.** 30.1   **11.** $7.19 en Bahía Pirata, $4.46 en Planeta Diversión, $9.62 en Divertilandia
13. 4   **15** 0.61   **17.** 520   **19.** 158   **21.** 0.14   **23.** Ejemplo de respuesta: Es más fácil usar una fracción cuando el denominador de la fracción es un factor del número. Si no es así, tal vez sea más fácil usar un decimal.

25. 45.9   **27.** 14.7   **29.** $54   **31.** 0.3   **33.** 2.3   **35.** $19.95
37. 92 personas   **39.** 91.8   **41.** 133.92

1. ejemplo de respuesta: 35
$$\frac{1}{2} \cdot 70 = 35;$$
$$0.1 \cdot 70 = 7 \text{ y}$$
$$5 \cdot 7 = 35$$

3 ejemplo de respuesta: 18
$$\frac{1}{5} \cdot 90 = 18;$$
$$0.1 \cdot 90 = 9 \text{ y}$$
$$2 \cdot 9 = 18$$

5. ejemplo de respuesta: 168
$$\frac{7}{10} \cdot 240 = 168;$$
$$0.1 \cdot 240 = 24 \text{ y}$$
$$7 \cdot 24 = 168$$

7. ejemplo de respuesta: 720
$$(2 \cdot 320) + \left(\frac{1}{4} \cdot 320\right) = 720$$

9. ejemplo de respuesta: 2
$$0.01 \cdot 500 = 5 \text{ y}$$
$$\frac{2}{5} \cdot 5 = 2$$

11 aproximadamente 96 mi;
$$0.01 \cdot 12,000 = 120 \text{ y } \frac{4}{5} \cdot 120 = 96$$

13. ejemplo de respuesta: 6
$$\frac{2}{3} \cdot 9 = 6$$

15. ejemplo de respuesta: 24
$$\frac{1}{10} \cdot 240 = 24$$

17a. ejemplo de respuesta: Aproximadamente 206 latas de alimento; $200 + 0.3 \cdot 200$ **17b.** ejemplo de respuesta: Aproximadamente 780 latas de alimento; $600 + 0.3 \cdot 600$
19. A veces; ejemplo de respuesta: Una estimación del 37% de 60 es $\frac{2}{5} \cdot 60 = 24$.

Páginas 117 y 118   Lección 2-2   Más práctica

21. ejemplo de respuesta: 135

23. ejemplo de respuesta: 90

$$\frac{9}{10} \cdot 100 = 90;$$

$$0.1 \cdot 100 = 10 \text{ y}$$

$$9 \cdot 10 = 90$$

25. ejemplo de respuesta: 0.7

$$0.01 \cdot 70 = 0.7$$

27. ejemplo de respuesta: aproximadamente 12 músculos
$\frac{3}{10} \cdot 40 = 12$ **29a.** ejemplo de respuesta: 420; $\frac{7}{10} \cdot 600 = 420$
29b. Mayor; la cantidad de pases y el porcentaje están
redondeados hacia arriba.   **29c.** Tony Romo; ejemplo de
respuesta: El 64% de 520 tiene que ser mayor que el 64% de
325.   **31a.** Sí.   **31b.** Sí.   **31c.** No.
33. 300   **35.** $\frac{1}{4}$

Páginas 125 y 126   Lección 2-3   Práctica independiente

1. 25%   **3** 75   **5.** 36%   **7.** $68   **9.** 80   **11** 0.2%
13a. aproximadamente el 3.41%   **13b.** aproximadamente
24,795.62 km   **13c.** aproximadamente 6,378.16 km   **15.** 20%
de 500, 20% de 100, 5% de 100; si el porcentaje es el mismo,
pero la base es mayor, entonces la parte es mayor. Si la base
es la misma, pero el porcentaje es mayor, entonces la parte
es mayor.

Páginas 127 y 128   Lección 2-3   Más práctica

17. 45   **19.** 20   **21.** 20%   **23.** 8 lápices; $\frac{2}{b} = \frac{25}{100}$
25. 120%   **27.** 60%   **29.** $\frac{1}{3}$ **31.** $\frac{1}{21}$ **33.** $\frac{2}{5}$

Páginas 133 y 134   Lección 2-4   Práctica independiente

1 75 = n · 150; 50%   **3.** p = 0.65 · 98; 63.7
5. p = 0.24 · 25; 6   **7.** 50 libros   **9** **a.** 37%   **b.** 31%
11. p = 0.004 · 82.1; 0.3   **13.** 230 = n · 200; 115%   **15.** Ejemplo
de respuesta: Si el porcentaje es menor que 100%, la parte es
menor que el entero; si el porcentaje es igual al 100%, la
parte es igual al entero; si el porcentaje es mayor que 100%,
la parte es mayor que el entero.   **17.** Ejemplo de respuesta:
Sería más fácil si se conocen el porcentaje y la base porque
después de escribir el porcentaje como decimal o como
fracción, solo hay que multiplicar. Usando la proporción
porcentual, primero hay que hallar los productos cruzados y,
luego, dividir.

Páginas 135 y 136   Lección 2-4   Más práctica

19. 26 = n × 96; 27.1%   **21.** 30 = n · 64; 46.9%
23. 84 = 0.75 · e; 112   **25.** 64 = 0.8 · e; 80
27. p = 0.0002 · 5,000; 1   **29.** $14.80   **31.** <   **33.** <

*Página 139   Investigación para la resolución de problemas
Determinar respuestas razonables*

Caso 3. No; ejemplo de respuesta: 48% − 24% = 24%,
y el 24% de 140 es aproximadamente 35.
Caso 5. 15 + n = 0.5(36 + n); 6 niños; 42 estudiantes

Páginas 147 y 148   Lección 2-5   Práctica independiente

1. 20%; incremento   **3** 25%; disminución   **5.** 41%;
disminución   **7** 28%   **9.** 38%; disminución   **11a.** 100%
11b. 300%   **13.** aproximadamente el 4.2%   **15.** Darío no
escribió una razón para comparar el cambio con la cantidad
original. El denominador debería haber sido $52,
y el porcentaje de cambio sería aproximadamente el 140%.

Páginas 149 y 150   Lección 2-5   Más práctica

17. 50%; disminución   **19.** 33%; incremento
21a. aproximadamente 3.8%; incremento
21b. aproximadamente 2.9%; disminución   **23.** 25%
25. Mónica; 2%   **27.** 3.75   **29.** $75.14

Páginas 155 y 156   Lección 2-6   Práctica independiente

1. $69.60   **3** $1,605   **5** $35.79   **7.** $334.80   **9.** $10.29
11. 7%   **13.** $54, $64.80; el porcentaje de gratificación es 20%.
Los demás pares tienen una gratificación del 15%.
15. Falso; ejemplo de respuesta: Un artículo cuesta $25 y
quieres obtener un margen de ganancia de 125%. Multiplicas
$25 por 125%, o 1.25. El nuevo precio es $25 + $31.25, o
$56.25

Páginas 157 y 158   Lección 2-6   Más práctica

17. $14.95   **19.** $44.85   **21.** $14.88   **23.** Jamar tendría
que haber sumado el margen de ganancia al costo;
$40 + $12 = $52.   **25.** papel de impresora, archivador
27. 57.85   **29.** $50

Páginas 163 y 164   Lección 2-7   Práctica independiente

1. $51.20   **3** $6.35   **5** $4.50   **7a.** $28.76, $25.29,
$28.87   **7b.** Planeta Diversión   **9.** $9.00
11. Se dan ejemplos de respuestas.

Impuesto		Descuento
Pagas más dinero.	Porcentaje del precio normal	Pagas menos dinero.

13. $25

Páginas 165 y 166   Lección 2-7   Más práctica

15. $102.29   **17.** $169.15   **19.** el Sr. Chang; $22.50 < $23.99
21. lavadora, secadora, congelador   **23.** 29%; incremento
25. 35%; disminución

Páginas 171 y 172   Lección 2-8   Práctica independiente

1. $38.40   **3.** $5.80   **5** $1,417.50   **7.** $75.78   **9** **a.** 5%
b. Sí; Pablo tendría $5,208.   **11.** Ejemplo de respuesta: Si la
tasa aumenta 1%, entonces el interés ganado es $60 más. Si
el tiempo aumenta 1 año, entonces el interés ganado es $36
más.   **13.** Inversión A; ejemplo de respuesta: La inversión
A tiene un saldo de $2,850 al cabo de 30 años y la inversión
B tiene un saldo de $2,512.50 al cabo de 15 años.

Páginas 173 y 174   Lección 2-8   Más práctica

15. $6.25   **17.** $123.75   **19.** $45.31   **21.** $14.06
23a. Verdadero   **23b.** Falso   **23c.** Verdadero
25 y 27.

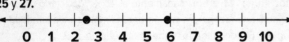

Página 179   Repaso del capítulo   Comprobación del vocabulario

Horizontales
1. ecuación   **5.** rebaja   **9.** descuento   **10.** incremento
11. impuestos sobre las ventas
Verticales
3. interés

Página 180   Repaso del capítulo   Comprobación de conceptos clave

1. 300   **3.** 18   **5.** 12

Capítulo 3 Enteros

Página 190   Capítulo 3   Antes de seguir...

1. 6   **3.** 24
5, 7 y 9.

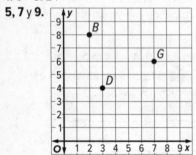

Páginas 195 y 196   Lección 3-1   Práctica independiente

1. 9   **3.** −53
5

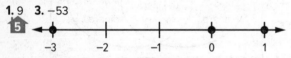

7. 10   **9** 8   **11.** −7   **13.** $299.97; |−200| + |−40| + |−60|
= 200 + 40 + 60 = 300   **15.** Siempre; es verdadero si *A* y *B*
son ambos positivos, si *A* o *B* es negativo y si tanto *A* como *B*
son negativos.   **17a.** Siempre; el valor absoluto de un número
y de su opuesto son iguales.   **17b.** A veces; las expresiones
son iguales cuando *x* = 0.   **17c.** A veces; las expresiones son
iguales cuando *x* = 0.

Páginas 197 y 198   Lección 3-1   Más práctica

19. 12
21.

23. 11   **25.** 25   **27.** 5   **29a.** Verdadero   **29b.** Verdadero
29c. Verdadero   **29d.** Falso   **31.** (−2, 4); II   **33.** (−3, −1); III

35 y 37.

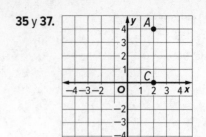

Páginas 207 y 208   Lección 3-2   Práctica independiente

1. −38   **3.** 16   **5** 0   **7.** 9   **9.** −4   **11** verde: ganancia de $1;
blanca: ganancia de $3; negra: ganancia de $3   **13.** Ejemplo de
respuesta: En ciencias, los átomos pueden contener 2 cargas
positivas y 2 negativas. En la bolsa de valores, el valor de una
acción puede caer 0.75 un día y subir 0.75 al día siguiente.   **15.** *a*
17. *m* + (−15)

Páginas 209 y 210   Lección 3-2   Más práctica

19. 13   **21.** −6   **23.** 15   **25.** 22   **27.** −19   **29.** −5 + (−15) + 12;
el equipo perdió 8 yardas en total.   **31a.** Sí.   **31b.** No.   **31c.** Sí.
33. 75   **35.** −13   **37.** −12

Páginas 219 y 220   Lección 3-3   Práctica independiente

1. −10   **3** −12   **5.** −30   **7.** 23   **9.** 104   **11.** 0
13a. 2,415 pies   **b.** 3,124 pies   **c.** 627 pies   **d.** 8 pies
15. 16   **17.** Ejemplo de respuesta: −5 − 11 = −5 + (−11) = −16;
sumo 5 y 11 y mantengo el signo negativo.   **19.** No halló el
inverso aditivo de −18. −15 − (−18) = −15 + 18, o 3. La
respuesta correcta es 3.   **21.** ejemplo de respuesta: La
temperatura en un congelador era −15 °F. Al abrir la puerta,
perdió −7 °F. ¿Cuál fue la temperatura una vez abierta la
puerta? −15 − (−7) = −8; −8 °F

Páginas 221 y 222   Lección 3-3   Más práctica

23. 35   **25.** −14   **27.** 6   **29.** 15   **31.** 11   **33.** 1
35a. A veces verdadero   **35b.** Siempre verdadero
35c. Siempre verdadero   **35d.** A veces verdadero
37. 180   **39.** 360   **41.** 8

Página 227   Investigación para la resolución de problemas
Buscar un patrón

Caso 3. sumar los 2 términos anteriores; 89, 144
Caso 5. 13 mondadientes

Páginas 237 y 238   Lección 3-4   Práctica independiente

1. −96   **3.** 36   **5** −64   **7** 5(−650); −3,250; Ethan
quema 3,250 calorías en una semana.   **9.** 5 camisetas negras
11.

×	+	−
+	+	−
−	−	+

Ejemplo de respuesta: Cuando se multiplican un entero
negativo y un entero positivo, el producto es negativo.
Cuando se multiplican dos enteros negativos, el producto es
positivo.   **13.** Ejemplo de respuesta: Evalúo −7 + 7 primero.
Como −7 + 7 = 0, y todo número multiplicado por 0 es 0, el
valor de la expresión es 0.   **15.** −3 y 7

Páginas 239 y 240   Lección 3-4   Más práctica

17. 160   **19.** −64   **21.** −45   **23.** 12(−4); −48; en la tarjeta regalo de Lily quedan $48 menos que la cantidad de dinero inicial.   **25.** 16   **27.** −12   **29.** 648   **31.** −243   **33.** Ejemplo de respuesta: La respuesta debería ser −24. Un negativo multiplicado por un negativo da un positivo. Luego, si el positivo se multiplica por negativo, dará negativo.   **35.** 612 pies
37. <   **39.** >
41.

Páginas 247 y 248   Lección 3-5   Práctica independiente

1. −10   **3** 5   **5.** −11   **7.** −2   **9.** −3   **11.** −6
13 −$60 millas por hora   **15.** 4   **17.** 16   **19.** No; ejemplo de respuesta: $9 \div 3 \neq 3 \div 9$.   **21.** −2   **23.** No; ejemplo de respuesta: Cuando se dividen enteros, el cociente a veces es un entero. Otras veces, es un decimal. Por ejemplo, $-5 \div -10 = 0.5$.

Páginas 249 y 250   Lección 3-5   Más práctica

25. 9   **27.** 4   **29.** 9   **31.** −12   **33.** 2   **35.** −10 °F; el punto de ebullición disminuye 10 °F a una altitud de 5,000 pies.
37. −200 pies por min   **39.** −8   **41.** 7   **43.** 9 filas

Página 253   Repaso del capítulo   Comprobación del vocabulario

1. aditivo   **3.** enteros   **5.** opuestos

Página 254   Repaso del capítulo   Comprobación de conceptos clave

1. incorrecto; $|-5| + |2| = 5 + 2$, o 7   **3.** incorrecto; $-24 \div |-2| = -24 \div 2 = -12$

Capítulo 4 Números racionales

Página 260   Capítulo 4   Antes de seguir...

1. $\frac{2}{3}$ **3.** $\frac{8}{11}$
5 y 7.

Páginas 267 y 268   Lección 4-1   Práctica independiente

1. 0.5   **3** 0.125   **5.** −0.66   **7.** 5.875   **9.** $-0.\overline{8}$ **11.** $-0.\overline{72}$
13. $-\frac{1}{5}$ **15.** $5\frac{24}{25}$ **17** $10\frac{1}{2}$ cm   **19.** ejemplo de respuesta: $\frac{3}{5}$
21. Ejemplo de respuesta: $3\frac{1}{7} \approx 3.14286$ y $3\frac{10}{71} \approx 3.14085$; Como 3.1415926... está entre $3\frac{1}{7}$ y $3\frac{10}{71}$, Arquímedes tenía razón.   **23.** Ejemplo de respuesta: Jason estaba construyendo una cabaña. Cortó una tabla con una longitud de $8\frac{7}{16}$ pies de largo.

Páginas 269 y 270   Lección 4-1   Más práctica

25. −7.05   **27.** $5.\overline{3}$ **29.** $-\frac{9}{10}$ **31.** $2\frac{33}{50}$ **33.** $\frac{22}{3}$
35. 2.3 horas   **37.** $12\frac{1}{20}$; $\frac{241}{20}$; $12\frac{5}{100}$ **39.** 0.1
41 y 43.

Páginas 275 y 276   Lección 4-2   Práctica independiente

1. >

3. >   **5** en la primera prueba   **7.** $-\frac{5}{8}$, −0.62, −0.615
9 <   **11.** Sí; $69\frac{1}{8} < 69\frac{6}{8}$.   **13.** Ejemplo de respuesta: $\frac{63}{32}$ está más cerca de 2 porque la diferencia de $\frac{63}{32}$ y 2 es la menor.   **15.** ejemplo de respuesta: Las longitudes de cuatro aves son 0.375 pies, $\frac{5}{8}$ pies, 0.4 pies y $\frac{2}{3}$ pies. Haz una lista de las longitudes de menor a mayor; 0.375, 0.4, $\frac{5}{8}$, $\frac{2}{3}$

Páginas 277 y 278   Lección 4-2   Más práctica

17. =

19. >   **21.** 7.5%, 7.49, $7\frac{49}{50}$ **23a.** la musaraña enmascarada   **23b.** la ardilla rayada del este   **23c.** topo común, ardilla rayada del este, ratón de bolsa, musaraña enmascarada   **25a.** Verdadero   **25b.** Falso   **25c.** Verdadero   **27.** >   **29.** >   **31.** >

Páginas 287 y 288   Lección 4-3   Práctica independiente

1. $1\frac{4}{7}$ **3.** $-\frac{2}{3}$ **5** $-1\frac{1}{2}$ **7** $\frac{3}{14}$ **9a.** $\frac{33}{100}$ **9b.** $\frac{67}{100}$
9c. $\frac{41}{100}$ **11.** ejemplo de respuesta: $\frac{11}{18}$ y $\frac{5}{18}$; $\frac{11}{18} - \frac{5}{18} = \frac{6}{18}$, que se simplifica como $\frac{1}{3}$ **13.** siempre; ejemplo de respuesta: $\frac{5}{12} - \left(-\frac{1}{12}\right) = \frac{5}{12} + \frac{1}{12}$, o $\frac{6}{12}$ **15.** 17 pies; ejemplo de respuesta: $3\frac{9}{12} + 3\frac{9}{12} + 4\frac{9}{12} + 4\frac{9}{12} = 14\frac{36}{12}$, o 17 pies

Páginas 289 y 290   Lección 4-3   Más práctica

17. $-1\frac{2}{3}$ **19.** $\frac{1}{4}$ **21.** $\frac{1}{9}$ **23.** $1\frac{47}{100}$ **25.** $\frac{1}{2}$ tz   **27.** $1\frac{3}{8}$, o 1.375 pizzas   **29.** >   **31.** <   **33.** 6   **35.** 30   **37.** pizza

Páginas 295 y 296   Lección 4-4   Práctica independiente

1 $\frac{13}{24}$ **3.** $1\frac{2}{5}$ **5.** $\frac{4}{9}$ **7.** $-\frac{26}{45}$ **9.** $1\frac{11}{18}$
11 Resta; ejemplo de respuesta: Para hallar cuánto tiempo quedó, resta $\left(\frac{1}{6} + \frac{1}{4}\right)$ a $\frac{2}{3}$; $\frac{1}{4}$ h.

13.

Tarea	Fracción de tiempo	
	Pepita	Francisco
Matemáticas	$\frac{1}{6}$	$\frac{1}{2}$
Inglés	$\frac{2}{3}$	$\frac{1}{8}$
Ciencias	$\frac{1}{6}$	$\frac{3}{8}$

15. Ejemplo de respuesta: Sean $\frac{1}{a}$ y $\frac{1}{b}$ las fracciones unitarias, donde a y b son distintos de cero. Multiplica el primer numerador por b y el segundo por a. Escribe el producto sobre el denominador ab. Escríbela en su mínima expresión.

17. $\frac{5}{12}$; ejemplo de respuesta: $\frac{1}{6}$ de la cubeta se llenará con una llave, mientras que con la otra llave se llenará $\frac{1}{4}$ de la cubeta. Se suman estas fracciones para hallar el resultado.

Páginas 297 y 298   Lección 4-4   Más práctica

19. $\frac{19}{30}$ **21.** $\frac{11}{20}$ **23.** $-\frac{13}{24}$ **25.** Resta; ejemplo de respuesta: Para hallar cuánto más pavo compró Makayla, resta $\frac{1}{4}$ a $\frac{5}{8}$; $\frac{3}{8}$ lb.   **27.** Theresa no volvió a expresar las fracciones usando el m.c.d. $\frac{5}{20} + \frac{12}{20} = \frac{17}{20}$.   **29a.** Verdadero
29b. Verdadero   **29c.** Verdadero   **31.** $4\frac{2}{3}$ **33.** $2\frac{4}{9}$ **35.** $2\frac{7}{8}$

Páginas 303 y 304   Lección 4-5   Práctica independiente

1. $9\frac{5}{9}$ **3.** $8\frac{3}{5}$ **5** $7\frac{5}{12}$ **7.** $4\frac{14}{15}$ **9.** $4\frac{1}{3}$ **11** Resta; el ancho es más corto que la longitud; $1\frac{3}{4}$ pies.   **13.** -5

15. $13\frac{5}{9}$ **17.** ejemplo de respuesta: Se necesita cortar una tabla de $3\frac{7}{8}$ pies de largo de una tabla de $5\frac{1}{2}$ pies. ¿Cuánta madera sobrará después de hacer el corte?; $1\frac{5}{8}$ pies

19. Ejemplo de respuesta:

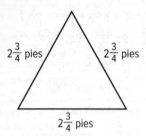

$2\frac{3}{4}$ pies $2\frac{3}{4}$ pies $2\frac{3}{4}$ pies

Páginas 305 y 306   Lección 4-5   Más práctica

21. $18\frac{17}{24}$ **23.** $7\frac{5}{7}$ **25.** $5\frac{7}{8}$ **27.** Restar dos veces; la cantidad de harina es menor que la cantidad original; $2\frac{2}{3}$ tz.   **29.** $7\frac{1}{8}$ yd
31. $3\frac{1}{12}$; $7\frac{5}{6}$ **33.** 5; 8; 40   **35.** 14 mi; ejemplo de respuesta: $6\frac{4}{5} \approx 7$ y $1\frac{3}{4} \approx 2$; $7 \times 2 = 14$

Página 309   Investigación para la resolución de problemas Dibujar un diagrama

Caso 3. $\frac{3}{8}$ **Caso 5.** $\frac{3}{5}$ mi

Páginas 315 y 316   Lección 4-6   Práctica independiente

1. $\frac{3}{32}$ **3.** $-4\frac{1}{2}$ **5.** $\frac{1}{6}$ **7** $\frac{3}{8}$ **9.** -1 **11** $\frac{1}{16}$
13. $\frac{1}{3} \times \left(\frac{11}{16}\right) = \frac{11}{48}$ **15.** ejemplo de respuesta: Tres cuartos de los estudiantes de la escuela media Walnut estaban en la lista de honor. De ese grupo, solo $\frac{1}{8}$ de los estudiantes obtuvieron todas A. ¿Qué fracción de los estudiantes recibieron todas A?   **17a.** ejemplo de respuesta: $\frac{1}{2} \times \frac{2}{3} = \frac{2}{6}$, o $\frac{1}{3}$
17b. ejemplo de respuesta: $\frac{3}{4} \times \frac{4}{5} = \frac{12}{20}$, o $\frac{3}{5}$

Páginas 317 y 318   Lección 4-6   Más práctica

19. $\frac{1}{9}$ **21.** $\frac{1}{4}$ **23.** $2\frac{1}{6}$ **25.** $\frac{3}{16}$ **27.** $-\frac{8}{27}$ **29.** Brócoli: $1\frac{7}{8}$ tz, fideos: $5\frac{5}{8}$ tz, condimento para ensaladas: 1 tz, queso: 2 tz; multipliqué cada cantidad por $1\frac{1}{2}$.   **31a.** Verdadero
31b. Verdadero   **31c.** Falso   **33.** $12 \div 4 = 3$; $12 \div 3 = 4$
35. $10\frac{4}{5} \div 4\frac{1}{2} = 2\frac{2}{5}$; $10\frac{4}{5} \div 2\frac{2}{5} = 4\frac{1}{2}$

Páginas 323 y 324   Lección 4-7   Práctica independiente

1. 12.7   **3** 128.17   **5.** 0.04   **7.** 15.75   **9.** 1.5   **11.** 887.21 mL
13 1.5 lb   **15.** 1,000 mL, o 1 L   **17.** 0.031 m, 0.1 pies, 0.6 pulg, 1.2 cm   **19.** 0.7 gal, 950 mL, **0.4** L, $1\frac{1}{4}$ tz   **21.** 5.4 cm; 6.7 cm

Páginas 325 y 326   Lección 4-7   Más práctica

23. 158.76   **25.** 121.28   **27.** 41.89   **29.** 2 L   **31.** 3 gal
33. 4 mi   **35.** 15.2 cm; 0.152 m   **37.** 5.7   **39.** 15,840

Páginas 331 y 332   Lección 4-8   Práctica independiente

1. $\frac{7}{16}$ **3** $\frac{1}{15}$ **5.** $\frac{2}{9}$ **7** 84 película   **9.** $1\frac{1}{4}$

Ejemplo de respuesta: El modelo de la izquierda representa que un medio de un rectángulo con diez secciones son cinco secciones. Dos quintos de diez secciones son cuatro secciones. El modelo de la derecha muestra las cinco secciones divididas en $1\frac{1}{4}$ grupos de cuatro secciones.

11. $\frac{1}{6}$ de una docena; 2 carpetas   **13.** $\frac{10}{3}$

Páginas 333 y 334   Lección 4-8   Más práctica

15. $\frac{2}{3}$ **17.** $-7\frac{4}{5}$ **19.** 11 porciones   **21.** $\frac{1}{2}$ **23.** 13 brazaletes
25. $\frac{9}{20}$ **27.** $\frac{46}{63}$ **29.** $\frac{3}{4}$ pies

Página 337   Repaso del capítulo   Comprobación del vocabulario

1. notación de barra   **3.** común denominador   **5.** exacto

Página 338   Repaso del capítulo   Comprobación de conceptos clave

1. $\frac{3}{5}$ **3.** denominador   **5.** multiplica

Índice

Índice

505–512
usar propiedades, 241–242

Nn

Nonágono, 594

Notación
de barra, 263
de permutación, 767

Números enteros no negativos, dividir fracciones entre, 18

Números mixtos, 19–20
dividir, 329–330
multiplicar, 313–314
restar, 299–306
sumar, 299–306

Números racionales, 257–340
coeficientes, 455–456, 457–464, 483–484
comparar y ordenar, 271–278
decimales exactos, 263–270
decimales periódicos, 263–270
distancia en la recta numérica, 223–224
dividir, 229–232, 243–250, 327–334
en la recta numérica, 261–262
multiplicar, 229–232, 233–240, 241–242, 311–318
restar, 279–282
sumar, 279–282

Números. *Ver también* números racionales
enteros no negativos, 18
mixtos, 19–20, 299–306, 313–314, 329–330
porcentajes de, 103–110

Oo

Obtusángulos (triángulos), 556

Obtusos (ángulos), 535

Octágono, 594

Operaciones
orden de las, 346, 351
propiedades de las, 367–374

Opuestos, 203

Orden de las operaciones. Ver operaciones

Ordenar números racionales, 271–278

Origen, 45–48

Pp

Para y reflexiona, 10, 27, 58, 112, 123, 146, 169, 217, 235, 266, 286, 292, 320, 328, 360, 388, 416, 470, 484, 506, 507, 545, 557, 614, 624, 712, 744, 795, 830

Paralelogramos, área de, 632

Paralelos, rectas y segmentos, 594

Pareja de opuestos, 199, 200, 203

Pares ordenados, 45–48, 67

Patrones, buscar, 225–227

Pendiente, 73–80, 82

Pentágono, 594

Perímetro, 679

Perímetro de un cuadrado, 679

Permutaciones, 765–772

Pi, 615–616

Pirámides, 593
altura de, 655–656
área total de, 677–684
regulares, 678
triangulares, 593, 595
volumen de, 651–652, 653–660

Planos, 594
de coordenadas, 45–48

Poblaciones, 793
comparar, 827–836

Poliedro, 594

Polígonos, 594
decágono, 594
heptágono, 594
hexágono, 594
nonágono, 594
octágono, 594
pentágono, 594

Porcentajes, 95–182
como una tasa, 104
de cambio, 141–142, 143–150
de descuento, 159–166
de disminución, 144–146
de incremento, 144–146
de un número, 103–110
diagramas, 99–102
error de, 145–146

escribir decimales como, 131
escribir porcentajes como decimales, 273
estimación de, 111–118
hallar, 119–120
impuestos sobre las ventas, propinas, y margen de ganancia, 151–158
interés, 167–674, 175–176
mayores que 100%, 105–106, 113–114
menores que 1%, 113–114

Práctica para la prueba de los estándares comunes, 16, 24, 32, 40, 52, 62, 72, 80, 88, 93, 110, 118, 128, 136, 150, 158, 166, 174, 181, 198, 210, 222, 240, 250, 255, 270, 278, 290, 298, 306, 318, 326, 334, 339, 356, 364, 374, 382, 394, 402, 410, 422, 427, 444, 454, 464, 488, 504, 512, 520, 525, 542, 550, 562, 582, 592, 600, 605, 620, 630, 646, 660, 672, 684, 696, 701, 718, 728, 740, 748, 764, 772, 782, 787, 800, 808, 820, 836, 846, 851

Prácticas matemáticas, xvi
Construir un argumento, 22, 242, 248, 400, 414, 436, 468, 489, 612, 676, 694
¿Cuál no pertenece? 30, 156, 196, 392, 442, 590, 716, 762
Hacer una conjetura, 446, 456, 725
Hacer una predicción, 61, 612, 797, 799, 821
Hallar el error, 14, 38, 78, 148, 155, 220, 239, 297, 331, 372, 380, 420, 442, 453, 486, 591, 599, 738, 695, 780, 798, 805
Identificar el razonamiento repetido, 224, 225, 238, 554, 619
Identificar la estructura, 202, 208, 214, 220, 248, 268, 372, 379, 380, 386, 452, 510, 539, 541, 549
Justificar las conclusiones, 13, 14, 22, 23, 38, 39, 51, 60, 64, 70, 71, 79, 127, 172, 202, 208, 209, 220, 238, 242, 247, 276, 288, 295, 331, 362, 366, 381, 383, 392, 414, 461, 560, 580, 618, 622, 628, 629, 682, 701, 720, 730, 731, 746, 752, 762, 763, 780, 805, 807, 812, 819, 826, 845

Índice

Ss

Tt

Uu

Vv

$$=$$

Plantillas

Plantillas

Nombre _____

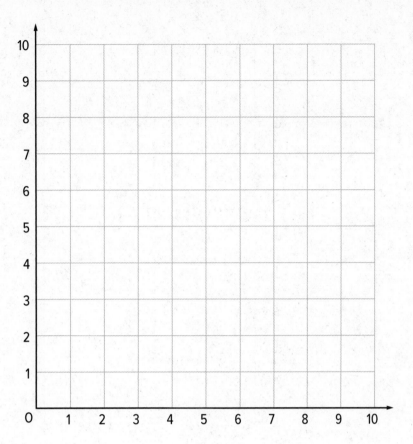

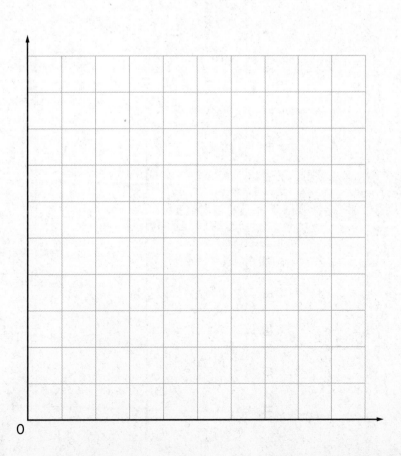

Plantillas

Nombre ____

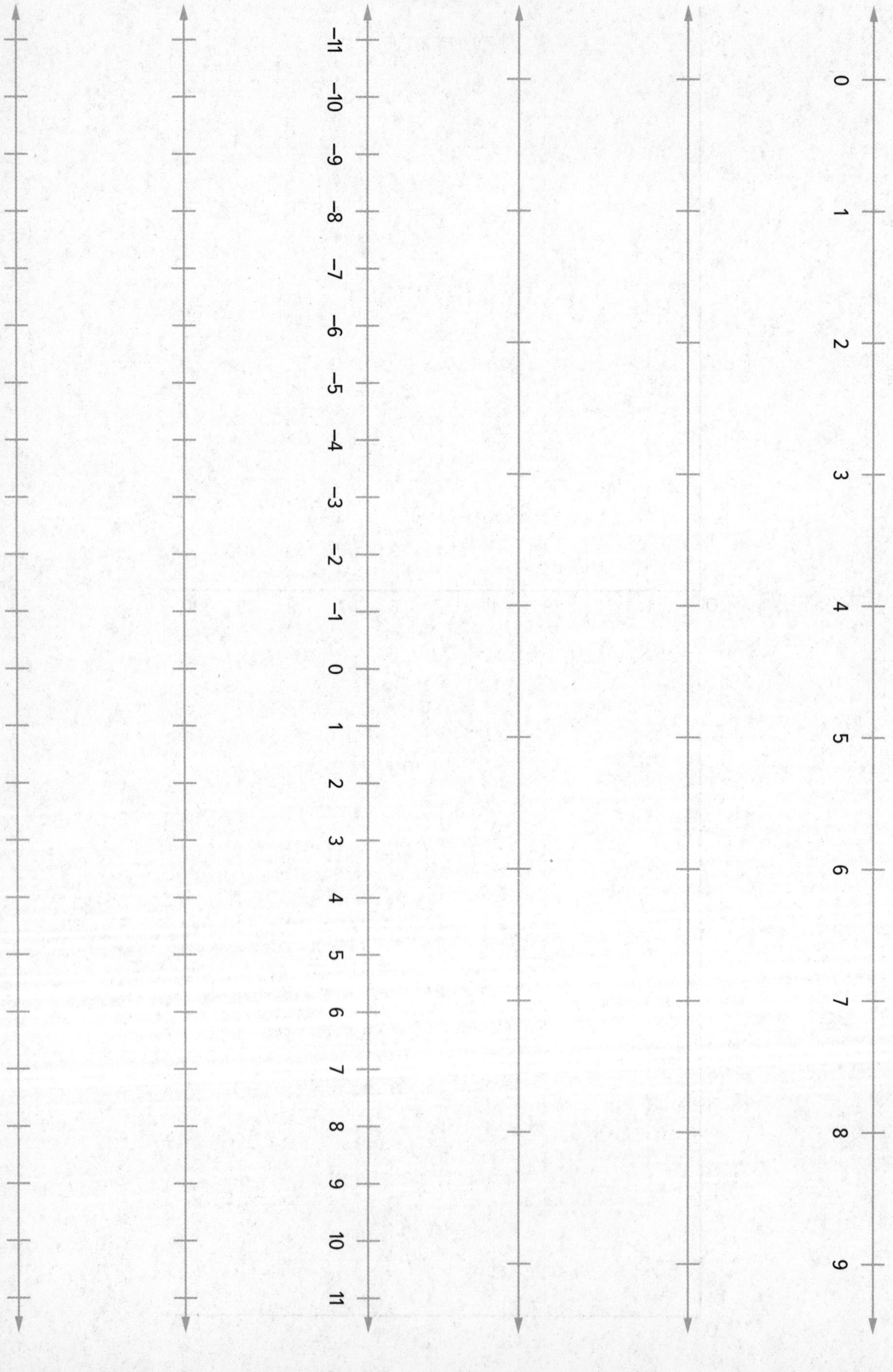

–11 –10 –9 –8 –7 –6 –5 –4 –3 –2 –1 0 1 2 3 4 5 6 7 8 9 10 11
0 1 2 3 4 5 6 7 8 9

¿Qué son los modelos de papel y cómo los creo?

Los modelos de papel son organizadores gráficos tridimensionales que te ayudan a crear guías de estudio para cada capítulo de este libro.

Paso 1 Fíjate en la contratapa de tu libro para hallar el modelo de papel correspondiente al capítulo que estás estudiando. Sigue las instrucciones de la parte superior de la página para cortarlo y armarlo.

Paso 2 Fíjate en la sección Comprobación de conceptos clave al final del capítulo. Alinea las pestañas y adhiere tu modelo de papel a esta página. Las pestañas punteadas muestran dónde poner tu modelo de papel. Las pestañas rayadas indican dónde pegar el modelo de papel.

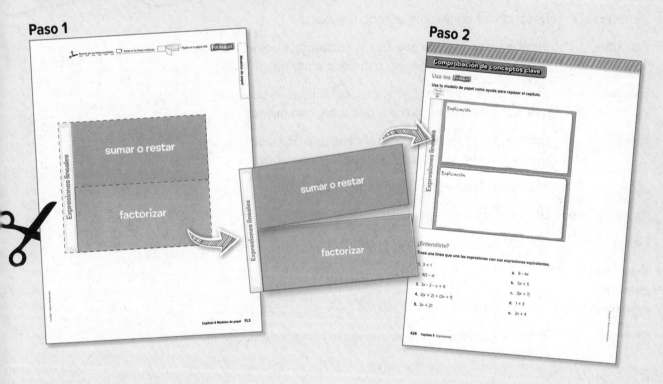

¿Cómo sabré cuándo usar mi modelo de papel?

Cuando llegue el momento de trabajar con tu modelo de papel, verás el logotipo en la parte inferior de la caja de **¡Califícate!** en las páginas de Práctica guiada. Esto te indica que es el momento de actualizarlo con conceptos de esa lección. Una vez que hayas completado tu modelo de papel, úsalo para estudiar para la prueba del capítulo.

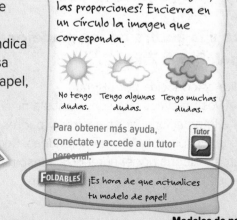

¡Califícate!

¿Entendiste los porcentajes y las proporciones? Encierra en un círculo la imagen que corresponda.

No tengo dudas.   Tengo algunas dudas.   Tengo muchas dudas.

Para obtener más ayuda, conéctate y accede a un tutor personal.

Tutor

FOLDABLES ¡Es hora de que actualices tu modelo de papel!

¿Cómo completo mi modelo de papel?

No hay dos modelos de papel en tu libro que se parezcan. Sin embargo, en algunos se te pedirá que completes información similar. A continuación hay algunas de las instrucciones que verás al completar tu modelo de papel. **¡DIVIÉRTETE** aprendiendo matemáticas mientras usas los modelos de papel!

Instrucciones y lo que significan

Se usa para...	Completa la oración explicando cuándo debería usarse el concepto.
Definición	Escribe una definición en tus propias palabras.
Descripción	Describe los conceptos usando palabras.
Ecuación	Escribe una ecuación que use el concepto. Puedes usar una que ya esté en el texto o puedes crear una nueva.
Ejemplo	Escribe un ejemplo sobre el concepto. Puedes usar uno que ya esté en el texto o puedes crear uno nuevo.
Fórmulas	Escribe una fórmula que use el concepto. Puedes usar una que ya esté en el texto o puedes crear una nueva.
¿Cómo...?	Explica los pasos que comprende el concepto.
Representación	Dibuja un modelo para ilustrar el concepto.
Dibujo	Haz un dibujo para ilustrar el concepto.
Resuelve de manera algebraica	Escribe y resuelve una ecuación que use el concepto.
Símbolos	Escribe o usa los símbolos que están relacionados con el concepto.
Desarrolla el concepto	Escribe una definición o una descripción con tus propias palabras.
En palabras	Escribe las palabras que se relacionan con el concepto.

Conoce a la autora de los modelos de papel, Dinah Zike

Dinah Zike es conocida por diseñar manipulativos prácticos que son usados a nivel nacional e internacional por maestros y padres. Dinah es una explosión de energía e ideas. Su entusiasmo y alegría por el aprendizaje inspiran a todos los que están en contacto con ella.

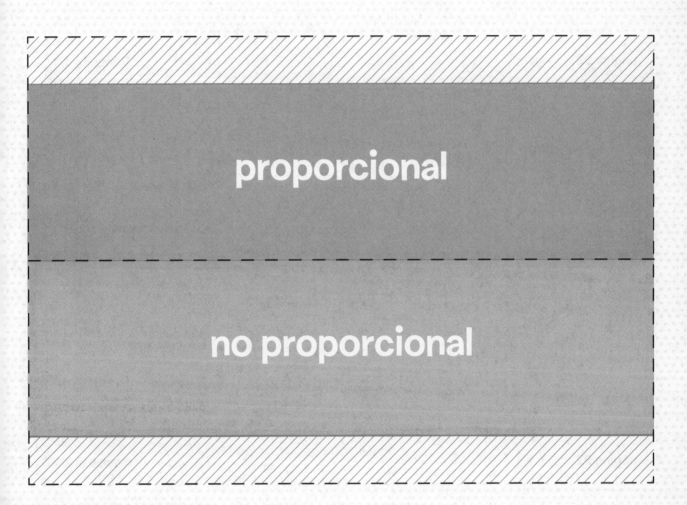

Recorta por las líneas punteadas.   Dobla en las líneas continuas.   Pégalo en la página 92.   **FOLDABLES**

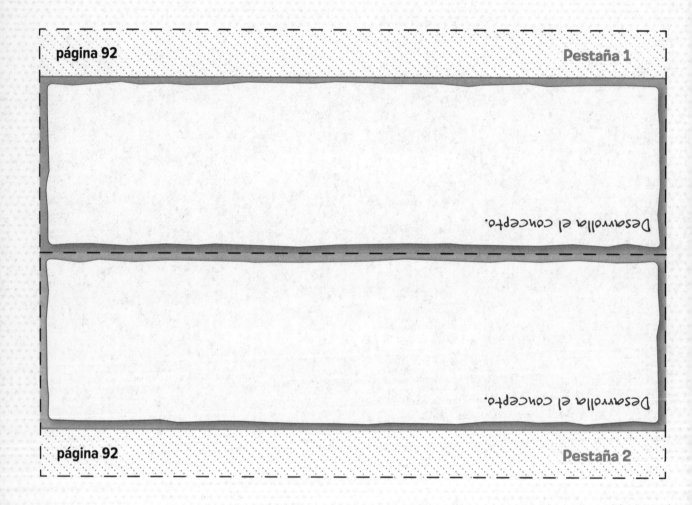

página 92   Pestaña 1

Desarrolla el concepto.

Desarrolla el concepto.

página 92   Pestaña 2

Recorta por las líneas punteadas. Dobla en las líneas continuas. Pégalo en la página 180. **FOLDABLES**

Modelos de papel

Porcentajes

proporción porcentual

ecuación porcentual

Recorta por las líneas punteadas. Dobla en las líneas continuas. Pégalo en la página 180. **FOLDABLES**

Definición:

Definición:

página 180

Recorta por las líneas punteadas.   Dobla en las líneas continuas.   Pégalo en la página 254.   FOLDABLES®

Modelos de papel

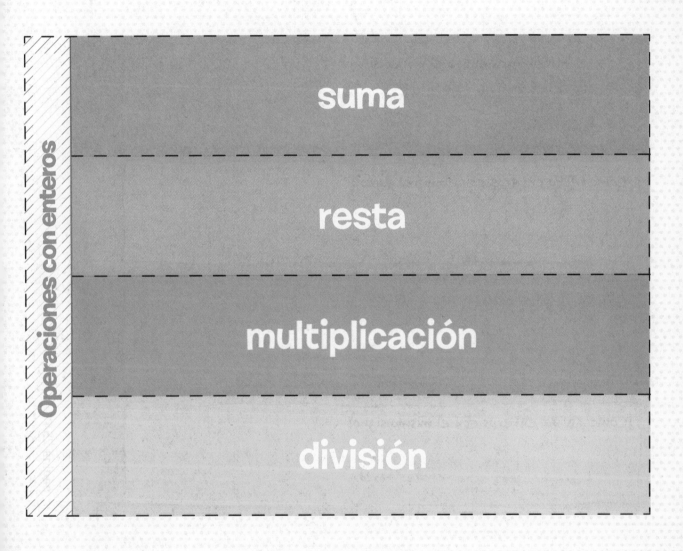

¿Cómo sumo enteros entre el mismo signo?

+

¿Cómo resto enteros con el mismo signo?

−

¿Cómo multiplico enteros con el mismo signo?

✕

¿Cómo divido enteros con el mismo signo?

÷

página 254

Operaciones con fracciones

+ o −
fracciones
semejantes

÷
fracciones

×
fracciones

+ o −
fracciones no
semejantes

Recorta por las líneas punteadas.   Dobla en las líneas continuas.   Pégalo en la página 338.   FOLDABLES

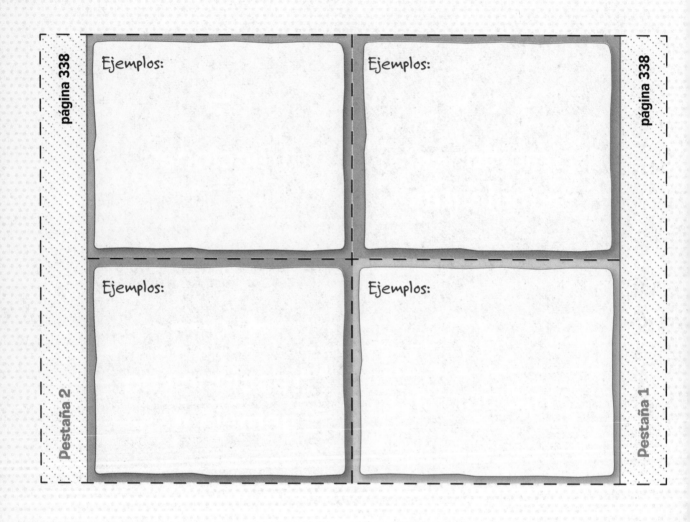

página 338

Ejemplos:

Ejemplos:

página 338

Pestaña 2

Ejemplos:

Ejemplos:

Pestaña 1

Recorta por las líneas punteadas.   Dobla en las líneas continuas.   Pégalo en la página 338.   FOLDABLES